国家社科基金
后期资助项目

中国煤层气和煤炭资源协调开发机制研究

黄立君 著

社会科学文献出版社
SOCIAL SCIENCES ACADEMIC PRESS (CHINA)

图书在版编目(CIP)数据

中国煤层气和煤炭资源协调开发机制研究/黄立君著. -- 北京：社会科学文献出版社，2025.5. -- ISBN 978-7-5228-4961-4

Ⅰ.P618.11；F426.21

中国国家版本馆 CIP 数据核字第 2025QC8987 号

国家社科基金后期资助项目

中国煤层气和煤炭资源协调开发机制研究

著　　者 / 黄立君

出 版 人 / 冀祥德
组稿编辑 / 陈凤玲
责任编辑 / 李真巧
文稿编辑 / 王　敏
责任印制 / 岳　阳

出　　版 / 社会科学文献出版社·经济与管理分社 (010) 59367276
　　　　　 地址：北京市北三环中路甲 29 号院华龙大厦　邮编：100029
　　　　　 网址：www.ssap.com.cn

发　　行 / 社会科学文献出版社 (010) 59367028
印　　装 / 三河市龙林印务有限公司

规　　格 / 开本：787mm×1092mm　1/16
　　　　　 印张：17　字数：269千字

版　　次 / 2025 年 5 月第 1 版　2025 年 5 月第 1 次印刷
书　　号 / ISBN 978-7-5228-4961-4
定　　价 / 108.00 元

读者服务电话：4008918866

版权所有 翻印必究

国家社科基金后期资助项目
出版说明

　　后期资助项目是国家社科基金设立的一类重要项目,旨在鼓励广大社科研究者潜心治学,支持基础研究多出优秀成果。它是经过严格评审,从接近完成的科研成果中遴选立项的。为扩大后期资助项目的影响,更好地推动学术发展,促进成果转化,全国哲学社会科学工作办公室按照"统一设计、统一标识、统一版式、形成系列"的总体要求,组织出版国家社科基金后期资助项目成果。

全国哲学社会科学工作办公室

目 录

绪 论 ………………………………………………………………… 1

第一章 能源和环境约束下中国煤层气开发的战略意义 ……… 23
  第一节 中国经济发展面临的能源与环境双重约束 ………… 23
  第二节 中国丰富的煤层气资源 ……………………………… 33
  第三节 煤层气资源开发的战略意义 ………………………… 38

第二章 现行法律法规构建的煤层气开发利用体制机制 ……… 44
  第一节 煤层气开发利用法律体系 …………………………… 45
  第二节 现行法律法规构建的煤层气开发利用管理体制 …… 49
  第三节 现行法律法规构建的煤层气开发利用运行机制 …… 65

第三章 煤层气开发利用体制机制运行效果：目标达成及原因探析 … 88
  第一节 煤层气开发利用相关制度安排的初始目标 ………… 88
  第二节 多元目标实现情况 …………………………………… 90
  第三节 煤层气产业化发展总体目标实现情况 ……………… 107
  第四节 煤层气产业发展缓慢的原因分析 …………………… 118

第四章 矿业权重叠下的煤层气和煤炭资源协调开发机制：现状、问题及原因 ……………………………………………………… 129
  第一节 矿业权重叠引发的气煤冲突 ………………………… 129
  第二节 现行政策法规构建的煤层气和煤炭资源协调开发机制 … 133
  第三节 煤层气和煤炭资源协调开发机制存在的问题及原因 … 141

第五章 煤层气和煤炭资源协调开发机制构成要素、影响因素和运行机理 ……………………………………………………… 154
  第一节 煤层气和煤炭资源协调开发机制构成要素 ………… 154
  第二节 煤层气和煤炭资源协调开发机制影响因素 ………… 157
  第三节 煤层气和煤炭资源协调开发机制运行机理 ………… 163

第六章　煤层气与煤炭资源协调开发的中国探索：山西经验 ……… 167
　　第一节　山西省煤层气开发利用现状 …………………………… 167
　　第二节　煤层气和煤炭资源协调开发的山西经验 ……………… 171
　　第三节　山西省煤层气和煤炭资源协调开发的经验总结 ……… 188

第七章　煤层气与煤炭资源协调开发的国外经验 …………………… 192
　　第一节　煤层气与煤炭资源协调开发的美国经验 ……………… 192
　　第二节　煤层气和煤炭资源协调开发的加拿大经验 …………… 208
　　第三节　两国煤层气和煤炭资源协调开发经验总结 …………… 217

第八章　煤层气和煤炭资源协调开发机制新思考：主要结论与政策建议 …………………………………………………………… 220
　　第一节　主要结论 ………………………………………………… 220
　　第二节　政策建议 ………………………………………………… 224

参考文献 …………………………………………………………………… 239

附　录 ……………………………………………………………………… 257

后　记 ……………………………………………………………………… 265

绪 论

一 研究背景与研究意义

（一）研究背景

能源和环境是维持人类社会生存和发展的两种必要物质资源，是经济发展和社会进步的重要支撑力量。始于18世纪70年代的工业文明，在创造巨大物质财富、极大提高人类生活水平的同时，也加速了对煤炭、石油、天然气等在内的不可再生资源的消耗，带来了严重的环境污染、气候变化和全球性生态危机。为应对能源、气候、环境和生态危机，1980年，世界自然保护联盟（IUCN）、联合国环境规划署（UNEP）和世界自然基金会（WWF）共同发布《世界自然保护大纲》，首次提出"可持续发展"理念；1992年6月，联合国环境与发展大会通过《里约环境与发展宣言》等文件，倡导既要实现经济发展，又要保护好资源和环境，实现可持续发展。

我国政府也于1994年编制了《中国21世纪议程——中国21世纪人口、环境与发展白皮书》，首次把"可持续发展战略"纳入经济和社会发展的长远规划。1995年9月召开的党的十四届五中全会则把"可持续发展"作为我国重大战略，强调要"把控制人口、节约资源、保护环境放到重要位置"，要"使经济建设与资源、环境相协调"。2015年，党的十八届五中全会又提出坚持节约资源和保护环境的基本国策。2017年，党的十九大报告强调"坚持节约资源和保护环境的基本国策""建设生态文明是中华民族永续发展的千年大计"。2022年，党的二十大报告强调"推动绿色发展，促进人与自然和谐共生"。但在改革开放以来40余年的经济发展过程中，经济增长、能源和环境三者之间的关系问题没有得到很好解决。1978年以来，我国坚持以经济建设为中心，2010年成为世界第二大经济体，2023年国内生产总值比1952年增长223倍，年均增长7.9%。然而，持续、快速、粗放的经济增长，也带来能源的巨大消耗和对环境的严重破坏。

根据2022年发布的《BP世界能源统计年鉴》①，截至2021年，中国连续21年是全球能源消费量最大的国家。而且，随着我国工业化及城市化的进一步推进，我国的能源需求及消费总量还将持续增加。武强和涂坤（2019）的研究指出，"当2050年中国实现社会主义现代化强国的目标时，中国人均能源消费量在目前的基础上翻一番。如果要达到跟美国相当的经济发展水平和生活水平，意味着要消耗全世界绝大部分能源"，而我国"富煤、贫油、少气"的资源禀赋，不足以保障如此巨大的能源需求，存在严峻的能源供应危机。从环境层面看，根据BP公司提供的1965~2021年的世界能源统计数据，自2005年开始，中国碳排放量连续17年位居第一，总量明显高于其他国家，且峰值尚未到来。② 中国承诺要力争在2030年前实现碳达峰，2060年前实现碳中和，这意味着我国承诺从实现碳达峰到实现碳中和的时间只有30年，比美国和加拿大的43年、欧盟的63年（其中英国为59年，德国和法国为77年）、日本的38年、韩国和澳大利亚的32年、巴西的46年、俄罗斯的72年、南非的40年都要短。③ 我国需要用全球历史上最短的时间完成全球最高碳排放强度降幅。

改革开放以来中国的工业化和城镇化实践证明，经济增长、能源消耗与环境保护之间往往存在相互制约相互依存的紧张关系。能源安全与环境保护，已成为我国在新时代实现第二个百年奋斗目标面临的主要约束。如何针对中国"富煤、贫油、少气"的能源资源禀赋特征，在充分考虑生态环境和全球气候变化压力下，探索符合中国国情的能源可持续发展方案，解决"两个一百年"奋斗目标与能源短缺和环境气候约束的矛盾与冲突，如期实现"双碳"目标，是我国亟待解决的重大课题。

煤层气（俗称瓦斯）是一种赋存在煤层中以甲烷（CH_4）为主要成分、以吸附在煤基质颗粒表面为主、部分游离于煤孔隙中或溶解于煤层

---

① 2023年3月，BP公司宣布终止发布《BP世界能源统计年鉴》。
② Statistical Review of World Energy-all data, 1965 – 2021, https://www.bp.com/en/global/corporate/energy-economics/statistical-review-of-world-energy.html.
③ Net Zero Tracker, https：//zerotracker.net，最后访问日期：2022年8月31日。

水中的烃类气体。① 它与煤炭共生，属于非常规天然气。其热值与天然气相当，1立方米煤层气约相当于1千克燃油、1.16千克标准煤、9.5千瓦时电、1千克柴油、0.8千克液化石油气、1.1~1.3升汽油，是一种优质、清洁、低碳的环境友好型能源，燃烧时产生的污染仅为石油的1/40、煤炭的1/800（穆福元等，2017）。我国煤层气资源丰富，根据2015年国土资源部资源评价结果，我国埋深2000米的浅煤层气地质资源量约30.0万亿立方米，居世界第三位，仅次于俄罗斯与加拿大。可见，煤层气能够成为我国常规天然气最现实、最可靠的补充和接替资源。大力开发煤层气，发展煤层气产业，对于缓解"十四五"及今后很长一段时间我国经济发展面临的能源和环境约束、促进中国能源革命和能源转型、实现"双碳"目标及保护生态环境具有重要战略意义。

国家高度重视煤层气资源的开发。从1994年开始，我国鼓励煤层气作为一个新能源产业进行发展。2006年、2011年和2016年，国家发展改革委先后制定和发布煤层气（煤矿瓦斯）开发利用"十一五"、"十二五"和"十三五"规划。国家能源局也于2013年制定《煤层气产业政策》，促进煤层气产业发展。2014年，国务院办公厅发布的《能源发展战略行动计划（2014—2020年）》（国办发〔2014〕31号）② 提出要"重点突破页岩气和煤层气开发"。2021年10月，中共中央、国务院印发的《关于完整准确全面贯彻新发展理念做好碳达峰碳中

---

① 也有人把煤层气和瓦斯进行严格区别，认为煤层气是赋存在煤层中，CH_4浓度通常大于90%的天然气；瓦斯则是赋存在煤层和采动影响带中的煤成气、采空区的煤型气，以及采煤过程中新生成的各种气体的总称，其CH_4浓度在5%~80%。在没有严格区分时，人们常常将瓦斯等同于煤层气（杨福忠等，2013）。另外，环境保护部和国家质量监督检验检疫总局2008年4月2日发布的《煤层气（煤矿瓦斯）排放标准（暂行）》也给出了不同定义：煤层气（coalbed methane）指赋存在煤层中以甲烷为主要成分，以吸附在煤基质颗粒表面为主、部分游离于煤孔隙中或溶解于煤层水中的烃类气体的总称。煤矿瓦斯（mine gas）简称瓦斯，指煤炭矿井开采过程中从煤层及其围岩涌入矿井巷道和工作面的天然气体，主要由甲烷构成。有时单独指甲烷。

② 《国务院办公厅关于印发能源发展战略行动计划（2014—2020年）的通知》，中国政府网，2014年11月19日，https://www.gov.cn/zhengce/content/2014-11/19/content_9222.htm，最后访问日期：2025年4月29日。

和工作的意见》①和《2030年前碳达峰行动方案》（国发〔2021〕23号）②都提出要"加快推进页岩气、煤层气、致密油（气）等非常规油气资源规模化开发"，构建清洁低碳安全高效能源体系。国家发展改革委、国家能源局2022年1月印发的《"十四五"现代能源体系规划》（发改能源〔2022〕210号）也提出要"积极扩大非常规资源勘探开发，加快页岩油、页岩气、煤层气开发力度"。

综上，大力开发煤层气等非常规油气资源，既是深入贯彻落实习近平总书记2014年6月在中央财经领导小组第六次会议上提出的"四个革命、一个合作"③能源安全新战略思想的具体举措，也是实现我国"碳达峰"和"碳中和"目标的重要抓手。本书应国家发展之需，针对煤层气开发过程中普遍存在的、因矿业权重叠而产生的气煤冲突问题，从理论层面对煤层气和煤炭两种资源协调开发机制的现状、问题及成因、构成要素、影响因素、运行机理等展开研究，并在此基础上，结合国内外煤层气和煤炭资源协调开发的实践经验，提出优化我国煤层气和煤炭资源协调开发机制的政策建议，助力煤层气产业更好发展。

（二）研究意义

1. 理论意义

中国拥有储量世界排名第三的煤层气资源，国家也非常重视煤层气产业发展。自1994年至今的30多年间，煤层气产业虽然取得了长足进步，但与国外煤层气发展较快的国家相比，我国煤层气产业的发展仍然落后，不能很好地实现规模化、产业化开发，迄今仍处于煤层气产业化发展初级阶段。

---

① 《中共中央 国务院关于完整准确全面贯彻新发展理念做好碳达峰碳中和工作的意见》，中国政府网，2021年10月24日，https://www.gov.cn/zhengce/2021-10/24/content_5644613.htm? eqid=e3ed95b5001ca81d000000066458e850，最后访问日期：2025年4月29日。

② 《国务院关于印发2030年前碳达峰行动方案的通知》，中国政府网，2021年10月26日，https://www.gov.cn/zhengce/zhengceku/2021-10/26/content_5644984.htm，最后访问日期：2025年4月29日。

③ "四个革命"指的是：推动能源消费革命，抑制不合理能源消费；推动能源供给革命，建立多元供应体系；推动能源技术革命，带动产业升级；推动能源体制革命，打通能源发展快车道。"一个合作"是指全方位加强国际合作，实现开发条件下的能源安全。

关于中国煤层气产业发展缓慢的原因,国内学者已经做出许多有益探索。对矿业权重叠情境下煤层气和煤炭资源如何协调开发,也有学者做了很多有价值的研究。但国家层面究竟如何规定和表述煤层气和煤炭两种资源协调开发机制、该机制如何形成和演变、它在运行过程中存在什么问题、煤层气和煤炭资源协调开发机制的构成因素和影响因素分别有哪些、煤层气和煤炭资源协调开发机制的运行机理是什么、应该如何对煤层气和煤炭资源协调开发机制进行改进等问题,还没有得到系统阐释。

本书运用新制度经济学(包括法经济学)的理论和方法,在总结和借鉴国内外已有相关研究成果的基础上,引入科斯定理、交易费用理论、制度变迁理论、产权不完备性理论以及机制设计理论等,尝试构建一个统一的、逻辑自洽的关于煤层气和煤炭资源协调开发机制的理论框架。

本书把宏观问题(战略大局)、中观产业发展、微观案例分析进行结合,这有别于目前将此三个方面分割的局部研究。同时把创新煤层气和煤炭资源协调开发机制的重要性和必要性置于中国能源和环境约束以及"双碳"战略大背景之下,通过对煤层气和煤炭矿业权二元管理体制及矿业权重置如何引发气煤冲突的制度分析,阐明现有煤层气和煤炭资源协调开发机制运行效率的低下,如何影响了我国煤层气开发目标的更好实现。本书既有对中国现有煤层气体制和机制的经济分析,也有对国内外煤层气和煤炭资源协调开发典型案例的深入研究,因而论述更加系统,观点表达也更为充分。同时,本书提出以下主要观点。

一是煤层气经济价值的提高是促使人们对煤层气产权进行法律界定的重要原因。

二是我国矿业权二元管理体制下的煤层气和煤炭矿业权是一种事实上的不完备产权。合理设计煤层气和煤炭资源协调开发机制,有助于避免两种资源的产权不相容使用,并促进煤层气制度多元初始目标的共同实现。

三是煤层气和煤炭资源协调开发机制是一种由国家煤层气相关体制机制确立的,用以协调煤层气和煤炭矿业权人合理安排两种资源勘查开发时空配置关系,促进煤层气和煤炭矿业权相容使用,从而实现两种资源安全、和谐、高效开发的作用机制。

四是煤层气和煤炭资源协调开发机制包含的由国家相关法律法规、政策规章及各类规范性文件确立的制度组合，为特定约束条件下的相关主体设定了气煤开发的目的、目标和应该遵循的原则，并通过利益诱导、政府推动、资源约束、市场驱动等来推动煤层气和煤炭资源的协调开发，进而促进煤层气的产业化发展。

五是赢利是企业生存和发展的基础，应从促进新兴能源产业发展的高度，把中国煤层气开发利用的首要目标设定为"经济目标"，同时兼顾能源目标、安全目标和环境目标，并对整个煤层气产业链进行全方位政策支持，以更好地实现气煤企业私人目标（赢利）及社会目标（能源、安全、环境）之间的激励相容。

六是技术层面的突破会直接影响资源的开发利用成本，是统筹煤层气与煤炭两种资源协调开发利用的根本。在煤层气和煤炭资源协调开发机制设计中，应把如何促进煤层气基础理论研究、煤层气资源评价和技术创新考虑在内。

2. 实践意义

日益增加的能源需求和对气候变化的担忧，使人们不得不去寻找更多的可替代能源。煤层气作为一种环境友好型非常规能源，是常规天然气最现实、最可靠的补充和接替资源。规模化产业化开发利用煤层气，可以获得经济利益、增加能源供应、保护环境以及提高煤矿安全性（U.S. Environmental Protection Agency，2011），进而推动经济、能源、环境高质量协同发展。同时，大力发展煤层气产业，既是贯彻落实"四个革命、一个合作"能源安全新战略思想的重要举措，也是助力我国如期实现"双碳"目标的重要抓手。

本书通过了解矿业权重叠情境下煤层气和煤炭资源协调开发机制的形成演进，分析气煤资源协调开发机制的主要内容，探究机制运行过程中存在的问题及成因，对煤层气和煤炭资源协调开发机制构成要素、影响因素及运行机理进行阐释，进而借鉴煤层气和煤炭资源协调开发的"山西样本"和"国外经验"，提出符合我国国情的改进煤层气和煤炭资源协调开发机制的政策建议。因此，本书对于准确理解和把握煤层气和煤炭资源协调开发机制、深化我国矿业权制度改革、更有效化解煤层气和煤炭资源矿业权重叠冲突、推进煤层气和煤炭产业有序和可持续发展，具有重要参考和指导意义。

围绕我国煤层气资源丰富但不能有效开发利用的现实问题，本书强调政府应该尊重"赢利是企业生存和发展的基础"的共识，从促进新兴能源产业发展的高度，把"经济目标"确定为煤层气开发利用的首要目标。该观点的提出，有助于政府管理部门科学定位煤层气产业政策目标，精准施策，充分发挥有效市场和有为政府的作用，以煤层气企业"经济目标"的实现，带动煤层气开发"能源目标、安全目标、环境目标"的达成。

本书还从化解矿业权重叠引发的气煤冲突出发，对煤层气和煤炭资源协调开发的"山西样本"和"国外经验"进行总结和提炼。相关研究结果的形成，可以为我国其他省份或地区更好地调解矿业权重叠纠纷，促进煤层气和煤炭资源协调开发提供参考。

二 文献回顾及理论基础

（一）文献回顾

煤层气和煤炭矿业权冲突问题是每个尝试商业化开采煤层气的国家普遍面临的现实难题。在煤层气商业化开发之初，各国都缺乏界定和促进煤层气开采的相关法律，产权纠纷不可避免。即便是对煤层气产权从法律层面进行了明确界定的国家，在煤层气和煤炭资源的开发过程中，仍然会发生冲突和纠纷。

1. 国外煤层气矿业权冲突及解决办法

美国学者 Olson（1978）很早就发现，20世纪70年代末80年代初，美国联邦政府并没有法律法规对煤层气权属进行界定，关于煤炭和天然气等的法律法规还没有被运用到解决煤层气相关问题上来。因此，土地所有权人、煤炭所有权人、油气公司之间关于煤层气的争夺时有发生。Farnell（1982）关于亚拉巴马州煤层气开发的研究也表明，20世纪80年代初，商业化开采煤层气的最大障碍不是技术上的，而是法律上的。他在文中提及的美国钢铁公司（United States Steel Corporation）诉霍格（Hoge）案表明，美国当时的法律并没有为煤层气的产权争议和冲突使用提供充分的解决方案。Feriancek（1990）关于圣胡安盆地、Lewin 等（1992）和 McClanahan（1995）关于西弗吉尼亚州，以及 Feriancek

（2000）和 Johnson（2004）关于怀俄明州煤层气开发方面产权纠纷的研究，都说明气煤企业之间的利益冲突在煤层气开采过程中是不可避免的，煤层气和煤炭所有者之间的利益冲突在美国煤炭储藏大州一直受到重点关注。

煤层气产业发展迅速的加拿大也同样存在煤层气产权纠纷问题。由于历史因素，加拿大的煤炭所有权和煤层气所有权是分置的。联邦政府将煤层气纳入"天然气"范畴，油气矿业权人是煤层气开发的主体，按照1985年颁行的《石油与天然气作业法》规定其勘探和开发主体的相关权利与义务并对煤层气进行管理（曹霞等，2022）。Buckingham 和 Steele（2004）通过对博瑞斯诉加拿大太平洋铁路公司和艾姆佩里尔油气公司案（Borys v. CPR and Imperial Oil Ltd.）以及安德森诉爱默克加拿大油气公司案（Anderson v. Amoco Canada Oil and Gas）的描述，阐释矿产资源所有权被分解后，煤炭所有权人和天然气所有权人之间出现的产权冲突，并探究把常规资源的法律法规运用到非常规资源是否合适。Mestinsek（2013）通过对恩卡纳公司诉 ARC 能源公司等案（Encana Corp. v. ARC Resources Ltd., et al.）的研究，探讨了煤层气产权究竟应该归煤炭所有权人还是天然气所有权人。

澳大利亚的煤层气商业化开采始于1996年（Cronshaw & Grafton，2016）。根据联邦《宪法》，土地与地下资源所有权是分离的，地表土地私有，地下资源国有。2001年修改后的《石油法》和《矿产资源法》将煤层气界定为一种独立的矿产资源，其勘探开发享受与石油、天然气同等待遇。皇室或州政府拥有煤层气所有权，但并不实际进行煤层气勘探和开发，勘探开发的主体是被授予勘探开发权的私人企业。澳大利亚的矿业权冲突更多地体现为对不同矿产资源行使权利时产生的使用权矛盾。Johnston（2001）以1995年发生在壳牌煤炭公司（Shell Coal）、康菲石油公司（Conoco Philips）及必和必拓公司之间的矿业权纠纷为例，探究谁有权开发同一片土地下的煤层气问题。Weir 和 Hunter（2012）对土地所有者和矿业权拥有者之间的煤层气产权纠纷、Alexander（2014）对煤层气矿业权拥有者因为并不必然拥有进入私人土地探矿和采矿的权利导致的冲突进行了研究。

Buckingham 和 Steele（2004）关于博瑞斯诉加拿大太平洋铁路公司

和艾姆佩里尔油气公司案以及安德森诉爱默克加拿大油气公司案、Mestinsek（2013）关于恩卡纳公司诉 ARC 能源公司案等案例的研究表明，在美国和加拿大，当煤层气产权出现纠纷时，相关主体可以通过向法庭提起诉讼来解决利益冲突。Looney（2014）则发现，在弗吉尼亚州、宾夕法尼亚州和西弗吉尼亚州，会通过建立汽油委员会（Gas and Oil Board）或煤层气审查委员会（Coal Bed Methane Review Board）等组织来对煤层气矿业权进行仲裁以解决冲突。在加拿大的阿尔伯塔省和不列颠哥伦比亚省，也通过设立煤层气/天然气多元利益主体咨询委员会（Coalbed Methane/Natural Gas in Coal Multi-Stakeholder Advisory Committee）、调解与仲裁委员会（Mediation and Arbitration Board）这样的机构，来对煤层气利益纠纷进行仲裁。除了诉讼和仲裁，在煤层气产权短期内不能确认的情况下，如何促进利益冲突的相关方协调开发煤层气？Bryner（2003）的建议是从非合作走向合作。McClanahan（1995）以弗吉尼亚州为例，认为可以通过建立第三方保证金账户、强制联合经营等方式促进煤层气的开采。Lewin（1994）则发现，弗吉尼亚州除采用第三方保证金账户制度化解纠纷外，还规定了整合（pooling）开发模式下相关利益方可选择的纠纷解决方案。Hansen 和 Ross（2007）的研究表明，在加拿大的阿尔伯塔省，能源与公用事业委员会采用了一种召开听证会的方式来决定煤层气的产权归属。而在不列颠哥伦比亚省，如果煤炭和油气所有权人不能就合作项目达成一致意见，那么，将由来自能源、矿产和石油资源部（MEMPR）和油气委员会（OGC）的三人小组对该纠纷及其事实进行审查。审查后，三人小组向相关的决策者提出解决问题的意见和建议。

2. 中国气煤冲突及煤层气和煤炭资源协调开发相关研究

根据《中华人民共和国宪法》，矿产资源归国家所有。所以，在中国，煤层气的狭义所有权从法律上看是非常明确的。因此，没有必要从学术层面去探究煤层气归谁所有的问题。随着国家对煤层气开发的重视，2000 年以来，涌现出许多关于煤层气开发利用的研究成果。这些成果或者关注煤层气开发技术，如李五忠等（2008）、肖钢等（2013）、孙景来（2014）、杨陆武（2016）、杨陆武等（2021）、矿区煤层气开发项目组（2021）等；或者对中国煤层气发展现状、存在问题及对策进行研究，如孙茂远（2005）、刘成林等（2009）、姚国欣和王建明（2010）、张胜有等（2011）、孙婷婷等（2012）、申宝宏和陈贵锋（2013）、张娜（2013）、周娉（2014）、张夏等（2015）、路玉林等（2017）、门相勇等（2017）、穆福元等（2017）、张道勇等（2018）、马有才等（2018）、庚勐等（2018）以及王坤等（2020）；或者关注影响中国煤层气产业发展的主要因素，如张传平等（2015）、梁煊（2015）、雷怀玉等（2015）、张抗（2016）、门相勇等（2018）以及马骥和姬雪萍（2021）等；或者探究煤层气开发对环境产生的影响，如刘娜娜等（2012）、帅官印等（2018）、陈茜茹（2018），以及张永红等（2018）。还有学者对中外煤层气产业政策进行对比以便找寻域外经验，如孙茂远（2003）、马争艳和杨昌明（2007）、刘馨（2009）、李世臻和曲英杰（2010）、张用德等（2013）、张彦钰（2013）、梁涛等（2014）、毛成栋等（2014）、刘客等（2015）、赵晓飞（2017）、李登华等（2018）等。

关于本书所要重点研究的煤层气和煤炭资源协调开发问题，也有很多学者做了非常有益的探索。譬如，王志林（2007）、陈伟超（2009）、王保民（2010）、黄立君（2014）、李良（2014b）、王凌文和李怀寿（2014）、赵云海等（2016）、常宇豪（2017a，2017b，2017c）、常宇豪和张遂安（2017）、曹霞等（2022）等对我国煤层气独立法律框架体系的缺失及其对煤层气和煤炭企业行为的影响、煤层气开发的外部性及其法律规制、国外煤层气产业发展法治环境及其对中国的启示等进行了研究。蔡开东（2006）、孙茂远（2007）、胡海容（2008）、谢守祥和高洁（2009）、付慧（2010）、王保民（2010）、杨德栋（2015）、季文博（2015）、乔中鹏（2017）、王忠等（2018）、刘志逊等（2018）、王克稳（2021）和曹霞等（2022）对导致两种资源不能协调开发的主要因素——煤层气和煤炭矿业权重置——进行了研究。还有学者认为中国现行的煤层气、煤炭矿业权分置制度是造成"气煤之争"的首要原因。但在如何解决矿业权重置问题上，学者意见不一。少数学者如胡海容（2008）、付慧（2010）等认为，只要充分发挥市场在资源配置中的作用，矿业权是可以分置的；王保民（2010）则认为，相邻关系和权利瑕疵是"两权重叠"涉及的两个主要法律问题，为了避免权利行使的冲突，应将煤炭与煤层气矿业权尽量设置在一个主体之下。其他很多学者，如胡居宝和汤道路（2007）、武勇等（2007），以及牛彤和晁坤（2011）

认为,"双权合一"是解决气煤冲突的最好途径。

关于煤层气和煤炭资源协调开发机制问题,张新民和郑玉柱(2009)从"煤层气和煤炭为密切共生的不同物相的矿产资源"这一基本事实出发,考虑其开采的时间顺序、空间布局、相互影响等,把"煤层气和煤炭协调开发"理解为"按照'采气-采煤一体化''地面与井下立体开发'的技术思路,在资源勘查、开发规划与设计、开采途径和技术应用等方面统一部署,相互协调,以实现对这两种矿产资源进行合理、有效的开发利用"。季文博(2015)把"煤层气和煤炭协调开发"的本质概括为"把煤炭与煤层气作为两种资源,将采煤与采气进行统筹规划,在时间上合理衔接,在空间上有序布局,降低两者的相互限制程度,利用两者间的相互促进作用,实现两种重要资源的安全、高效开采,最大限度地实现资源、经济、安全、环境效益"。孙海涛等(2022)对山西、松藻、两淮、新疆矿区煤层气和煤炭资源协调开发模式及发展趋势进行了研究,强调煤层气和煤炭协调开发的关键在于协调煤层气开发和煤炭开采的时空关系,应该依靠科技进步和关键技术突破,实现煤层气和煤炭协调开发,煤层气和煤炭两种资源共采。赵云海等(2016)认为,煤层气与煤炭协调开发机制"既是一种协调两种资源开采技术的规程机制,又是调整煤层气和煤炭两种资源权利主体之间的法律关系的规范机制",协调开发机制是对两种资源的开发进行时间和空间上的协调,目的是实现两种资源的安全高效开发。曹霞等(2022)在对我国煤层气矿业权重叠问题解决机制现状及实践模式进行考察的基础上,对煤层气和煤炭资源协调开发的法律机制进行概括,并借鉴美国、加拿大、澳大利亚等国经验,提出通过创新沟通协作机制、落实矿业权退出机制、设置监督约束机制等途径,破解我国煤层气矿业权重叠问题。

3. 研究述评

从对国内外已有研究成果的梳理可以发现,煤层气和煤炭资源协调开发问题一直是学术界关注的重点。尤其是刘志逊等(2018)对煤层气与煤炭矿业权重叠的系统研究、矿区煤层气开发项目组(2021)对煤层气与煤炭资源协调开发理论与技术的研究、曹霞等(2022)对煤层气矿业权重叠问题与法律对策的研究,为后来者研究煤层气和煤炭资源协调开发机制提供了深刻启示和重要理论参考。

本书认为，机制的建立，一靠体制，二靠制度。通过与之相应的体制和制度的建立，机制在实践中得到体现。要阐释清楚矿业权重置情境下的煤层气和煤炭资源协调开发机制，应从两个方面入手。首先要对我国现有的煤层气相关制度安排及其变迁进行梳理和总结，因为它们构建了我国当下的煤层气开发利用相关体制机制。其次要说明我国煤层气相关制度安排的初始目标是什么、初始目标的实现程度如何。在此基础上，要找到矿业权重置情境下我国煤层气开发目标不能很好实现的原因。还要说明究竟如何从理论上界定煤层气和煤炭资源协调开发机制，现有气煤资源协调开发机制的主要内容是什么、运行过程中存在什么问题、气煤资源协调开发机制的构成因素和影响因素分别有哪些，气煤资源协调开发机制的运行机理是什么，以及如何借鉴"国外经验"和"山西样本"，构建科学合理的煤层气和煤炭资源协调开发机制。这些问题，在国内外已有相关研究中，还没能得到系统阐释。正因为如此，本书致力于找寻它们的答案，并尝试构建一个统一的、逻辑自洽的关于煤层气和煤炭资源协调开发机制的理论框架。

（二）概念界定与理论基础

本书主要运用新制度经济学（包括法经济学）的理论和方法，来对煤层气和煤炭资源协调开发机制进行探讨。在展开论述之前，有必要对相关概念进行界定，并说明本书的理论基础。

1. 概念界定

（1）矿业权

从我国现行立法情况来看，"矿业权"作为一个法律概念在高层级立法文件中很少出现。国土资源部 2000 年印发的《矿业权出让转让管理暂行规定》（部分失效）把探矿权、采矿权视为财产权，统称为矿业权。2011 年颁布的《矿业权交易规则（试行）》（现已失效）和 2017 年颁布的《矿业权交易规则》都规定"矿业权是指探矿权和采矿权"。最高人民法院与自然资源部等部门多次在公开文件中提及"矿业权"，但对这一概念的态度"略显保守"（曹霞等，2022）。从学术界看，刘欣（2008）把"矿业权"界定为"自然人、法人和其他社会组织依法享有的，在一定区域和期限内进行矿产资源勘查、开采等一系列经济活动的权利"；郗伟明（2012）把"矿业权"界定为"基于国家矿产资源所有权，由行政机关依法授予具有适格资质条件的市场主体，勘探、开采、销售矿产品并维护周边环境的经济权利"。本书依据我国现行法律规范，采用刘欣（2008）的定义，认可"矿业权"是自然人、法人和其他社会组织依法享有的，在一定区域和期限内进行矿产资源勘查、开采等一系列经济活动的权利，是探矿权和采矿权的统称。

（2）矿业权重叠

矿业权重叠也被称作"矿业权重置"。罗世兴等（2012）把"矿业权重叠"界定为"矿业权（探矿权、采矿权）之间发生平面交叉或者立体投影重叠的现象"；刘志逊等（2018）认为"矿业权重叠"是指"在同一矿区中存在多个矿业权的情况"；曹霞等（2022）则把它表述为"在一个勘查区块内设有两个或以上不同矿种的矿业权"。具体到煤层气和煤炭，王保民（2010）用"两权重叠"[①]指代"矿业权重叠"，意指"在同一勘查区范围内，授予煤层气矿业权之后，又设置煤炭矿业权，且煤层气矿业权与煤炭矿业权分属不同的主体"。本书把"矿业权重叠"限定在煤层气和煤炭范围之内，认为其是指同一勘查区块煤层气和煤炭矿业权分属两个不同主体的现象。

（3）煤层气和煤炭协调开发

"煤层气和煤炭协调开发"首次被写进国家正式文件是2006年国家发展改革委发布的《煤层气（煤矿瓦斯）开发利用"十一五"规划》。该规划直面当时部门之间、企业之间不协调造成的煤层气开采权和煤炭开采权设置重叠及煤层气和煤炭资源不能协调开发的问题，提出要"促进煤层气和煤炭协调开发"，规定凡煤层气含量高于国家规定标准并具备地面开发条件的，优先选择进行地面煤层气抽采（"先采气、后采煤"），促进煤层气和煤炭资源协调开发。不过，《煤层气（煤矿瓦斯）开发利用"十一五"规划》并没有界定什么是"煤层气和煤炭协调开发"。

"煤层气和煤炭协调开发"的概念界定主要来自学术界。张新民和郑玉柱（2009）从"煤层气和煤炭为密切共生的不同物相的矿产资源"这一基本事实出发，考虑其开采的时间顺序、空间布局、相互影响等，把"煤层气和煤炭协调开发"理解为"按照'采气-采煤一体化''地

[①] 也有人用"双权重置"进行表述。

面与井下立体开发'的技术思路，在资源勘查、开发规划与设计、开采途径和技术应用等方面统一部署，相互协调，以实现对这两种矿产资源进行合理、有效的开发利用"。晋香兰（2012）把"煤层气和煤炭协调开发"界定为"一定地质条件下，地面与井下各种抽采技术在时间上延续、空间上衔接以及各项关键技术的有效匹配，以达到煤层气与煤炭两种资源安全高效开发为目的的综合性方法"。申宝宏等（2015）认为，"煤层气和煤炭协调开发"是指"通过协调煤炭开采系统与煤层气抽采系统，使其在时间、空间上有序衔接，实现煤炭和煤层气两种资源的安全、高效开采与有效利用"。季文博（2015）把"煤层气和煤炭协调开发"的本质概括为"把煤炭与煤层气作为两种资源，将采煤与采气进行统筹规划，在时间上合理衔接，在空间上有序布局，降低两者的相互限制程度，利用两者间的相互促进作用，实现两种重要资源的安全、高效开采，最大限度地实现资源、经济、安全、环境效益"。刘彦青等（2020）则认为"煤与煤层气协调开发的本质是对采煤工作面区域进行煤层气高效开采，确保煤炭安全高效开采，实现采煤工作面煤炭资源与煤层气资源共同安全高效开采"。

上述学者大多从开采技术角度对"煤层气与煤炭协调开发"进行界定，同时强调煤层气和煤炭开采的时空顺序，强调两种资源的安全、高效开发利用。不过要在矿业权重叠的情境下实现煤层气和煤炭的协调开发，不仅需要以一定的技术条件为基础，同时需要从制度层面予以保障。基于此，本书把"煤层气与煤炭协调开发"理解为一种在矿业权重叠情境下，煤层气和煤炭企业遵循国家相关制度安排，依托煤层气与煤炭协调开发技术，促成煤层气和煤炭两种资源安全、和谐、高效开发利用的理想状态。

（4）煤层气和煤炭资源协调开发机制

煤层气和煤炭资源协调开发机制的首次出现是在国家发展改革委、国家能源局2011年12月发布的《煤层气（煤矿瓦斯）开发利用"十二五"规划》中。该规划在"创新协调开发机制"部分提出"煤炭企业和煤层气企业要加强协作，建立开发方案互审、项目进展通报、地质资料共享的协调开发机制"。这是国家第一次在煤层气和煤炭资源相关政策中使用"协调开发机制"一词。此后的《煤层气产业政策》（国家能源局公告 2013 年第 2 号）、《国务院办公厅关于进一步加快煤层气（煤矿瓦斯）抽采利用的意见》（国办发〔2013〕93 号）、《煤层气勘探开发行动计划》（国能煤炭〔2015〕34 号）、《煤层气（煤矿瓦斯）开发利用"十三五"规划》（国能煤炭〔2016〕334 号）等都对协调开发机制做出了相关规定，并提出了相应制度安排。不过这些政策文件都未说明煤层气和煤炭资源协调开发机制究竟是什么。

本书把煤层气和煤炭资源协调开发机制理解为一种由国家煤层气相关体制和制度确立的，用以协调煤层气和煤炭矿业权人合理安排两种资源勘查开发时空配置关系，促进煤层气和煤炭矿业权相容使用，从而实现两种资源安全、和谐、高效开发的作用机制。本书区分了"煤层气和煤炭资源协调开发机制"与"煤层气和煤炭协调开发"两个不同的概念。"煤层气和煤炭协调开发"是一种状态，而"煤层气和煤炭资源协调开发机制"是为达成两种资源协调开发状态的一种作用机制。

2. 理论基础

基于所要解决的主要问题，本书主要以新制度经济学的科斯定理、交易费用理论、产权不完备性理论、制度变迁理论、机制设计理论为理论基础，对煤层气和煤炭资源协调开发机制相关问题进行阐释。

（1）科斯定理

科斯定理源于 Coase（1960）在《法和经济学杂志》（*Journal of Law and Economics*）上发表的论文——《社会成本问题》（The Problem of Social Cost）。这篇论文的目的是探讨外部性问题应该如何解决。跟庇古、施蒂格勒等强调运用政府干预方式解决外部性不同，科斯强调产权界定及当事人谈判对外部性问题解决的重要性。他用丰富而真实的司法案例表明，在外部性问题解决过程中，如果市场交易费用为零，那么，不管权利初始安排如何，当事人之间的谈判都会产生资源配置效率最大化的安排。但真实世界处处存在交易费用。在交易费用大于零的世界中，不同的权利界定，会带来不同效率的资源配置结果（黄立君，2010）。

正如一千个读者眼中有一千个哈姆雷特，在经济学界，对科斯定理，不同的人有不同的理解和表述。尽管理解和表述不同，但有一点是可以肯定的，那就是，在一个真实的世界中，即在一个交易费用大于零的经济中，要想获得高效率的资源配置，产权的界定是重要的。从科斯在

《社会成本问题》中关于外部性问题如何解决的论述里，我们可以发现，外部性之类的市场失灵乃是市场作为资源配置机制的代价，即交易成本。科斯认为，只有当政府矫正手段能够以较低的成本和较高的收益促成有关当事人的经济福利改善时，这种矫正手段才是正当的。而且，问题的解决并没有普遍的方法，只有对每一种情形、每一项制度进行具体的分析，才能提出符合实际的、基于成本-收益分析选择的特定法律。他告诉人们，在一个零交易费用的世界里，不论权利的法律原始配置如何，只要权利交易自由（前提是产权界定明确并能够实施），就会产生高效率的社会资源配置。科斯含蓄地表明：各种法律对行为产生影响的主要因素是交易成本，而法律的目的是推进市场交换，促成交易成本最低化（黄立君，2010）。

本书运用科斯定理探讨煤层气产权界定和保护的重要性以及因煤层气和煤炭矿业权重叠产生的外部性问题及其解决办法。在美国、加拿大、中国或是在任何一个拥有煤层气资源的国家，随着煤层气经济价值的不断提高，人们便会有动力去对这一原本是"煤矿之害"的矿产资源在法律上进行产权界定，以利于对它进行有效配置。但由于煤层气与煤炭相伴相生，所以，当两种资源的矿业权分属不同主体时，相互之间往往产生外部性。矿业权重叠导致的气煤冲突应如何解决，科斯的研究可以为人们提供灵感。

（2）交易费用理论

作为新制度经济学基本核心范畴的"交易费用"（transaction costs）并没有一个统一的、权威的界定，不同学者的理解并不完全相同。譬如，Coase（1937）将"交易费用"解释为"利用价格机制的成本"，North（1998）则认为"交易费用"是规定和实施构成交易基础的契约的成本。奥利弗·E. 威廉姆森（2002）承袭肯尼斯·J. 阿罗（Kenneth J. Arrow）的观点，把"交易费用"看作"经济制度（体系）运转所要付出的代价或费用"，思拉恩·埃格特森（1996）把交易费用界定为"个人交换他们对于经济资产的所有权和确立他们的排他性权利的成本"，张五常（2000）则将"交易费用"视为一切不直接发生在物质生产过程中的成本。

尽管没有一个权威定义，但经济学家们相信，高昂的交易成本可能减少或消除本来有利可图的交易（埃格特森，1996），诺思（2003）更是把高昂的交易费用看作第三世界国家产生低水平绩效和贫困等问题的根源。所以，当高交易费用阻碍交易收益实现时，交易者就会受激发引入约束和规定个体行动的新制度，以降低交易成本（埃格特森，1996）。新制度经济学家普遍认为，除提供激励、帮助人们形成合理预期、抑制人的机会主义行为、减少不确定性、促进外部性内部化等之外，制度另一项非常重要的功能是降低交易成本。譬如，Coase（1937）认为，企业之所以代替市场，就是因为"企业"这种制度安排可以降低交易成本；舒尔茨（1994）在《制度与人的经济价值的不断提高》一文中也说制度是"可以提供一种使交易费用降低的合约"。因此，好的制度的设计，应该做到使交易成本最小化。

本书在探讨煤层气相关制度变迁以及煤层气和煤炭资源协调开发机制设计过程中将引入交易费用理论，用以说明我国煤层气相关制度变迁的主要原因；同时，矿业权重叠情境下，气煤企业不能很好地进行自由谈判与合作，也跟交易成本紧密相关。另外，在改进煤层气和煤炭资源协调开发机制设计过程中也应充分考虑交易费用问题。

（3）产权不完备性理论

"产权不完备性"（the incompleteness of property right）概念由严冰（2011）在新制度经济学家理论研究的基础上提出，意指法律意义的产权与实际（或经济）意义的产权之间的"差距"（或偏离、错位），这个"偏离"或"错位"的极端形式是法律上的产权完全失效。尽管西方制度主义者并没有明确提出"产权不完备性"这个概念，但 Acemoglu 等（2005）在探讨制度与经济增长的过程中曾经使用过"法律上的权力"（de jure political power）和"事实上的权力"（de facto political power）的说法；北京大学的周其仁（2000）在探讨公有制企业的性质时，也明确使用过经济资源"在法律上的（de jure）所有权和事实上的（de facto）所有权"表述。根据严冰（2011）对"产权不完备性"概念的阐释，同时借鉴 Hart 和 Moore（1988）的"不完备合同"（incomplete contract）以及 Pistor 和 Xu（2003）的"不完备法律"（incomplete law）概念，本书把"产权不完备性"理解为"不完备产权"。

严冰（2011）在著作中把产权不完备性归结为不确定性或风险对产

权形式造成的冲击，进而从产权界定和产权实施两个方面探讨产权不完备的原因。严冰认为，产权界定成本（考核成本、谈判成本等）越低，产权界定越清晰，不完备性越低；同理，产权实施成本（考核成本、控制成本、诉讼成本等）越低，产权不完备性越低。不过，严冰强调，即便是界定清晰的产权，它也并不一定完全为产权人拥有，事实上的产权仍然会偏离法律上的产权，因为保有、维持清晰界定的产权（产权实施）需要付出成本。

本书引入产权不完备性理论来对我国煤层气和煤炭两种资源"产权的不相容使用"（incompatible uses）问题进行探讨（波斯纳，1997）。1998年，国家把煤层气作为新能源独立设权，"意在通过创设'排他性产权'来促进煤层气产业发展。但煤层气与煤炭相伴相生的物理属性决定了只要两种矿业权分属于不同主体，就可能产生两种矿产资源的不相容使用"（黄立君，2014）。在此情形下，煤层气矿业权人和煤炭矿业权人"均无法独立地依照其自由意志行使权利，权利人对煤层气资源或煤炭资源的支配受到了他人意志的限制，丧失了意思独断"（孙宪忠，2014）。丧失了"意思独断"的权利（矿业权中的占有权、勘查权、开采权，以及采出矿产品的所有权及销售权等）无法正常行使，故而成为"瑕疵权利"（常宇豪，2017a）。在国家规定的"先采气、后采煤"原则下，分属于不同煤炭和煤层气企业的两种矿业权事实上成为有瑕疵的不完备产权。如何解决这一难题，是我们要研究的重点问题。

（4）制度变迁理论

制度变迁理论的创立以道格拉斯·C. 诺思为代表。他在《制度、制度变迁与经济绩效》一书中给出了"一种制度与制度变迁理论的纲要"，认为"制度的演化会创造一种合宜的环境，以有助于通过合作的方式来完成复杂的交换，从而促成经济增长"。

诺思所说的这种制度演化，也就是我们常说的制度变迁。制度变迁或者制度创新是新制度（或新制度结构）产生，并否定、扬弃或改变旧制度（或旧制度结构）的过程（黄少安，1995）。历史唯物主义表明，当现存制度阻碍生产力发展时，制度就会或迟或早发生变革，所以，制度与生产力发展的内在矛盾是制度变迁的内在动力。而根据新制度经济学家的观点，制度变迁的动力来源于变迁主体（政府、企业、个人或其他组织）对利益（个人利益或社会利益）的追求。变迁主体从事制度变迁的动力是外动力。外动力与内动力共同作用、推动制度变迁。这种制度变迁，可能是主动的，也可能是被动的；可能是单项的或局部的，也可能是整体的；可能是激进的，也可能是渐进的；可能是自上而下的强制性变迁，也可能是自下而上的诱致性变迁。不管采取何种方式，变迁的目的在于降低交易费用，提高资源配置效率，促进生产力的发展。

总体而言，制度变迁理论包含制度的变迁与稳定、制度变迁主体、制度变迁动因、制度变迁方式、制度变迁过程、制度变迁效果以及国家在制度变迁中的作用等在内的庞杂内容。本书引入制度变迁理论，探究自20世纪90年代以来我国煤层气相关制度变迁历程以及中央政府、地方政府、企业等主体在变迁过程所起的作用。

（5）机制设计理论

机制设计理论由利奥·赫维茨（L. Hurwicz）提出，并由埃瑞克·马斯金（E. S. Maskin）和罗格·迈尔森（R. B. Myerson）等逐步完善。它研究的主要问题是，"对于任意给定的一个社会目标，能否并且怎样设计一个经济机制（制定什么样的经济体制）以达到既定的社会目标"（田国强，1999）。

机制设计（the design of mechanisms）意味着不能把经济体制（the economic system）视为既定，而应视为未知（unknown）。而"设计"（design）一词意味着对现存体制不满意，应该寻找一个比现有体制更好、更可行的机制（a superior or feasible mechanism）（Hurwicz, 1973）。为了得到这个更好更可行的机制，需要解决两个方面的问题：一是信息问题，二是激励问题。信息问题要求实现某个社会目标所需要的信息（参与人的偏好、技术、资源禀赋等）能减到最少，即要确定所制定的机制是信息最有效的。激励问题也就是积极性问题，即在所制定的机制下，每个人即使追求个人目标，其客观效果也正好能够达到社会所要实现的目标（田国强，1999）。

亚当·斯密（1997）在《国民财富的性质和原因的研究》中曾经提出，追求自身利益最大化的"经济人"通过市场这只"看不见的手"（invisible hand）的协调，可以实现个人利益与社会公共利益的相容。这意味着，在斯密那里，市场机制可以解决社会目标达成过程中所需要解决的两大难题。但20世纪20~30年代爆发的世界经济危机，以及同时代经济学界关于市场机制与中央计划孰优孰劣的"社会主义大争论"，引发了人们对市场机制的重新思考。

Hurwicz（1960）在关于资源配置中的最优化与信息效率的研究中，把经济机制看作一个信息传递系统（communication system），在这个系统中，所有"经济人"都在不断地相互传递包含个人私有信息的信号，这些信息可能是真，也可能是假。从谋求自身利益最大化出发，每个"经济人"都可能尽量隐瞒自身信息，少支付。所以，"经济人"之间只有在相互沟通并获取足够可信的信息时才能实现资源的有效配置。同时，现实生活中，因为存在合谋（collusion）和违规（departures from the prescribed norm）的可能性，追求自身利益最大化的经济主体可能通过欺骗（cheat）的方式（装穷、装作缺乏效率、假装对某些产品没有需求）违背某种机制。此时，个人利益与社会公共利益无法实现激励相容。因此，只有在某个机制背后的博弈中，每人如实报告自身类型是其占优策略，那么该机制才是激励相容的。

机制设计理论强调经济活动中最优机制的选择（李文俊，2017），当个人利益与社会公共利益不能实现激励相容时，机制设计者需要在社会目标、经济环境集合及自利行为准则给定的约束下，找到某种机制（决定信息空间和资源配置规则）使得它可以实现给定的社会目标（田国强，1999）。本书引入机制设计理论，探讨在能源与环境约束条件下，如何设计更好的煤层气和煤炭资源协调开发机制，以便更好地解决煤层气产业发展中的信息问题和激励问题。

三 研究设计

（一）研究目标

本书主要通过对矿业权重叠情境下的煤层气和煤炭资源协调开发机制的现状、问题及原因、构成要素、影响因素及运行机理的研究，尝试构建一个统一的、逻辑自洽的关于煤层气和煤炭资源协调开发机制的理论框架。重点阐明：能源和环境约束下煤层气开发的战略意义；中国现有的煤层气开发利用管理体制、运行机制、开发利用目标及其效果；矿业权重叠情境下煤层气和煤炭资源协调开发机制的形成、演进、主要内容、存在的问题及原因；煤层气和煤炭资源协调开发机制构成要素、影响因素及运行机理。在此基础上，借鉴煤层气和煤炭资源协调开发的"山西样本"和国外经验，提出可供政府和实务部门参考的、有助于优化我国煤层气和煤炭资源协调开发机制的政策建议。

（二）研究方法

1. 制度分析方法

运用新制度经济学的制度变迁理论、交易费用理论和科斯定理，以及法经济学的产权不完备性理论，对中国煤层气管理体制机制的形成和演进、运行效果以及矿业权重叠下的煤层气和煤炭资源协调开发机制现状、问题、构成因素、运行机理等进行分析，并通过引入新制度经济学的机制设计理论，提出优化我国煤层气和煤炭资源协调开发机制的政策建议。

2. 案例研究法

本书以中国山西以及北美的美国和加拿大为案例研究对象。本书分析了山西在国家实施"部控省批"制度改革背景下，进行的煤层气和煤炭资源协调开发机制的探索与创新，重点研究了"三交模式""华潞模式""晋煤模式"的形成及其对其他煤层气省份产生的示范意义。同时，探究美国和加拿大在煤层气勘探开发过程中，如何通过矿业权监管、协作与协商、仲裁、司法等多元化方式，解决煤层气和煤炭矿业权人之间的产权纠纷问题。

（三）结构安排

包括绪论在内，本书共九个部分。

绪论部分提出要研究的问题，并对该问题的研究背景和意义、国内外研究现状，以及本书的理论基础、研究目标、研究方法和结构安排等进行介绍。

第一章阐述能源和环境约束下中国煤层气规模化产业化开发对中国的重要战略意义。

第二章对我国煤层气相关法律法规和规范性文件进行梳理和总结，并提炼出中国煤层气开发利用的管理体制和运行机制。

第三章在对中国现有煤层气开发利用初始目标及其变化进行阐释的

基础上，分析现有煤层气开发利用体制机制不能很好促进目标实现的主要原因。

第四章对矿业权重叠下的煤层气和煤炭资源协调开发机制现状、问题及原因进行分析。

第五章详细阐释煤层气和煤炭资源协调开发机制的构成要素、影响因素及其运行机理。

第六章以煤层气大省山西为例，介绍煤层气和煤炭资源协调开发的中国探索。对山西煤层气开发利用现状以及国家、地方政府、煤层气企业和煤炭企业等四元主体在山西煤层气和煤炭资源协调开发试点中所发挥的作用以及试点中形成的可供借鉴的气煤冲突解决模式等进行探讨。

第七章介绍煤层气和煤炭资源协调开发的国外经验。美国和加拿大是煤层气商业化开采最为成功的两个国家。本章以美国和加拿大为例，在对两国煤层气发展历程、现状进行把握的基础上，阐述它们在煤层气产业发展过程中，如何解决产权之争和冲突使用问题，进而分析它们如何促进煤层气和煤炭资源协调开发，并最终实现煤层气规模化产业化发展。

第八章主要引入机制设计理论，对如何优化我国煤层气和煤炭资源协调开发机制提出政策建议。

第一章　能源和环境约束下中国煤层气开发的战略意义

改革开放 40 余年，我国坚持以经济建设为中心，2010 年成为世界第二大经济体，2023 年国内生产总值比 1952 年增长 223 倍，年均增长 7.9%。但同时，经济的快速增长也让中国成为世界第一大能源消费国和世界第一大碳排放国。这种以能源资源无节制消耗和生态环境严重破坏为基础的增长，既不符合绿色发展理念，也与可持续发展战略相悖。在第二个百年奋斗目标实现进程中，我国需要的是既能推进能源革命和能源转型，又能保护生态环境，让新时代的经济、能源与环境实现高质量协同发展的经济增长。

鉴于"富煤、贫油、少气"的能源禀赋条件，我国的能源消费必将长期以煤炭为主。而煤炭在一次能源消费结构中的占比居高不下，必然加剧环境污染，使经济发展、能源消费与环境保护、气候变化的矛盾日益突出。故而当前我国经济发展一方面面临能源需求压力大、能源供给制约多、能源生产和消费对生态环境损害严重的不利形势，另一方面在世界能源转型大背景下，我国肩负着推动能源技术革命、应对气候变化、实现"双碳"目标和经济可持续高质量发展的重任。在能源和环境压力的双重约束条件下，规模化产业化开发利用煤层气，对我国实现经济的可持续发展具有重要战略意义。

第一节　中国经济发展面临的能源与环境双重约束

一　能源约束

能源是人类社会生存和发展的重要物质基础。能源的有效开发和利用以及能源工业的发展是经济发展、社会进步的重要保障。工业革命以来，人们不断勘探开发煤、石油、天然气、铀、页岩油、页岩气、煤层气等化石能源，以及发展风能、太阳能、水力、地热等可再生能源和清洁能源来满足人类不断攀升的能源需求。

(一) 世界第一大能源消费国

改革开放以来，伴随着我国经济的快速发展和人民生活水平的日益提高，能源产量和消费量都逐步增长。根据国家统计局官方网站公开数据，1978年，我国能源生产总量为6.28亿吨标准煤，消费总量为5.7亿吨标准煤；2022年，能源生产总量提高到46.6亿吨标准煤，比1978年增长了6.4倍，消费总量提高到54.1亿吨标准煤，比1978年增长了8.5倍。① 自然资源部2011~2023年发布的《中国矿产资源报告》提供了我国自2010年成为世界第二大经济体以来的一次能源生产总量和消费总量数据（见表1-1）。

表1-1 中国一次能源生产总量和消费总量

单位：亿吨标准煤

年份	生产总量	消费总量	年份	生产总量	消费总量
2010	29.9	32.5	2017	35.9	44.9
2011	31.8	34.8	2018	37.7	46.4
2012	33.2	36.2	2019	39.7	48.6
2013	34.0	37.5	2020	40.8	49.8
2014	36.0	42.6	2021	43.3	52.4
2015	36.2	43.0	2022	46.6	54.1
2016	34.6	43.6	2023	—	—

资料来源：根据自然资源部2011~2023年发布的《中国矿产资源报告》整理制作。

根据英国BP公司提供的数据，2009年，中国超越美国，成为世界第一大能源消费国。一次能源消费总量从1965年的5.53艾焦（EJ）② 上升到2009年的97.77艾焦。③ 而且，2009~2021年，中国连续13年都是世界最大的能源消费国（见图1-1）。

另据2019~2023年发布的《BP世界能源统计年鉴》，2018年中国能

---

① 根据国家统计局官方网站公开数据计算而得。
② 1艾焦等于10^{18}焦耳。
③ 美国一次能源消费总量1965年为51.98艾焦，2009年为90.38艾焦。参阅Statistical Review of World Energy, 1965-2021, bp, https://www.bp.com/en/global/corporate/energy-economics/statistical-review-of-world-energy.html。

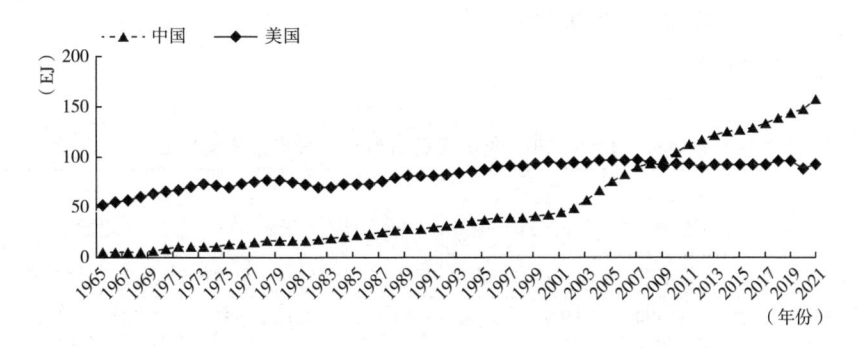

图 1-1　1965~2021 年中国和美国一次能源消费总量对比

资料来源：根据 1965~2021 年《BP 世界能源统计年鉴》数据制作。

源消费增速由 2017 年的 3.3% 增长至 4.3%，过去 10 年的平均增速为 3.9%。2020 年中国能源消费增速下降为 2.1%，2021 年提升到 7.1%，过去 10 年年均增速为 3.4%。2022 年，中国能源消费总量为 159.39 艾焦（EJ），同比增长 0.9%，占全球能源消费总量的 26.4%。2022 年，中国仍然是世界上最大的能源消费国。[①]

而且，随着工业化及城市化的进一步推进以及乡村振兴战略的实施，中国的能源需求及消费总量还将持续增加。根据武强和涂坤（2019）的研究，"在世界能源消费大国中，我国人均能源消费量与世界主要发达国家相比仍存在较大差距。……当 2050 年中国实现社会主义现代化强国的目标时，中国人均能源消费量在目前的基础上翻一番，即 6.4 吨标准煤，那么中国的能源消费总量将由 2017 年的 44.9 亿吨标准煤增加到 89.8 亿吨标准煤，即便在这样的情景下，中国在 2050 年的人均能源消费量也仅为美国 2017 年的 65.3%"。如果要达到美国那样的经济发展水平和生活水平，意味着要消耗全世界绝大部分能源。而我国"富煤、贫油、少气"的资源禀赋不足以满足如此巨大的能源需求。

（二）石油、天然气生产量和消费量之间缺口不断扩大

"富煤、贫油、少气"是我国能源资源禀赋的主要特征。改革开放初期，受国内能源需求不足的影响，我国较长一段时间保持能源净出口

[①] 英国 BP 公司官方网站（https://www.bp.com/）公开数据。

状态。20世纪90年代后期，随着经济持续快速发展，能源需求日益增长。BP公司提供了1990~2021年中国石油和天然气产量及消费量数据（见表1-2）。

表1-2 1990~2021年中国石油和天然气产量及消费量

年份	石油（千桶/日）产量	消费量	天然气（10亿立方米）产量	消费量	年份	石油（千桶/日）产量	消费量	天然气（10亿立方米）产量	消费量
1990	2778	2204	15.4	15.4	2006	3711	7323	59.0	57.8
1991	2831	2392	15.6	15.6	2007	3742	7681	69.8	71.1
1992	2845	2591	15.9	15.9	2008	3814	7819	80.9	81.9
1993	2892	2904	16.9	16.9	2009	3805	8166	85.9	90.2
1994	2934	2965	17.7	17.7	2010	4077	9307	96.5	108.9
1995	2993	3220	18.1	17.9	2011	4074	9630	106.2	135.2
1996	3175	3566	20.3	18.7	2012	4155	10061	111.5	150.9
1997	3216	3930	22.9	19.8	2013	4216	10563	121.8	171.9
1998	3217	4068	23.5	20.4	2014	4246	11018	131.2	188.4
1999	3218	4318	25.4	21.7	2015	4309	11890	135.7	194.7
2000	3257	4655	27.4	24.7	2016	3999	12297	137.9	209.4
2001	3310	4762	30.6	27.6	2017	3846	13003	149.2	241.3
2002	3351	5144	32.9	29.4	2018	3802	13642	161.4	283.9
2003	3406	5738	35.3	34.2	2019	3848	14321	176.7	308.4
2004	3486	6690	41.8	40	2020	3901	14408	194	336.6
2005	3642	6816	49.7	47	2021	3994	15442	209.2	378.7

资料来源：1965~2021年发布的《BP世界能源统计年鉴》。

表1-2显示，1993年，中国成为石油净进口国；2007年，天然气消费量首次大于产量。之后，石油和天然气消费量逐年增加，两种能源产量和消费量之间的缺口不断扩大。2021年，中国石油产量为3994千桶/日，消费量高达15442千桶/日；天然气产量为2092亿立方米，消费量高达3787亿立方米。笔者根据英国BP公司提供的数据绘制了1965~2021年中国石油产量和消费量曲线图（见图1-2）和1970~2021年中国天然气产量和消费量曲线图（见图1-3），我们可以从图中看出不同年份石油、天然气产量和消费量之间的缺口。

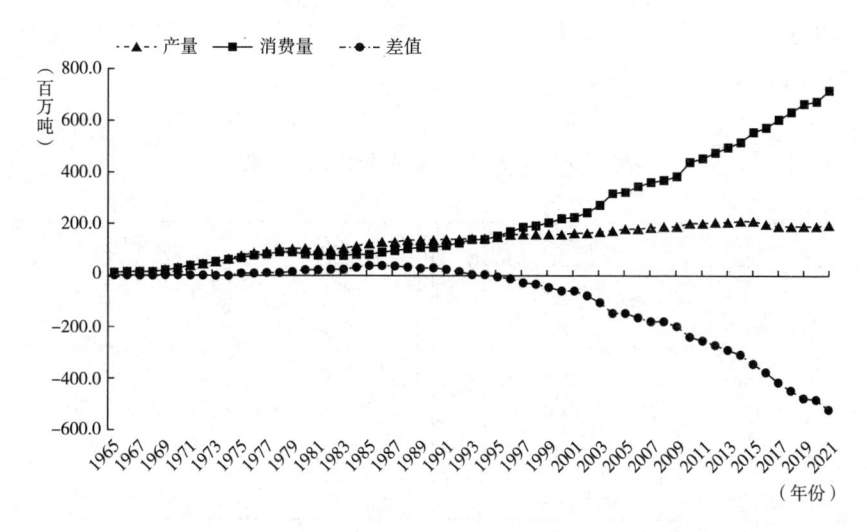

图 1-2　1965~2021 年中国石油产量和消费量

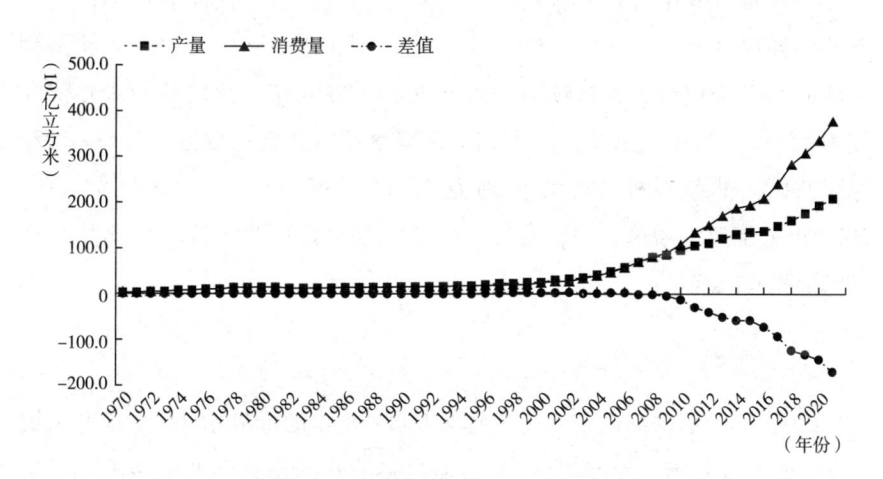

图 1-3　1970~2021 年中国天然气产量和消费量

资料来源：1965~2021 年发布的《BP 世界能源统计年鉴》数据计算结果绘制。

（三）能源自给率下降，对外依存度高

根据 2013~2023 年发布的《中国矿产资源报告》可以发现，近些年来，我国能源自给率不断下降，从 2012 年的 92.0%，下降到 2016 年的 79.4%。自 2017 年以来，我国能源自给率有所回升，2022 年提升至

86.1%（见表1-3），但仍然没有实现《能源发展战略行动计划（2014—2020年）》（国办发〔2014〕31号）提出的2020年"能源自给能力保持在85%左右"的目标。

表1-3 2012~2022年中国能源自给率

单位：%

年份	能源自给率	年份	能源自给率
2012	92.0	2018	81.3
2013	90.7	2019	81.7
2014	84.5	2020	81.9
2015	84.2	2021	82.6
2016	79.4	2022	86.1
2017	80.0	—	—

资料来源：根据自然资源部网2013~2023年发布的《中国矿产资源报告》整理而得。

能源对外依存度越来越大。1993年，我国成为石油净进口国，当年石油对外依存度为7.5%。2009年，我国石油对外依存度首次突破国际公认的50%警戒线，并持续攀升居高不下。2020年，我国石油对外依存度为73%。①另据国家统计局和国家发展改革委公布的数据，2018~2021年，我国天然气对外依存度分别为43.1%、42.8%、41.8%和44.3%。2022年由于经济增速放缓，油气对外依存度首次同步下降，但仍然高达70.2%和40.5%。②

二 环境约束

2010年，中国国内生产总值排名从1978年的世界第11位跃升为第2位，成为世界第二大经济体。③经济的持续快速增长让8亿多人摆脱绝对贫困，实现小康，被誉为"中国奇迹"。但我国长期以来基于要素驱动的粗放式增长也给生态环境造成巨大破坏。

---

① 2021年《BP世界能源统计年鉴》数据。
② 根据国家统计局公开数据计算而得。
③ 《沧桑巨变七十载 民族复兴铸辉煌——新中国成立70周年经济社会发展成就系列报告之一》，中国政府网，2019年7月1日，http://www.gov.cn/xinwen/2019-07/01/content_5404949.htm，最后访问日期：2025年4月30日。

（一）世界第一大碳排放国

根据英国 BP 公司提供的 1965~2021 年的世界能源统计数据，自 2005 年开始，中国碳排放量连续多年位居第一，总量明显高于其他国家。[①]表 1-4 展示了包括中国、美国、英国、法国、德国、日本、印度等在内的世界主要国家 1990~2021 年的二氧化碳排放量。

表 1-4　1990~2021 年世界主要国家的二氧化碳排放量

单位：百万吨

年份	中国	美国	英国	法国	德国	日本	印度
1990	2308.8	4970.0	595.2	367.2	1007.6	1084.1	602.1
1991	2440.0	4922.6	605.5	390.7	969.7	1100.8	634.9
1992	2562.8	5004.9	588.6	379.4	923.7	1113.3	671.9
1993	2769.6	5117.6	574.6	362.0	916.3	1107.5	694.0
1994	2921.4	5195.4	561.4	348.7	896.9	1171.5	724.8
1995	3009.2	5227.9	558.8	356.2	889.4	1187.5	773.4
1996	3156.7	5407.6	579.4	372.5	914.8	1208.5	812.5
1997	3142.3	5483.5	559.9	361.2	888.0	1207.6	855.0
1998	3139.8	5524.1	560.7	384.9	879.0	1175.8	895.7
1999	3268.5	5574.1	551.2	384.4	855.9	1207.9	914.3
2000	3328.0	5740.7	565.7	381.5	854.4	1230.0	959.8
2001	3489.7	5650.7	575.5	383.4	871.7	1223.5	968.6
2002	3809.3	5672.3	556.7	380.1	859.0	1234.4	1008.6
2003	4494.1	5737.6	567.8	387.2	862.0	1274.3	1049.4
2004	5317.2	5838.9	573.2	389.1	847.5	1258.4	1112.1
2005	6079.3	5873.2	579.1	389.8	826.3	1291.6	1200.2
2006	6660.0	5795.2	581.5	380.1	843.8	1269.0	1251.9
2007	7217.1	5884.5	570.2	370.5	811.1	1282.6	1362.7
2008	7356.6	5700.9	560.4	369.7	809.4	1293.1	1462.0
2009	7685.0	5289.2	512.7	354.8	753.6	1124.1	1594.2
2010	8121.7	5485.7	528.5	360.4	783.2	1195.9	1648.3

---

① Statistical Review of World Energy, 1965 - 2021, bp, https://www.bp.com/en/global/corporate/energy-economics/statistical-review-of-world-energy.html.

续表

年份	中国	美国	英国	法国	德国	日本	印度
2011	8793.5	5336.2	494.0	334.1	763.7	1207.5	1728.4
2012	8978.7	5089.1	510.2	335.6	773.0	1293.8	1861.4
2013	9219.1	5246.6	498.0	334.9	797.6	1282.2	1934.0
2014	9256.7	5251.7	456.1	301.5	751.1	1248.7	2090.7
2015	9226.2	5137.5	437.8	307.5	755.6	1209.1	2146.5
2016	9234.4	5038.0	413.6	313.1	770.5	1189.3	2241.5
2017	9444.9	4978.8	401.3	317.8	760.9	1182.7	2320.2
2018	9676.0	5132.7	393.5	306.7	733.4	1161.5	2442.6
2019	9868.5	4980.9	377.5	299.3	680.1	1121.7	2465.8
2020	9974.3	4420.6	316.9	251.6	600.8	1029.5	2281.2
2021	10523.0	4701.1	337.7	273.6	628.9	1053.7	2552.8

资料来源：根据1965~2021年发布的《BP世界能源统计年鉴》相关数据整理而得。

1965~2004年，美国都是世界第一大碳排放国。2005年，中国碳排放量达到6079.3百万吨，超越美国的5873.2百万吨。美国在2007年达到最高值5884.2百万吨之后，碳排放量逐步减少（见图1-4）。其他国家如英国、法国、德国、日本等发达国家的二氧化碳排放量基本保持平稳。印度作为发展中国家碳排放量虽然逐年上升，但也远低于我国。

（二）"双碳"目标实现面临挑战

中国工程院院士、中国工程院原副院长、国家气候变化专家委员会顾问、中国碳中和50人论坛主席杜祥琬（2022）认为，我国"双碳"目标实现面临时间窗口短、减排幅度大、转型任务重等诸多挑战。

1. 时间窗口短

根据英国能源与气候智库统计，"截至2022年8月，全球已有136个国家承诺到本世纪中叶实现碳中和"[①]。2020年9月22日，国家主席习近平在第七十五届联合国大会一般性辩论上的重要讲话中郑重承诺，中国二氧化碳排放力争于2030年前达到峰值，努力争取2060年前实现碳中和。这样，从碳达峰到碳中和只有短短30年时间。但从世界主要国

---

① Net Zero Tracker, https://zerotracker.net, 最后访问日期：2022年8月31日。

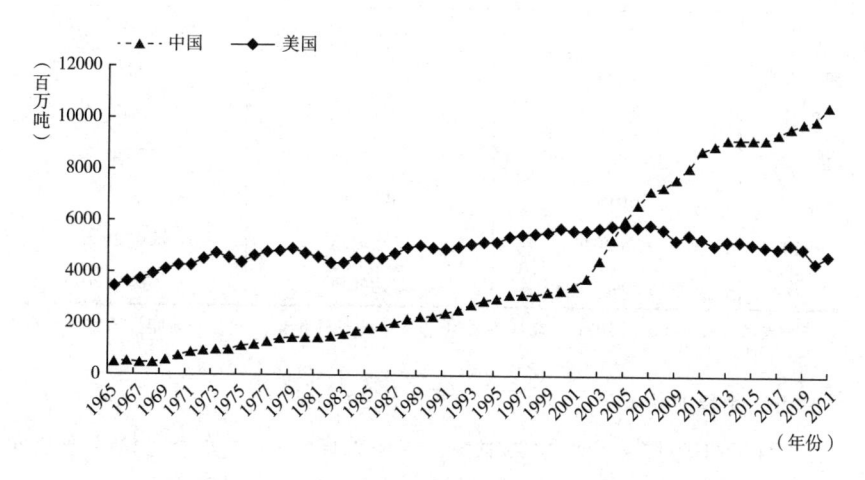

图 1-4 1965~2021 年中国和美国碳排放量对比

资料来源：根据 1965~2021 年发布的《BP 世界能源统计年鉴》数据制作。

家或地区的碳中和承诺来看，从碳达峰到承诺实现碳中和所需时间，美国和加拿大为 43 年，欧盟为 63 年（其中英国为 59 年，德国和法国为 77 年），日本为 38 年，韩国和澳大利亚为 32 年，巴西为 46 年，俄罗斯为 72 年，南非为 40 年，印度如果按 2040 年碳达峰算，也为 30 年（见表 1-5）。这意味着，我国承诺实现从碳达峰到碳中和的时间，远远短于发达国家所用的时间，需要我国用全球历史上最短的时间完成全球最高碳排放强度降幅。无疑，"双碳"目标实现面临极大挑战。

表 1-5 世界主要国家和地区碳达峰碳中和时间与碳排放峰值

国家	碳达峰年份	碳排放峰值（百万吨）	承诺碳中和年份
美国	2007	5884.2	2050
加拿大	2007	575	2050
英国	1991	605.5	2050
法国	1973	518.8	2050
德国	1973	1116.4	2050
欧盟	1987	5509.9	2050
日本	2012	1293.4	2050
韩国	2018	659.1	2050

续表

国家	碳达峰年份	碳排放峰值（百万吨）	承诺碳中和年份
澳大利亚	2008	417.4	2040
巴西	2014	505.2	2060
俄罗斯	1988	2291.8	2060
南非	2010	474.9	2050
中国	承诺2030	未达峰值	承诺2060
印度	承诺2040~2045	未达峰值	承诺2070

资料来源：根据1965~2021年发布的《BP世界能源统计年鉴》和公开新闻报道整理而得。

2. 减排幅度大

2021年10月24日，中共中央、国务院印发的《关于完整准确全面贯彻新发展理念做好碳达峰碳中和工作的意见》设定了"双碳"工作主要目标：到2025年，单位国内生产总值能耗比2020年下降13.5%，单位国内生产总值二氧化碳排放比2020年下降18%，非化石能源消费比重在20%左右；到2030年，单位国内生产总值能耗大幅下降，单位国内生产总值二氧化碳排放比2005年下降65%以上，非化石能源消费比重在25%左右，风电、太阳能发电总装机容量在12亿千瓦以上；到2060年，非化石能源消费比重在80%以上。

目前，我国单位国内生产总值能耗和单位国内生产总值二氧化碳排放都高于世界平均水平。而且，作为处于中等收入水平的最大发展中国家，一方面必须保证每年一定速度的经济增长，因而需要增加能源供给；另一方面，"双碳"目标的实现需要大力节能减排。根据2022年的《BP世界能源统计年鉴》数据，我国自2009年超越美国成为世界第一大能源消费国以来，每年的能源消费量仍然持续增长。同时，碳排放量于2005年超越美国成为第一大排放国之后，还远未达峰值。

3. 转型任务重

碳达峰和碳中和的实质都是低碳转型，而能源转型复杂且极具挑战。在2022年8月19日召开的"绿色低碳·能源变革"国际高端论坛上，中国工程院院士、中国石油集团董事长戴厚良指出，"目前我国能源系统呈现出以煤为主的'一大三小'特征（煤炭大，油气和新能源小），'双碳'目标的实现要求我国能源系统向以新能源为主的'三小一大'（油气、煤炭小，新能源大）转变"（操秀英，2022），但我国在实现碳达峰碳中和目标的关键路径方面，存在"产业结构偏重①、能源结构偏煤②、综合能效偏低③"等不足（杜祥琬，2021）。这些不足严重妨碍能源的绿色低碳转型。根据2012~2021年我国国民经济和社会发展统计公报，2012~2021年，清洁能源消费量占能源消费总量的比重从14.5%上升为25.5%。尽管有所上升，但《BP世界能源统计年鉴》（2019年）的数据显示，"2018年，全球清洁能源（核能、水能、风能、太阳能、天然气等）占一次能源消费量的比重是39.2%"。这意味着，与全球相比，我国清洁能源消费量占比仍然偏低。另据2016年国家发展改革委、国家能源局印发的《能源发展"十三五"规划》以及2021年国家发展改革委、国家能源局印发的《"十四五"现代能源体系规划》，我国非化石能源在能源消费结构中的比重，2010年为9.4%，2015年为12.0%，2020年为15.9%，超过2/3的新增能源需求仍然主要由化石能源满足，这与我国在《中共中央 国务院关于完整准确全面贯彻新发展理念做好碳达峰碳中和工作的意见》设定的目标，即到2030年，非化石能源消费比重在25%左右，到2060年，非化石能源消费比重在80%以上相比，差距还很大。

第二节　中国丰富的煤层气资源

丰富的煤层气资源可以为推进中国能源革命和能源转型以及生态文明建设和"双碳"目标的实现带来希望。第四轮全国煤层气资源评价结果显示，我国埋深2000米的浅煤层气地质资源量约30.0万亿立方米，居世界第三位，仅次于俄罗斯与加拿大，煤层气资源丰富。

一　历次煤层气资源评价及其结果

自1985~2015年，中国已先后开展15次煤层气资源的评价与计算，具体情况如表1-6所示。

---

① 第二产业对国内生产总值的贡献率为40%，却消费了68%的能源。
② 2021年煤炭消费量占全能源消费总量的56%。
③ 我国能源强度是世界平均水平的1.5倍。

表 1-6　中国历次煤层气资源评价的煤层气资源量

研究者	完成年份	资源量（10^{12}立方米）
地质矿产部石油地质所冯福凯等	1985	17.93
煤炭科学院地质勘探分院李明潮等	1987	32.15
焦作矿业学院杨力生等	1987	31.92
煤炭科学研究总院西安分院张新民等	1991	30~35
中国统配煤矿总公司	1992	24.75
地质矿产部石油地质研究大队段俊琥等	1992	36.3
中国石油天然气总公司勘探开发研究院关德师等	1992	25~50
中国石油天然气总公司勘探开发研究院廊坊分院刘友民等	1993	38
煤炭科学院地质勘探分院李静等	1995	23.86
中国煤田地质总局、中国矿业大学	1998	14.4
中国石油勘探开发研究院廊坊分院	1999	22.5
中联公司煤层气公司、煤炭科学研究院西安分院	2000	31.46
中国石油勘探开发研究院廊坊分院	2001	27.3
第三轮全国资评	2006	36.81
第四轮全国资评	2015	约30

资料来源：穆福元等（2017）。

在表 1-6 所示的 15 次资源评价中，最有影响力的是 2006 年的第三轮全国资源评价和 2015 年的第四轮全国资源评价。

2006 年的第三轮全国资源评价结果表明，全国埋深 2000 米以浅的煤层气地质资源量为 36.81×10^{12} 立方米，可采资源量为 10.87×10^{12} 立方米；煤层气资源集中分布在鄂尔多斯、沁水和准噶尔等大型盆地。第三轮全国资源评价是当时评价规模最大、范围最广、资源系列最全的一次，其成果自 2006 年公布后得到了广泛应用，对中国煤层气勘探开发工作起到了重要的推动作用。

随着煤层气资源勘探开发工作的迅速推进，中国在煤层气资源地质控制因素、成藏特征，以及开采地质条件等方面取得一系列新认识、新成果。为进一步掌握和阐明煤层气资源情况，以及煤层气资源分布规律，2015 年，由国土资源部牵头，中国石油天然气集团有限公司、中国石油化工集团公司、中联煤层气有限责任公司和中国矿业大学等参加进行了第四轮全国资源评价，重新对全国 30 个主要含煤盆地埋深在 2000 米以浅的煤层气资源开展评价工作。

第四轮全国煤层气资源评价[①]对全国陆地上 47 个含煤盆地（群）进行筛选，删减了 17 个含煤盆地（群），包括长江下游、苏浙皖边等 7 个资源量小、丰度低、资源可靠程度低的含煤盆地（群），鲁西南等 3 个难以形成有效储层的含煤盆地（群），粤北、粤中等 7 个尚无实际勘探工作，资源量预期较低的含煤盆地（群）。本轮评价结果表明，中国埋深 2000 米以浅的煤层气地质资源量为 $29.82×10^{12}$ 立方米，可采资源量为 $12.51×10^{12}$ 立方米。根据庚勐等（2018）的研究，煤层气资源按照大区、层系、深度和煤阶具有四个方面的分布特点。一是中国煤层气资源五个大区中以华北区煤层气资源最为丰富，地质资源量为 $13.91×10^{12}$ 立方米，占全国总地质资源的 46.3%；西北区、南方区和东北区，地质资源量分别为 $7.77×10^{12}$ 立方米、$5.46×10^{12}$ 立方米和 $2.90×10^{12}$ 立方米（见图 1-5）。在盆地分布上，煤层气地质资源量超过 $1×10^{12}$ 立方米的大型含气盆地（群）共有 10 个，即鄂尔多斯、沁水、准噶尔、滇东黔西、川南黔北、二连、海拉尔、吐哈、塔里木和天山盆地（群），其地质资源量为 $25.56×10^{12}$ 立方米，可采资源量为 $10.98×10^{12}$ 立方米，分别占全国总量的 85.03% 和 87.70%（见表 1-7）。地质资源量在 $1000×10^8 \sim 10000×10^8$ 立方米的有徐淮、四川、豫西等 13 个盆地（群），在 $200×10^8 \sim 1000×10^8$ 立方米的有阴山、湘中、浑江—辽阳等 8 个盆地（群）；小于 $200×10^8$ 立方米的有辽西、敦化—抚顺、长江下游等 10 个盆地（群）。二是煤层气资源层系分布以古生界石炭系、二叠系和中生界三叠系、侏罗系，以及白垩系煤层气为主，新生界煤层气资源极少，只在东北地区有分布。其中中生界与古生界地质资源量各占 50%，新生界可采资源量最大，为 $6.73×10^{12}$ 立方米，占全国总量的 54%。三是埋深小于 1000 米的煤层气地质资源占比最大，为 $11.11×10^{12}$ 立方米，可采资源量为 $4.35×10^{12}$ 立方米，分别占全国总量的 37% 和 35%；1500~2000 米埋深和 1000~1500 米埋深占比接近，埋藏较浅的煤层气资源有利于开采，也是目前的主要勘探开发目标。四是煤层气地质资源量以煤阶划分，高煤阶和低煤阶分别

---

① 第四轮全国煤层气资源评价相关数据，除非特别说明，均来自庚勐等（2018）的研究。

占35%和34%,而低煤阶可采资源量达 4.96×10^{12} 立方米,占总量的40%,高煤阶为 4.04×10^{12} 立方米,占总量的32%。结合埋深来看,煤层气地质资源量和可采资源量高煤阶、低煤阶以1000米以浅为主,中煤阶以1000~2000米埋深为主。

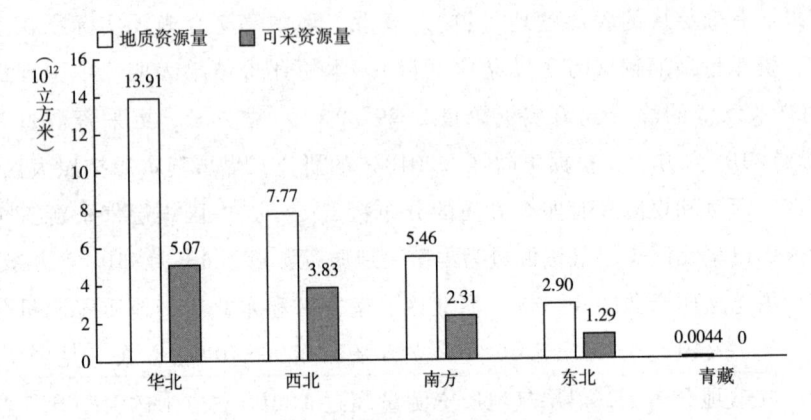

图 1-5　中国煤层气资源大区分布情况

资料来源:门相勇等(2017)。

表 1-7　煤层气资源主要盆地(群)分布

盆地(群)名称	地质资源量(10^{12}立方米)	资源丰度($10^8 m^3 \cdot km^{-1}$)	可采系数(%)	可采资源量(10^{12}立方米)	地质资源量占比(%)	可采资源量占比(%)
鄂尔多斯	7.26	0.55	38.51	2.80	24.16	22.37
沁水	4.00	0.75	38.14	1.53	13.31	12.21
滇东黔西	3.12	1.95	44.29	1.38	10.38	11.05
准噶尔	3.11	1.19	43.80	1.36	10.35	10.89
天山	1.63	0.79	55.15	0.90	5.41	7.17
川南黔北	1.50	0.83	36.67	0.55	4.98	4.39
塔里木	1.30	2.21	45.94	0.60	4.32	4.77
海拉尔	1.30	1.00	58.31	0.76	4.32	6.05
二连	1.18	0.34	37.87	0.45	3.93	3.58
吐哈	1.16	0.87	56.09	0.65	3.87	5.23
其他	4.50	0.70	34.13	1.54	14.97	12.29

资料来源:张道勇等(2018)。

第四轮全国煤层气资源评价工作为全国煤层气资源评价关键参数取

得提供了依据，尤其使可采系数的预测更加可靠，也为将来我国深层煤层气的勘探开发奠定资源基础。

二 位居世界第三的中国煤层气地质资源

世界上有 74 个国家和地区拥有煤层气资源。根据国际能源署（IEA）[①] 估计，全世界煤层气资源量可达 $260×10^{12}$ 立方米，其中，俄罗斯、加拿大、中国、美国和澳大利亚等国的煤层气资源量均超过 $10×10^{12}$ 立方米，具体如表 1-8 所示。

表 1-8 世界主要产煤大国煤炭、煤层气资源统计

国家和地区	煤炭资源量（$×10^{12}$吨）	煤层气资源量（$×10^{12}$立方米）	煤层气可采资源量（$×10^{12}$立方米）
俄罗斯	6.50	17.0~113.0	5.67
加拿大	7.0	17.9~76.0	2.55
中国	5.90	29.82	12.51
美国	3.97	21.2	3.96
澳大利亚	1.70	8.0~14.0	3.40
西欧（以德国和英国为主）	0.51	5.67	0.57
土耳其	—	1.42~3.11	0.28
波兰	0.16	0.57~1.42	0.14
乌克兰	0.12	4.8	0.71
哈萨克斯坦	0.17	1.13~1.70	0.28
印度	0.16	1.98~2.55	0.57
南非（包括南非、津巴布韦和博茨瓦纳）	0.15	0.8	0.85
合计	26.39	110.29~281.05	23.44

注：有修改。表中国的数据采用了第四轮全国煤层气资源评价最新数据。
资料来源：国际能源署（IEA）官方网站；杨福忠等（2013）；庚勐等（2018）。

如表 1-8 所示，第四轮全国煤层气资源评价结果表明，中国埋深在 2000 米以浅的煤层气资源量为 $29.82×10^{12}$ 立方米，可采资源量为 12.51×

[①] 国际能源署（IEA）官方网站，http://www.iea.org/。

10^{12}立方米。与第三轮全国煤层气资源评价结果 $36.8×10^{12}$ 立方米相比，尽管第四轮全国煤层气资源评价资源量减少了 $6.98×10^{12}$ 立方米，但变化幅度小，故中国作为全球煤层气资源大国的地位并未发生改变，仍然雄踞世界前三位，而且可采资源量还增加了 $1.63×10^{12}$ 立方米。

第三节　煤层气资源开发的战略意义

中国工业化和城镇化的实践证明，经济增长、能源消耗与环境保护之间往往存在相互制约、相互依存的紧张关系。平均而言，"经济增长率每提高1个百分点，将使得二氧化碳排放总量增长0.2%，也将带动下期能源消耗总量增长0.2%。而能源消耗每增长1%，将使二氧化碳排放增长0.442%"（刘章发等，2023）。中国仍处于工业化和城镇化发展阶段，经济的快速发展、人民生活水平的提高均得益于能源供给和消费的不断增加，其直接结果就是二氧化碳的大量排放，最终导致经济增长方式粗放、资源环境代价过高等问题。[①]

放眼全球，近两百年来，世界已经发生过两次能源革命。蒸汽机与内燃机的发明与应用带来能源利用效率革命；石油的大规模开采、电的发明与应用等让人类社会可以用能量密度更高、使用更方便的能源作为主要燃料和动力，从而实现第二次能源革命。目前，发达国家已经依次完成前两次革命，而我国能源革命则显示出迭代特点：一方面加速完成第二次能源革命，另一方面也开始进入以清洁低碳、可再生为主要特征的新一轮能源革命和能源转型（史丹，2018）。

同时，为了应对气候变化，保护生态环境，2020年9月，中国政府在第七十五届联合国大会一般性辩论上主动提出将提高国家自主贡献力度，采取更加有力的政策和措施，使二氧化碳排放力争于2030年前达到峰值，努力争取2060年前实现碳中和。2021年9月22日，中共中央、

[①] 根据中国工程院战略研究所对我国原油需求做出的预测，"2035年时我国原油产量约为2亿吨，需求量约为6亿吨，存在将近4亿吨的缺口。2050年我国石油需求量约为4亿吨，那时我国的原油产量约为1亿吨，至少仍存在3亿吨的缺口"。参阅中国工程院院士、中国石油勘探开发研究院原院长、中国石油集团国家高端智库特聘专家赵文智2022年12月18日在"第七届国家发展论坛——中国新征程与国家发展"所做的主旨演讲《如何端牢能源安全的饭碗》。

国务院印发的《关于完整准确全面贯彻新发展理念做好碳达峰碳中和工作的意见》又明确提出，到2025年，非化石能源消费比重在20%左右，单位国内生产总值能源消耗比2020年下降13.5%，单位国内生产总值二氧化碳排放比2020年下降18%，为实现碳达峰奠定坚实基础；到2030年，非化石能源消费比重在25%左右，单位国内生产总值二氧化碳排放比2005年下降65%以上，顺利实现2030年前碳达峰目标；到2060年，绿色低碳循环发展的经济体系和清洁低碳安全高效的能源体系全面建立，能源利用效率达到国际先进水平，非化石能源消费比重在80%以上，碳中和目标顺利实现。

煤层气是绿色、低碳、清洁能源。开发利用煤层气可以同时满足四个方面的好处：获得经济（economic）利益、增加能源（energy）供应、保护环境（environment），以及提高煤矿安全性（safety）（U. S. Environmental Protection Agency，2011）。因此，国务院办公厅发布的《能源发展战略行动计划（2014—2020年）》（国办发〔2014〕31号）把"重点突破页岩气和煤层气开发"作为战略行动计划的主要任务之一。同时，《2030年前碳达峰行动方案》（国发〔2021〕23号）又把"加快推进页岩气、煤层气、致密油（气）等非常规油气资源规模化开发"作为实现碳达峰的重要举措。规模化产业化开发煤层气，大力发展煤层气产业，既可促进我国能源革命和能源转型，又能助力"双碳"目标实现，对新时代中国经济、能源、环境协同发展，具有重要战略意义。

一 促进中国能源革命和能源转型

正如史丹（2018）所言，中国一方面要加速完成第二次能源革命，另一方面也同时进入以清洁低碳、可再生为主要特征的新一轮能源革命和能源转型。大力开发煤层气资源能使我国油气资源开发进入更广泛的地质领域，增加油气供给，帮助我国加速完成第二次能源革命，并实现向清洁能源的转型。

党的十八大以来，尽管我国能源结构持续优化，低碳转型成效显著，但能源消费结构仍以煤炭为主。自然资源部2013~2023年发布的《中国矿产资源报告》显示，2012年，煤炭、石油、天然气在我国能源消费结构中的占比分别为76.5%、8.9%、4.3%。2022年，煤炭、石油、天然气在我国能源消费结构中的占比分别为56.2%、17.9%、8.4%（见表1-9）。2022年，污染最高的能源——煤炭占比仍远高于27%的世界平均水平，清洁低碳的天然气所占比重则远低于24%的世界平均水平，显然，目前的能源结构仍然不合理。另外，从能源自给率来看，尽管自2017年以来有所回升，但仍然没有实现《能源发展战略行动计划（2014—2020年）》（国办发〔2014〕31号）提出的2020年"能源自给能力保持在85%左右"的目标，存在能源安全问题。

表1-9 2012~2022年中国能源结构

单位:%

年份	煤炭	石油	天然气、水电、风电、核电等
2012	76.5	8.9	14.6（其中天然气4.3）
2013	66.0	18.4	15.6（其中天然气5.8）
2014	66.0	17.1	16.9
2015	64.0	18.1	17.9（其中天然气5.9）
2016	62.0	18.3	19.7
2017	60.4	18.8	20.8
2018	59.0	18.9	22.1（其中天然气7.8）
2019	57.7	18.9	23.4（其中天然气8.1）
2020	56.8	18.9	24.3（其中天然气8.4）
2021	56.0	18.5	25.5（其中天然气8.9）
2022	56.2	17.9	25.9（其中天然气8.4）

资料来源：根据自然资源部2013~2023年发布的《中国矿产资源报告》整理而得。

大力开发煤层气，可以推动能源革命和能源转型，缓解能源安全问题。美国始于20世纪80年代的煤层气发展实践很好地证明了这一点。根据美国能源信息署[①]提供的数据，1983年，美国煤层气资源产量仅为1.7亿立方米，1995年达到273亿立方米，基本形成产业化规模，2006~2011年连续6年煤层气产量都在500亿立方米以上，其中2008年美国煤层气产量最高达到562亿立方米。2018年之后，美国煤层气产量逐步下降，并进入萎缩期。尽管如此，美国煤层气占天然气产量

---

① 美国能源信息署（EIA）官方网站，https://www.eia.gov/dnav/ng/hist/rngr52nus_1a.htm。

的比例仍基本保持在 8%~10%，为保障美国能源安全、缓解环境压力发挥了巨大作用。

世界能源结构的演变趋势表明，未来 50 年内，油气在世界能源消费构成中仍占主体地位，天然气将成为未来能源消费的主导。目前，天然气消费比重的世界平均水平为 24%，经济合作与发展组织成员国天然气消费比重已经超过 30%，预计 2030 年天然气有望成为第一大能源品种。

我国煤层气资源储量丰富，在世界上拥有煤层气资源的 74 个国家和地区中，位居第三。而且，在中国非常规天然气（致密气、页岩气、煤层气）地质资源量中，煤层气占比为 22%，高于页岩气的 15%（见图 1-6）。

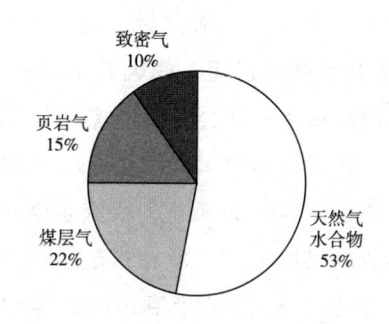

图 1-6 中国天然气储量

资料来源：路玉林等（2017）。

煤层气的开发利用，具有重要意义。一方面，可以有效利用资源，而且可以缓解中国油气资源的供需矛盾，从开拓新能源角度起到一定的保障油气战略资源的作用。另一方面，煤层气较常规天然气乃至石油更具有战略意义。因为，煤层气如果不能及时开发利用，它将随着煤炭开采而排放到大气中，既造成了优质战略性资源的极大浪费，又给国家带来巨大环境压力。

二 助力中国"双碳"目标实现

以甲烷为主要成分的煤层气，如果直接排放到大气中，就不再是有价值的优质清洁能源,而是破坏力很强的温室气体。而且,其温室气体效应是二氧化碳的 21 倍,对臭氧的破坏力则是二氧化碳的 7 倍。①

中国和印度是世界上排前两名的煤炭消费国,也是两个较大的煤炭生产国。根据 2022 年国际能源署(IEA)发布的煤炭年度市场报告《煤炭 2022》(Coal 2022),中国煤炭消费量在 2021 年强劲增长,预计到 2025 年,中国的煤炭需求增速将保持在每年 0.7%左右。2021 年 6 月中国煤炭工业协会发布的《煤炭工业"十四五"高质量发展指导意见》指出,"十四五"及今后较长一个时期,由于我国宏观经济将继续保持中高速发展,因此,能源需求也将保持稳定增长。尽管煤炭消费增速一直在放缓,但煤炭作为我国兜底保障能源的地位和作用还很难改变。煤炭生产增长,必将带动甲烷的排放量增加。

事实上,我国煤炭开采活动排放的甲烷占全国总甲烷排放量的 20.70%,是继农业活动、废弃物处置之后的第三大排放源(申宝宏、陈贵锋,2013)。煤炭的井工开采过程、露天开采过程,以及煤炭的洗选、储存、运输及燃烧前粉碎过程等都会释放甲烷。据测算,我国煤炭开采、加工、运输过程中每年释放瓦斯约 150 亿立方米,②对环境影响较大。国家煤矿安监局调度中心潘伟尔(2006)的研究也发现,中国采煤过程中一年直接向大气中排放的煤层气"大致相当于'西气东输'工程一年的输气量。而抽采出的煤层气约一半没有利用而被排入大气中"。上好的煤层气白白排放到大气之中,既是对优质战略性能源资源的极大浪费,又给国家带来巨大的环境压力。

根据 2006 年发布的《煤层气(煤矿瓦斯)开发利用"十一五"规划》数据,如果用煤层气替代煤炭燃烧利用,"每年可节约煤炭 2000 万吨,二氧化硫排放减少 75.6 万吨(约占目前排放总量的 3%),烟尘排放减少 186 万吨"。2011 年制定的《煤层气(煤矿瓦斯)开发利用"十二五"规划》提供了另一个数据,如果煤层气能得到有效利用,则每利用 1 亿立方米相当于减排 150 万吨二氧化碳。2016 年国家能源局在设定《煤层气(煤矿瓦斯)开发利用"十三五"规划》目标时,期待的是累

---

① 数据来源于国家发展改革委和国家能源局 2011 年制定的《煤层气(煤矿瓦斯)开发利用"十二五"规划》。

② 2006 年发布的《煤层气(煤矿瓦斯)开发利用"十一五"规划》数据。

计利用煤层气（煤矿瓦斯）至少 600 亿立方米。果真如此，则相当于节约标准煤约 7200 万吨，减排二氧化碳约 9 亿吨。

因此，有效开发利用煤层气不仅可以避免采煤造成的煤层气资源浪费，而且可以减少温室气体排放和保护环境，并助力中国清洁低碳能源体系的构建和更好实现"双碳"目标。

第二章　现行法律法规构建的煤层气开发利用体制机制

Coase（1960）关于"社会成本问题"的研究表明，在交易费用为零的理想世界中，法律是不重要的。但因为真实的世界中交易费用大于零，所以，法律如何界定权利，会对资源的有效配置产生影响。科斯这个观点同样适用于煤层气。煤层气的开发利用"是一个漫长和富有挑战的过程，需要有精心设计的战略和良好的政策框架"（国际能源署，2005）。精心设计的战略和良好的政策框架，有助于政府"在制度上做出安排和确立所有权以便造成一种刺激，将个人的经济努力变成私人收益率接近社会收益率的活动"（诺思、托马斯，1999），或如丹尼尔·W.布罗姆利（1996）所说的，"任何一个经济体制的基本任务就是对个人行为形成一个激励集……通过这些激励，每个人都将受到鼓舞而去从事那些对他们有益处的经济活动"。

鉴于煤层气开发对我国的重要战略意义，政府一直重视煤层气资源开发利用的相关制度建设。笔者根据政府相关部门官方网站和北大法宝法律法规数据库收集整理所取得的信息，自20世纪80年代至今，我国出台的与煤层气开发利用相关的法律有11件、司法解释2件、行政法规12件、部门规章12件、地方规章1件。除此之外，我国还出台了大约12个国务院规范性文件、49个部门规范性文件、9个部门工作文件、3项党内法规制度，以及6个包括规划、通知、意见、标准、方案、函等在内的其他文件[①]。这些法律法规、部门规章及各类规范性文件，共同设定了我国煤层气开发的目标，构建了我国煤层气开发利用的管理体制和运行机制，促进了煤层气产业从无到有、从形成到发展。那么，这些制度安排是如何演进的？塑造了怎样的煤层气开发利用管理体制和运行机制？这些问题，是本章尝试阐释的主要问题。

---

① 这里所述的"法律类别"以"北大法宝"法律法规数据库划分类别为准。

第一节 煤层气开发利用法律体系

一 主要法律法规

目前，我国还没有关于煤层气的专门立法。煤层气的开发和利用主要依据《中华人民共和国矿产资源法》《中华人民共和国石油天然气管道保护法》《中华人民共和国资源税法》《中华人民共和国煤炭法》《中华人民共和国安全生产法》《中华人民共和国土地管理法》《中华人民共和国环境保护法》等法律，以及配套法规，如《矿产资源勘查区块登记管理办法》《矿产资源开采登记管理办法》《探矿权采矿权转让管理办法》《城镇燃气管理条例》等，以及规章，如《国土资源部关于贯彻实施〈矿产资源勘查区块登记管理办法〉、〈矿产资源开采登记管理办法〉和〈探矿权采矿权转让管理办法〉的通知》《国土资源部关于委托山西省国土资源厅在山西省行政区域内实施部分煤层气勘查开采审批登记的决定》等进行管理和规制（见附录A）。经过30多年的发展，我国逐步形成了一套包括法律、司法解释、行政法规、规章等在内的关于煤层气开发利用的制度框架。

上述法律法规、部门规章中，《中华人民共和国矿产资源法》（1986年通过，1996年和2009年修正）及其配套法规和规章是煤层气管理、开发、利用的最主要法律依据，它们关于矿产资源勘查的登记和开采的审批、矿产资源的勘查和开采、集体矿山企业和个体采矿、矿产资源勘查区块登记、开采登记、矿业权转让管理办法、矿产资源补偿费征收等的规定都适用于煤层气。《中华人民共和国石油天然气管道保护法》（中华人民共和国主席令第30号）和《天然气基础设施建设与运营管理办法》（中华人民共和国国家发展和改革委员会令第8号）也都明确规定"煤层气"为"天然气"，并把"煤层气"纳入管制范围。

作为一种优质清洁能源，煤层气开发利用在法律层面得到鼓励和支持，譬如《中华人民共和国环境保护法》（中华人民共和国主席令第9号）第四十条规定"企业应当优先使用清洁能源"；《中华人民共和国煤炭法》（中华人民共和国主席令第57号）第二十八条也明确鼓励煤矿企业"综合开发利用煤层气";《中华人民共和国资源税法》(中华人民共和国主席令第33号)第六条则对抽采或开采煤层气免征或减征资源税的情形进行了规定。有关煤层气开发、项目施工和地质勘查用地的适用《中华人民共和国土地管理法》(中华人民共和国主席令第32号)。根据该法第五十四条,国家重点扶持的能源、交通、水利等基础设施用地,经县级以上人民政府依法批准,可以以划拨方式取得。对于建设利用煤层气以及余热、余压、煤矸石、煤泥、垃圾等低热值燃料的并网发电项目,《中华人民共和国循环经济促进法》(中华人民共和国主席令第16号)第四十六条规定,"价格主管部门按照有利于资源综合利用的原则确定其上网电价"。

由于开采煤层气的过程也可能造成环境污染,因此,《中华人民共和国大气污染防治法》(中华人民共和国主席令第16号)要求,"从事煤层气开采利用的,煤层气排放应当符合有关标准规范"。《中华人民共和国环境保护法》和《中华人民共和国环境影响评价法》(中华人民共和国主席令第24号)关于建设项目选址、环境影响评价、缴纳排污费等规定也都适用于煤层气开发。

针对矿业权纠纷、非法采矿、破坏性采矿问题,《最高人民法院关于审理矿业权纠纷案件适用法律若干问题的解释》(法释〔2020〕17号)第十九条规定,"因越界勘查开采矿产资源引发的侵权责任纠纷,涉及自然资源主管部门批准的勘查开采范围重复或者界限不清的,人民法院应告知当事人先向自然资源主管部门申请解决"。

二 主要规范性文件

除上述法律法规、司法解释、部门和地方规章外,为了推动和加快煤层气产业发展,我国政府出台了近80个各个层级的规范性文件。其中,国务院规范性文件12个,部门规范性文件49个,部门工作文件9个,党内法规制度3个,以及包括方案、意见、标准、公告、函等在内的其他文件6个(见附录B)。

这些规范性文件中,煤炭工业部发布的《煤层气勘探开发管理暂行规定》(煤规字〔1994〕第115号)及国家发展改革委、国家能源局先后制定和发布的《煤层气(煤矿瓦斯)开发利用"十一五"规划》、

《煤层气（煤矿瓦斯）开发利用"十二五"规划》（发改能源〔2011〕3041号）、《煤层气（煤矿瓦斯）开发利用"十三五"规划》（国能煤炭〔2016〕334号）[①]，《煤层气勘探开发行动计划》（国能煤炭〔2015〕34号），《国务院办公厅关于加快煤层气（煤矿瓦斯）抽采利用的若干意见》（国办发〔2006〕47号），《关于进一步加快煤层气（煤矿瓦斯）抽采利用的意见》（国办发〔2013〕93号）[②]，以及《煤层气产业政策》（国家能源局公告2013年第2号），是我国为促进煤层气产业发展制定的专项规划和专项政策，充分体现了国家对煤层气产业的重视。

其中，尽管《煤层气勘探开发管理暂行规定》已于2016年失效，但它是我国制定的第一个专门对煤层气勘探开发进行管理的部门规范性文件。该暂行规定把煤层气界定为"与煤伴生、共生的气体资源，是优质洁净的能源和化工原料"，同时确定"煤层气资源属于国家所有，国家鼓励对煤层气资源的勘探与开发"（第二条）。"煤层气三个五年规划"是目前指导我国煤层气（煤矿瓦斯）开发利用、引导社会资源配置、决策重大项目、安排政府投资的重要依据。它们分别对2006~2010年、2011~2015年和2016~2020年中国煤层气开发利用现状、面临的形势、指导思想、发展原则和目标、规划布局和主要（重点）任务、环境影响分析与对策、保障措施等进行了详细阐述。"煤层气抽采利用两个意见"的提出，有两个方面的意义。一是为了进一步加大煤层气抽采利用力度，强化煤矿瓦斯治理，减轻煤矿瓦斯灾害；二是为了进一步加大政策扶持（财政资金支持、税费政策扶持、完善煤层气价格和发电上网政策等）力度。而为了推动能源生产和消费革命，科学高效开发利用煤层气资源，加快培育和发展煤层气产业，2013年2月22日国家能源局发布了《煤层气产业政策》。该政策涵盖了煤层气产业发展目标、市场准入、勘探开发生产、技术政策、煤层气与煤炭协调开发、安全节能环保、保障措施等方面，是国家层面关于煤层气产业发展的专项政策。2015年2月3日，国家能源局还发布了《煤层气勘探开发行动计划》，用以明确2015年及"十三五"时期我国煤层气产业发展的指导思想、发展目标、主要任务

---

① 以下把它们合称为"煤层气三个五年规划"。
② 以下把它们合称为"煤层气抽采利用两个意见"。

和保障措施。

煤层气规范性文件还包括《关于外国石油公司参与煤层气开采所适用税收政策问题的通知》（财税字〔1996〕62号）、《财政部关于煤层气（瓦斯）开发利用补贴的实施意见》（财建〔2007〕114号）、《财政部 国家税务总局关于加快煤层气抽采有关税收政策问题的通知》（财税〔2007〕16号）、《探矿权采矿权使用费减免办法》（国土资发〔2000〕174号，2010年已被修改）、《国土资源部办公厅关于国家紧缺矿产资源探矿权采矿权使用费减免办法的通知》（国土资厅发〔2000〕76号）、《关于煤层气勘探开发作业项目进口物资免征进口税收的暂行规定》（财税〔2002〕78号）、《关于"十二五"期间煤层气勘探开发项目进口物资免征进口税收的通知》（财关税〔2011〕30号）、《关于"十三五"期间煤层气（瓦斯）开发利用补贴标准的通知》（财建〔2016〕31号）、《财政部、海关总署、税务总局关于"十四五"期间能源资源勘探开发利用进口税收政策的通知》（财关税〔2021〕17号）等，它们对煤层气开发利用的财政补贴、税收优惠（增值税、企业所得税、关税、资源税）、探矿权采矿权使用费和资源补偿费减免等进行了规定。

有些规范性文件则是对煤层气勘查和开采审批登记、矿业权管理、矿业权交易规则等的改革或原有制度安排的细化，如《国土资源部关于进一步规范矿产资源勘查审批登记管理的通知》（国土资规〔2017〕14号）、《国土资源部关于完善矿产资源开采审批登记管理有关事项的通知》（国土资规〔2017〕16号）、《自然资源部关于申请办理矿业权登记有关事项的公告》（自然资源部公告2020年第21号）、《自然资源部办公厅关于委托实施煤层气勘查开采审批登记有关事项的函》（自然资办函〔2018〕666号）、《国土资源部关于印发〈矿业权出让转让管理暂行规定〉的通知》（国土资发〔2000〕309号）（部分失效，第五十五条停止执行）、《国土资源部关于印发〈探矿权采矿权招标拍卖挂牌管理办法（试行）〉的通知》（国土资发〔2003〕197号）、《国土资源部关于进一步规范矿业权出让管理的通知》（国土资发〔2006〕12号）、《矿业权出让制度改革方案》（厅字〔2017〕12号）、《国土资源部关于印发〈矿业权交易规则（试行）〉的通知》（国土资发〔2011〕242号）（有效期5年）、《国土资源部关于印发〈矿业权交易规则〉的通知》（已被修改）

（国土资规〔2017〕7号）、《自然资源部关于印发矿业权出让交易规则的通知》（自然资规〔2023〕1号）等。

余下相关规范性文件对煤层气（煤矿瓦斯）排放标准、煤层气（煤矿瓦斯）发电、煤层气价格管理、煤层气开采对外合作、油气管网设施开放、矿山建设规模和矿产资源储量规模分类等进行了相应规定。

第二节 现行法律法规构建的煤层气开发利用管理体制

从前述关于煤层气制度框架的分析可知，我国对煤层气开发利用的管理与规制散存于《中华人民共和国煤炭法》《中华人民共和国矿产资源法》等不同法律及其配套法规、规章、条例之中。目前，煤层气领域尚无一部高层级的专门立法（曹霞等，2022），但有专门针对煤层气开发利用的专项规划和专门的产业政策。这些有关煤层气开发利用的法律法规、规章条例、部门规范性文件、工作文件，以及其他各种形式的实施细则、管理办法、规定、决定、通知、规划、标准、方案、函等，共同构建了我国煤层气开发利用的管理体制和运行机制，促进了煤层气产业从无到有、从形成到发展的整个过程。它们既是国家对煤层气开发利用进行监管的法律依据，也是各相关主体在开发利用煤层气资源过程中需要坚守的基本遵循。

煤层气作为一种与煤伴生、共生的、可替代石油或常规天然气的优质清洁气体资源，因20世纪70年代的石油危机凸显了其经济价值。Demsetz（1967）的研究表明，当一种资源的经济价值不断提高时，人们就会界定它的产权。那么，我国煤层气相关法律法规是如何对煤层气产权进行界定的？煤层气产权让渡的相关制度安排又是如何形成并演进的？本节将对这两个问题进行阐释。

一 煤层气产权的界定与让渡

科斯定理表明，如果市场交易费用为零，那么，不管权利初始安排如何，当事人之间的谈判都会产生资源配置效率最大化的安排。但真实世界处处存在交易费用。在交易费用大于零的世界中，不同的权利界定，会带来不同效率的资源配置结果。所以，Coase（1960）认为，要让资源得到优化配置，首先要界定好其产权。

（一）煤层气产权界定

《中华人民共和国宪法》（中华人民共和国全国人民代表大会公告第1号）第九条第一款规定，"矿藏、水流、森林、山岭、草原、荒地、滩涂等自然资源，都属于国家所有，即全民所有"。《中华人民共和国矿产资源法》（中华人民共和国主席令第36号）第四条第一款也规定，"矿产资源属于国家所有"。煤层气属自然资源（矿产资源），故其产权归国家所有。

为了合理开发利用煤层气资源，加强对煤层气资源勘探、开发的管理，保障煤炭勘探、规划、设计和开采不受煤层气勘探、开发的影响，原煤炭工业部根据1986年3月19日公布的《中华人民共和国矿产资源法》和国务院有关规定，于1994年4月4日发布了我国第一个管理煤层气勘探开发的部门规范性文件——《煤层气勘探开发管理暂行规定》（煤规字〔1994〕第115号）。该暂行规定第二条把煤层气定义为"与煤伴生、共生的气体资源"，是"优质洁净的能源和化工原料"，同时规定"煤层气资源属于国家所有"，由此明确了煤层气的属性及其法律意义上的狭义所有权。1998年2月12日，国务院发布《矿产资源开采登记管理办法》（中华人民共和国国务院令第241号）。该管理办法在"附录"部分，把"煤层气"列入国务院地质矿产主管部门审批发证矿种目录[①]，矿种序号为"6"，矿种名称为"煤成（层）气"。这样，该管理办法赋予了煤层气独立矿产资源的法律地位，其勘探和开采跟石油、天然气一样实行登记制。

不过，尽管煤层气法律意义上的产权得到了界定，但究竟谁代表国家行使包括煤层气在内的矿产资源的所有权，《中华人民共和国矿产资源法》（1986年）并没有规定清楚。1996年修正的《中华人民共和国矿产资源法》（中华人民共和国主席令第74号）弥补了这一缺陷。它规定"由国务院行使国家对矿产资源的所有权"（第三条）。

同时，与煤层气产权（所有权）相关的另外两个概念——探矿权和采矿权——也从法律层面逐步得到界定。1986年颁布实施的《中华人民

---

① 共34个矿种。

共和国矿产资源法》只是提出了"探矿权"和"采矿权",但并没有对两个概念的内涵做出解释。1994年发布的《中华人民共和国矿产资源法实施细则》(中华人民共和国国务院令第152号)弥补了这一不足,把"探矿权"界定为"在依法取得的勘查许可证规定的范围内,勘查矿产资源的权利"(第六条),并把取得勘查许可证的单位或者个人称为"探矿权人";把"采矿权"界定为"在依法取得的采矿许可证规定的范围内,开采矿产资源和获得所开采的矿产品的权利",并把取得采矿许可证的单位或者个人称为"采矿权人"(第六条)。2000年印发的《矿业权出让转让管理暂行规定》(国土资发〔2000〕309号,部分失效)则把探矿权、采矿权定义为财产权,统称矿业权,而"依法取得矿业权的自然人、法人或其他经济组织称为矿业权人"(第三条第二款),并规定"矿业权人依法对其矿业权享有占有、使用、收益和处分权"(第三条第三款)。

上述《中华人民共和国矿产资源法》、《中华人民共和国矿产资源法实施细则》和《矿业权出让转让管理暂行规定》都适用于煤层气,由此便得到有关煤层气产权的两个权利性概念——煤层气探矿权和煤层气采矿权。同理,煤层气探矿权和煤层气采矿权统称为煤层气矿业权,包含在煤层气产权权利束之内。这样,煤层气作为国家所有的矿产资源种类,具有比较完整的法律属性,与之相关的产权都得到清晰完整的界定,并受国家法律的认可、保护和管理。

无疑,煤层气产权的清晰界定,为有效开发利用煤层气,并把它作为一个独立产业进行发展奠定了制度基础。但正如法经济学家理查德·A. 波斯纳(1997)所言:"如果任何有价值的(意味着既稀缺又有需求的)资源为人们所有(普遍性),所有权意味着排除他人使用资源(排他性)和使用所有权本身的绝对权,并且所有权是可以自由转让的,或如法学学者说的是可以让渡的(可转让性),资源价值就能最大化。"这意味着,一项资源要得到有效利用,必须同时满足两个条件:一是界定产权(必要条件);二是产权可以转让(充分条件)。可见,煤层气资源要得到有效利用,还必须让煤层气产权可以自由转让或自由让渡。

根据我国煤层气开发利用实践,本书所谓的煤层气产权让渡主要指的是煤层气矿业权的让渡。以下对我国煤层气矿业权让渡的管理及其制度变迁进行分析。

（二）煤层气矿业权让渡管理及制度变迁

根据我国相关法律法规，煤层气矿业权让渡包括两个层面：一是煤层气矿业权出让，二是煤层气矿业权转让。矿业权出让和矿业权转让在让渡主体、市场属性等方面存在显著差异。煤层气矿业权出让的主体是国家，而转让的主体则是矿业权人或其他民事主体；煤层气矿业权出让属一级市场，带有国家垄断的性质，而煤层气矿业权转让属二级市场，实行自由转让。

自20世纪90年代中期至今，我国煤层气矿业权管理都是参照《中华人民共和国矿产资源法》等法律法规来进行的。笔者通过梳理矿业权管理相关法律法规后发现，我国先后颁布实施了以下法律法规、规章条例和规范性文件来对矿业权进行管理和规制：《中华人民共和国矿产资源法》（1986年通过，1996年和2009年两次修正）、《中华人民共和国矿产资源法实施细则》（中华人民共和国国务院令第152号）、《探矿权采矿权转让管理办法》（1998年通过，2014年修订）、《国土资源部关于印发〈矿业权出让转让管理暂行规定〉的通知》（国土资发〔2000〕309号，部分失效，第五十五条停止执行）、《探矿权采矿权招标拍卖挂牌管理办法（试行）》、《国土资源部关于进一步规范矿业权出让管理的通知》（国土资发〔2006〕12号）、《国土资源部关于建立健全矿业权有形市场的通知》（国土资发〔2010〕145号，2017年失效）、《国土资源部关于印发〈矿业权交易规则（试行）〉的通知》（国土资发〔2011〕242号）、《国土资源部关于印发〈矿业权交易规则〉的通知》（国土资规〔2017〕7号）、《自然资源部关于调整〈矿业权交易规则〉有关规定的通知》（自然资规〔2018〕175号）、《矿业权出让制度改革方案》（厅字〔2017〕12号）、《自然资源部关于印发矿业权出让交易规则的通知》（自然资规〔2023〕1号）、《自然资源部关于进一步完善矿产资源勘查开采登记管理的通知》（自然资规〔2023〕4号）、《自然资源部关于深化矿产资源管理改革若干事项的意见》（自然资规〔2023〕6号）等。这些法律法规都适用于煤层气矿业权的让渡，它们共同构建了包括矿业权出让、矿业权转让等在内的煤层气矿业权管理制度体系。

1. 煤层气矿业权出让制度及其演进

我国煤层气矿业权的出让，跟其他矿产资源一样，经历了一个从"国家无偿授予"到"有偿取得"、从"申请在先"[①]到"竞争性取得"的制度演进过程。

根据1986年颁布实施的《中华人民共和国矿产资源法》和1994年发布的《中华人民共和国矿产资源法实施细则》，国家对矿产资源的勘查和开采都实行许可证制度。无论是勘查还是开采矿产资源，都必须依法申请登记，领取勘查许可证和采取许可证，取得探矿权和采矿权。这种"国家无偿授予"的矿产资源出让制度安排，既不能维护国家的矿产资源权益，也与1992年确立的社会主义市场经济体制改革不符，更不利于矿产资源的有效配置。

为了适应社会主义市场经济的发展，1996年8月29日，中华人民共和国第八届全国人民代表大会常务委员会第二十一次会议通过了《全国人民代表大会常务委员会关于修改〈中华人民共和国矿产资源法〉的决定》，对《中华人民共和国矿产资源法》（1986年）进行了修正，其中第五条修改为"国家实行探矿权、采矿权有偿取得的制度；但是，国家对探矿权、采矿权有偿取得的费用，可以根据不同情况规定予以减缴、免缴。具体办法和实施步骤由国务院规定"。1996年的《中华人民共和国矿产资源法》实现了矿产资源从"无偿取得"到"有偿取得"的转变，由此矿业权一级市场也随之建立。

为了培育和规范矿业权市场，2000年10月31日，国土资源部印发了《矿业权出让转让管理暂行规定》（国土资发〔2000〕309号），要求"矿业权的出让由县级以上人民政府地质矿产主管部门根据《矿产资源勘查区块登记管理办法》、《矿产资源开采登记管理办法》及省、自治区、直辖市人民代表大会常务委员会制定的管理办法规定的权限，采取批准申请、招标、拍卖等方式进行"（第四条）。矿业权出让评估（第五条）、矿业权出让价款的分期缴付和矿业权价款部分或全部转增国家资本（第十一条）、可以免交矿业权价款的情形（第十二条）、受让人应具备

[①] 参阅1998年2月12日颁布实施的《矿产资源勘查区块登记管理办法》（中华人民共和国国务院令第240号）第八条规定，"登记管理机关应当自收到申请之日起40日内，按照申请在先的原则作出准予登记或者不予登记的决定，并通知探矿权申请人"。

相应资质（第十三条）、不同出让方式的矿业权价款收缴方法（第十七条）等也分别有了相应规定。

2003年6月11日，国土资源部发布《探矿权采矿权招标拍卖挂牌管理办法（试行）》（以下简称《招拍挂管理办法》）以完善探矿权采矿权有偿取得制度。《招拍挂管理办法》第二条和第五条分别规定了负责组织实施探矿权采矿权招标拍卖挂牌活动的主体（县级以上人民政府国土资源行政主管部门）和负责全国探矿权采矿权招标拍卖挂牌活动的监督管理部门（国土资源部），第三条对"探矿权采矿权招标"、"探矿权采矿权拍卖"和"探矿权采矿权挂牌"分别进行了界定。主管部门应当以招标拍卖挂牌的方式授予新设探矿权（第七条）① 和新设采矿权（第八条）② 的情形、符合第七条和第八条规定范围但主管部门应当以招标方式授予探矿权采矿权的情形（第九条）③、主管部门不得以招标拍卖挂牌的方式授予的情形（第十条）④、矿业权采矿权价款缴纳方式（第二十一条）以及保证金抵作价款（第二十二条）等，《招拍挂管理办法》也都做了详细规定。《招拍挂管理办法》的出台，使得中国矿业权出让方式发生了由"申请在先"转变为"竞争性取得"的深刻变化。

2006年1月24日，国土资源部为了进一步规范矿业权出让管理，下发了《关于进一步规范矿业权出让管理的通知》（国土资发〔2006〕12

---

① 共四种。包括"国家出资勘查并已探明可供进一步勘查的矿产地；探矿权灭失的矿产地；国家和省两级矿产资源勘查专项规划划定的勘查区块；主管部门规定的其他情形"。详见《探矿权采矿权招标拍卖挂牌管理办法（试行）》第七条。

② 共五种。包括"国家出资勘查并已探明可供开采的矿产地；采矿权灭失的矿产地；探矿权灭失的可供开采的矿产地；主管部门规定无需勘查即可直接开采的矿产；国土资源部、省级主管部门规定的其他情形"。详见《探矿权采矿权招标拍卖挂牌管理办法（试行）》第八条。

③ 共五种。包括"国家出资的勘查项目；矿产资源储量规模为大型的能源、金属矿产地；共伴生组分多、综合利用技术水平要求高的矿产地；对国民经济具有重要价值的矿区；根据法律法规、国家政策规定可以新设探矿权采矿权的环境敏感地区和未达到国家规定的环境质量标准的地区"。详见《探矿权采矿权招标拍卖挂牌管理办法（试行）》第九条。

④ 共五种。包括"探矿权人依法申请其勘查区块范围内的采矿权；符合矿产资源规划或者矿区总体规划的矿山企业的接续矿区、已设采矿权的矿区范围上下部需要统一开采的区域；为国家重点基础设施建设项目提供建筑用矿产；探矿权采矿权权属有争议；法律法规另有规定以及主管部门规定因特殊情形不适于以招标拍卖挂牌方式授予的"。详见《探矿权采矿权招标拍卖挂牌管理办法（试行）》第十条。

号，以下简称《出让管理通知》）。《出让管理通知》包含一个《矿产勘查开采分类目录》，该目录把矿产资源分为三类：第一类是"可按申请在先方式出让探矿权类矿产"；第二类是"可按招标拍卖挂牌方式出让探矿权类矿产"；第三类是"可按招标拍卖挂牌方式出让采矿权类矿产"。《出让管理通知》在这个目录的基础上，详细规定了哪些情形下可以以"申请在先"（先申请者先依法登记）方式出让探矿权、哪些情形下可以以招标拍卖挂牌方式出让探矿权、哪些情形下可不再设探矿权而以招标拍卖挂牌方式直接出让采矿权、哪些情形下可经批准允许以协议方式出让以及哪些情形下应以招标的方式出让探矿权采矿权。

尽管关于矿业权出让的审批管理机构、出让方式、出让评估、出让价款缴纳、受让人资质等都得到了规定，但矿业权出让实践中仍然出现了矿业权有形交易市场不规范、不完善、不公开、不公正等问题。为推进与社会主义市场经济相适应的矿业权市场体系建设，进一步规范矿业权出让转让行为，国土资源部于2010年9月14日发布了《国土资源部关于建立健全矿业权有形市场的通知》（国土资发〔2010〕145号，2017年失效），要求各地加快建立和完善矿业权有形市场[①]，推进矿业权出让转让进场公开[②]。

为贯彻落实生态文明体制改革要求，充分发挥市场配置资源的决定性作用和更好发挥政府作用，进一步完善矿业权管理，中共中央办公厅、国务院办公厅于2017年2月27日发布《矿业权出让制度改革方案》（厅字〔2017〕12号，以下简称《改革方案》）。《改革方案》阐述了矿业权出让制度改革的重要意义、总体要求（指导思想、基本原则、改革目标）、改革任务（完善矿业权竞争出让制度[③]、严格限制矿业权协议出让[④]）和组织实施四个方面。《改革方案》要求矿业权出让必须坚持"市

[①] 《国土资源部关于建立健全矿业权有形市场的通知》的第二部分对矿业权交易机构的人员配备要求、应具备的基本功能、交易服务费等进行了规定。
[②] "进场"主要是指矿业权出让转让进场，由国土资源行政主管部门委托交易机构进行，"公开"主要指矿业权出让应在国土资源行政主管部门政务大厅和门户网站、交易机构大厅公开。详见《国土资源部关于建立健全矿业权有形市场的通知》第三部分。
[③] 完善措施具体包括做好矿业权出让基础工作、明确矿业权出让条件、全面推进矿业权竞争性出让、改革矿业权出让收益管理、实施矿业权出让合同管理、创新矿业权经济调节机制等六个方面。
[④] 具体包括从严协议出让管理、建立协议出让基准价制度、完善国家财政出资探矿权管理。

场竞争取向，遵循矿业发展规律""更好发挥政府作用，确保矿产资源安全""保障国家所有者权益，维护矿业权人合法权益"三个基本原则；改革的重点包含"全面推进矿业权竞争性出让、严格限制协议出让、改革出让收益管理、创新矿业权经济调节机制、下放审批权限"等五个方面；改革目标则是"用3年左右时间，建成'竞争出让更加全面、有偿使用更加完善、事权划分更加合理、监管服务更加到位'的矿业权出让制度"。

最新的矿业权出让制度安排是2023年1月3日自然资源部印发的《矿业权出让交易规则》（自然资规〔2023〕1号）。该交易规则包括总体要求，公告，交易形式及流程，确认及中止、终止，公示，交易监管，违约责任及争议处理，其他要求等八个部分。其中，矿业权出让交易主体[①]、以招拍挂方式出让矿业权应该在哪些平台[②]同时进行公告、公告内容、不同方式矿业权交易结果或信息公示及公示的主要内容、违约情形、违约责任及争议解决办法、不适用该交易规则的情形（铀矿等国家规定不宜公开矿种的矿业权出让交易）等都得到规定。

2. 煤层气矿业权转让制度及演进

煤层气矿业权转让发生在矿业权人或其他民事主体之间，它是一个不同于煤层气矿业权出让的二级市场。跟其他矿产资源一样，我国煤层气矿业权转让经历了一个"从禁止转让，到有条件转让，再到依法转让""从无市场到有市场、从市场不完善到市场逐步完善"的发展过程。

根据《中华人民共和国矿产资源法》（1986年）第三条第四款，"采矿权不得买卖、出租，不得用作抵押"。如有"买卖、出租采矿权或者将采矿权用作抵押"的行为，则"没收违法所得，处以罚款，吊销采矿许可证"（第四十二条第二款）。1994年颁布实施的《中华人民共和国矿产资源法实施细则》对具体罚款金额进行了规定："买卖、出租采矿权的，对卖方、出租方、出让方处以违法所得一倍以下的罚款"（第四十二条第三项），而"非法用采矿权作抵押的，处以5000元以下的罚款"（第四十二条第四项）。

---

① 包括依法参加矿业权出让交易的出让人、受让人、投标人、竞买人、中标人和竞得人。
② 包括自然资源部门户网站、同级自然资源主管部门（或人民政府）门户网站交易平台网站、交易大厅、有必要采取的其他方式。

显然,《中华人民共和国矿产资源法》(1986年)关于"采矿权不得买卖、出租,不得用作抵押"的规定既不符合社会主义市场经济发展的需要,也不利于矿产资源的有效开发和利用,因此,中华人民共和国第八届全国人民代表大会常务委员会对《中华人民共和国矿产资源法》(1986年)进行了修正。修正后的《中华人民共和国矿产资源法》(1996年)允许探矿权、采矿权在一定条件下转让,规定"探矿权人在完成规定的最低勘查投入后,经依法批准,可以将探矿权转让他人"(第六条第一款第一项),"已取得采矿权的矿山企业,因企业合并、分立,与他人合资、合作经营,或者因企业资产出售以及有其他变更企业资产产权的情形而需要变更采矿权主体的,经依法批准可以将采矿权转让他人采矿"(第六条第一款第二项)。除此之外都不得转让。同时《中华人民共和国矿产资源法》(1996年)规定,"禁止将探矿权、采矿权倒卖牟利"(第六条第三款)。

1996年修正的《中华人民共和国矿产资源法》对矿业权转让的修正符合社会主义市场经济体制的要求,有利于矿业权通过市场进行有效配置,但它只规定了什么情况下可以转让矿业权,至于矿业权转让条件、受让人应该具备什么资质、矿业权转让方式等,都没有涉及。为了加强对探矿权、采矿权转让的管理,培育和规范矿业权市场,1998年2月12日,国务院发布了《探矿权采矿权转让管理办法》(中华人民共和国国务院令第242号)。该管理办法在坚持矿业权"有条件转让"的前提下,对探矿权采矿权转让的审批管理机关[①]、探矿权采矿权转让的范围[②]、探矿权转让应当具备的条件[③]、采矿权转让应当具备的条件[④]、矿业权受让

---

① 国务院地质矿产主管部门和省、自治区、直辖市人民政府地质矿产主管部门。详见《探矿权采矿权转让管理办法》第四条。
② 《探矿权采矿权转让管理办法》第二条规定"在中华人民共和国领域及管辖的其他海域转让依法取得的探矿权、采矿权的,必须遵守本办法"。
③ 五个条件为:自颁发勘查许可证之日起满两年,或者在勘查作业区内发现可供进一步勘查或者开采的矿产资源;完成规定的最低勘查投入;探矿权属无争议;按照国家有关规定已经缴纳探矿权使用费、探矿权价款;国务院地质矿产主管部门规定的其他条件。详见《探矿权采矿权转让管理办法》第五条。
④ 四个条件为:矿山企业投入采矿生产满一年;采矿权属无争议;按照国家有关规定已经缴纳采矿权使用费、采矿权价款、矿产资源补偿费和资源税;国务院地质矿产主管部门规定的其他条件。详见《探矿权采矿权转让管理办法》第六条。

人条件[1]、转让的程序[2]以及违反本办法转让探矿权采矿权应承担的法律责任[3]等内容等进行了规定。2000年10月31日国土资源部印发的《矿业权出让转让管理暂行规定》(国土资发〔2000〕309号,以下简称《暂行规定》)则对矿业权转让方式进行了表述,矿业权人可"采取出售、作价出资、合作勘查或开采、上市等方式依法转让矿业权",并且可以"出租、抵押矿业权"(第六条),但采矿权人"不得将采矿权以承包等方式转给他人开采经营"(第三十八条)。该规定是国土资源部通过部门规章,第一次明确肯定矿业权可以买卖,这为我国矿业权市场的建立和矿业权的流转提供了运行准则。

针对当时矿业权市场体系建设中存在的交易机构建设不足、交易不规范以及腐败等问题,国土资源部于2010年9月14日发布了《国土资源部关于建立健全矿业权有形市场的通知》(2017年失效),以进一步规范矿业权出让转让行为,确保矿业权市场交易公开、公平、公正。该通知关于矿业权转让的规定与矿业权出让一致,都是要求各地加快建立和完善矿业权有形市场,推进矿业权出让转让进场公开。同时规定,矿业权转让,无论是委托交易机构寻找受让方还是自行寻找受让方,都"一律在交易机构中进行公开交易,转让人和受让人在交易机构的鉴证下进场签订转让合同"。交易双方签订转让合同之后,有关矿业权转让人受让人的主要事项还"应在交易机构大厅、同级国土资源部门和国土资源部门户网站上进行公示,公示无异议的方可办理登记手续"。

为规范各地矿业权交易机构和矿业权人交易行为,国土资源部印发了《矿业权交易规则(试行)》(国土资发〔2011〕242号,以下简称《交易规则》)。《交易规则》在"总则"部分对矿业权、矿业权交易、

---

[1] 应当符合《矿产资源勘查区块登记管理办法》或者《矿产资源开采登记管理办法》规定。详见《探矿权采矿权转让管理办法》第七条。
[2] 参见《探矿权采矿权转让管理办法》第八条至第十一条。
[3] 《探矿权采矿权转让管理办法》第十四条规定"未经审批管理机关批准,擅自转让探矿权、采矿权的,由登记管理机关责令改正,没收违法所得,处10万元以下的罚款;情节严重的,由原发证机关吊销勘查许可证、采矿许可证"。第十五条规定"以承包等方式擅自将采矿权转给他人进行采矿的,由县级以上人民政府负责地质矿产管理工作的部门按照国务院地质矿产主管部门规定的权限,责令改正,没收违法所得,处10万元以下的罚款;情节严重的,由原发证机关吊销采矿许可证"。

矿业权出让、矿业权转让、出让人、转让人、受让人、投标人、竞买人、中标人和竞得人、矿业权交易机构等进行了界定，对矿业权转让场所（第七条第一款），鉴证和公示场所（第八条），以招标、拍卖、挂牌方式转让矿业权时由什么机构组织交易（第九条第二款）等进行了规定。《交易规则》在"公告与登记"部分，对矿业权转让应该在哪些平台发布公告（第十一条）、转让公告应包括的内容（第十二条）、公告时间（第十三条）做出要求。其他如矿业权转让交易形式及流程，确认及中止、终止，公示公开，交易监管，法律责任及争议处理等，都得到了详细规定。

2011年的《矿业权交易规则（试行）》对规范矿业权交易行为发挥了重要作用。5年有效期满后，国土资源部对它进行了修订，并于2017年9月6日印发《矿业权交易规则》（以下简称《规则》）。跟2011年的《矿业权交易规则（试行）》相比，修订后的《规则》体例和条数与原文保持一致，共8章46条，包括总则，公告，交易形式及流程，确认及中止、终止，公示公开，交易监管，违约责任及争议处理，附则。"总则"部分主要规定制定规则的目的（第一条）、规则适用范围（由规范非油气矿业权交易调整为规范非油气和油气矿业权出让，矿业权转让交易调整为参照执行，第三条）、概念界定（第二、第四、第五条）、交易权限和形式（第七条）以及办理交易委托的要求（第八条）；"公告"部分主要规定交易机构发布公告（第九条和第十条）、接受报名申请（第十三条）、取得交易资格（第十四条）的程序和要求；"确认及中止、终止"部分主要规定交易平台中止（第二十七条）、终止（第二十八条）和恢复（第二十九条）的要求等；"公示公开"部分主要分类明确了转让矿业权公示的内容（第三十三条）、平台（第三十五条）、时限（第三十四条）等；"交易监管""违约责任及争议处理"部分主要明确各级国土资源主管部门、矿业权交易平台和工作人员的责任，中标人、竞得人的违约责任，以及争议的原则性规定和交易的矿业权的建档要求等。《规则》第三条规定，"矿业权出让适用本规则，矿业权转让可参照执行。铀矿等国家规定不宜公开矿种的矿业权交易不适用本规则"。因此，煤层气矿业权转让也参照执行该《规则》。

为进一步深化矿业权管理领域"放管服"改革，按照涉企保证金目录清单制度相关要求，自然资源部于 2018 年 12 月 27 日印发了《关于调整〈矿业权交易规则〉有关规定的通知》（自然资规〔2018〕175 号），对《矿业权交易规则》的第十一条、第十四条、第二十四条和第二十五条进行了修改。其中，第十一条第七项"交易保证金的缴纳和处置"删除，增加"公共资源交易领域失信联合惩戒相关提示"为第九项；第十四条删除"按照交易公告缴纳交易保证金后"，调整为"经矿业权交易平台审核符合公告的受让人资质条件的投标人或者竞买人，经矿业权交易平台书面确认后取得交易资格"；第二十四条删除第六项"交易保证金的处置办法"；第二十五条由原来的"矿业权交易平台应当在招标、拍卖、挂牌活动结束后，5 个工作日内通知未中标、未竞得的投标人、竞买人办理交易保证金退还手续。退还的交易保证金不计利息"，调整为"自然资源主管部门应指导矿业权交易平台，按照公共资源交易领域失信联合惩戒相关要求，做好矿业权招标、拍卖、挂牌活动中失信主体信息的记录、管理等工作"。

法律法规对煤层气产权的界定以及对煤层气矿业权取得和让渡的上述规定，为煤层气的勘探、开发及煤层气资源的有效配置奠定了制度基础。

二 煤层气和煤炭资源管理体制

煤层气与煤炭相伴相生，在两种矿产资源开发过程中，存在"采煤必须动气，采气必须动煤"的尴尬情景。所以，探讨煤层气资源管理体制，需要同时了解煤炭资源管理体制。

我国煤层气和煤炭资源的管理机构比较多，包括国务院及国务院部属单位（自然资源部、国家发展改革委等）。除此之外，还有省、地区（市）、县、乡等各级政府单位。在我国煤层气和煤炭资源开发利用管理过程中，逐渐形成了煤层气资源国家一级管理和煤炭资源二元管理的管理体制。其中，非常重要的矿业权审批在不同层级政府之间经历了"放—收—放"的演变过程。

（一）煤层气资源国家一级管理和煤炭资源二元管理体制

总体而言，我国包括煤层气和煤炭在内的矿产资源管理主要包括矿产资源勘查统一登记、地质资料统一管理、采矿登记审批等基本制度。

同时对矿产资源进行开发管理（计划管理，综合勘查、开采、利用管理，有偿开采管理，等等）和保护管理（采矿许可证管理、采矿范围管理、采矿施工管理、矿产资源监督管理等）。目前，国家对煤层气的管理主要参照常规天然气的法律框架体系。这个体系包含两个层次：第一个层次是普遍适用于矿产资源开发领域，主要包括环境保护、质量监管、安全生产、国土资源、财政税收以及工商行政管理等方面的法律法规；第二个层次是专门适用于油气行业的法律法规。

本节暂时把目光聚焦于第二个层次。第二个层次的法律法规主要包括《中华人民共和国矿产资源法》《中华人民共和国矿产资源法实施细则》《矿产资源勘查区块登记管理办法》《矿产资源开采登记管理办法》等，它们都适用于煤层气和煤炭资源的管理。

1986年颁布实施的《中华人民共和国矿产资源法》及配套法规，确立了矿业权实行中央和地方分级审批管理制度。国家对该法分别在1996和2009年进行了两次修正。《中华人民共和国矿产资源法》（2009年）第十一条规定："国务院地质矿产主管部门主管全国矿产资源勘查、开采的监督管理工作。……省、自治区、直辖市人民政府地质矿产主管部门主管本行政区域内矿产资源勘查、开采的监督管理工作。"第十六条则确立了各级主管部门负责审批的矿业权范围。

在矿业权管理实践中，我国矿产资源的探矿权实行两级审批制度、采矿权实行四级审批制度。其中，"探矿权主要按照矿产资源的种类、勘查投资规模、勘查面积等标准划分国土资源部和省级国土资源主管部门审批权限，采矿权主要按照矿产资源的种类、矿产资源储量规模等标准划分国土资源部和省、市、县级国土资源主管部门审批权限。而市、县级采矿权审批权限则由省级地方性法规确定"（许书平等，2016）。

根据《中华人民共和国矿产资源法》《中华人民共和国矿产资源法实施细则》等法律法规以及国务院地质矿产主管部门相关规定，煤层气（煤成气）资源属独立特殊矿种，实行国家一级管理制度，由自然资源部（原国土资源部）管理，探矿权由自然资源部授予；而煤炭资源开采权则由自然资源部（原国土资源部）以及资源所在省授予，属于二元管理体制。同时，国务院1998年下发的《矿产资源勘查区块登记管理办法》规定中国矿权设置实行"申请在先"和"探矿排他性原则"。由此，煤层气资源国家一级管理和煤炭资源二元管理体制得以形成。同时，矿业管理事权应该如何在不同层级政府之间进行科学合理的划分，以便促进矿产资源的有效开发和利用，也成为国务院地质主管部门一直关注并不断探索的重要问题。

（二）煤层气和煤炭资源管理体制变革：矿业权审批的收与放

纵观改革开放以来我国矿产资源管理制度的演进，矿业权的管理权限在不同层级政府之间不断调整。

1. 我国矿业权管理权限的划分和调整

大体而言，1998~2004年，为了满足社会主义市场经济体制建设的需要，我国矿业审批权限是逐步下放的。1998年3月17日，地质矿产部下发的《关于授权颁发勘查许可证采矿许可证的规定》（地发〔1998〕48号）把《矿产资源勘查区块登记管理办法》附录中所列的"勘查投资小于500万元人民币的"矿产资源，授权给省（区、市）人民政府地质矿产主管部门审批发证；把《矿产资源开采登记管理办法》附录中规定的"油页岩、地热、锰、铬、钴、铁、硫、石棉、矿泉水等矿产"，以及除上述矿产以外、矿山生产建设规模为中型以下的其他矿产，授权给省（区、市）人民政府地质矿产主管部门审批发证。

不过，矿业权下放引发了一些地方矿产资源勘查开采的失序。为了对矿产资源开发秩序进行整顿和规范，2005~2008年，国务院和国土资源部先后下发《关于全面整顿和规范矿产资源开发秩序的通知》（国发〔2005〕28号）、《关于规范勘查许可证采矿许可证权限有关问题的通知》（国土资发〔2005〕200号）、《关于调整钨和稀土矿勘查许可证采矿许可证登记权限有关问题的通知》（国土资发〔2007〕92号）等规范性文件，对我国矿业审批权限进行上收。矿业审批权限上收固然让矿产资源开发秩序得到好转，却导致国务院地质主管部门具体审批事务工作量的急剧加大。为了减轻压力并加强制度建设和顶层设计，2009~2016年，矿业审批权限又开始以"部控省批"的方式部分下放。

随着经济社会发展形势的变化，矿业权管理中出现部级审批权限过重、权限划分法律依据不足、制度执行刚性不足等问题，于是2017年以来我国再次进行矿业权出让制度管理试点改革，并于2019年3月起草公布了《矿业权出让管理办法（征求意见稿）》，对矿业权出让管理内容做出了明确规定。2023年,国务院地质主管部门先后出台《自然资源部关于印发矿业权出让交易规则的通知》《自然资源部关于进一步完善矿产资源勘查开采登记管理的通知》《自然资源部关于深化矿产资源管理改革若干事项的意见》,继续对矿业权管理进行改革。

2. 煤炭和煤层气资源矿业审批权的收与放

煤炭资源的矿业审批权。跟其他矿产资源一样,1998~2004年,我国煤炭资源矿业审批权依据《关于授权颁发勘查许可证采矿许可证的规定》经历了一个下放过程。2005~2008年则经历了一个审批权上收的过程。根据国土资源部下发的《关于规范勘查许可证采矿许可证权限有关问题的通知》(国土资发〔2005〕200号),凡"煤炭勘查区块面积大于30平方公里(含)的勘查项目",都由国土资源部颁发勘查许可证,其余的则授权省级人民政府国土资源主管部门;凡"煤〔煤井田储量1亿吨(含)以上,其中焦煤井田储量5000万吨(含)以上〕的",都由国土资源部颁发采矿许可证,其余的则授权省级人民政府国土资源主管部门。2009~2016年矿业权审批权限又开始部分下放。我国煤炭资源从2010年开始了矿业权审批管理试点改革。为加强煤炭矿业权宏观调控,转变管理职能,2010年9月14日,国土资源部向黑龙江省、贵州省、陕西省国土资源厅下发了《国土资源部关于开展煤炭矿业权审批管理改革试点的通知》(国土资发〔2010〕143号)。该通知提出:"部全面授权你厅审批登记煤炭矿业权。请你厅你试点省厅应严格依据批准的煤炭矿业权投放计划审批出让矿业权。原属于部审批登记的,部依据批准的年度投放计划,授权你试点省厅审批。"对授权审批延续类项目,该通知提出"本通知下发前,在部登记发证的你省煤炭探矿权、采矿权项目,由你项目所在地试点省厅办理延续、保留、变更、转让、注销审批登记"。2015年,根据《国土资源部关于煤炭矿业权审批管理改革试点有关问题的通知》(国土资规〔2015〕4号,2020年废止),部全面授权省级国土资源厅审批登记煤炭矿业权的制度在黑龙江、贵州和陕西三省得到延续。2017年,中共中央办公厅、国务院办公厅印发《矿业权出让制度改革方案》。该方案规定,国土资源部负责资源储量规模10亿吨以上的煤的采矿权审批,其他原由国土资源部审批的下放省级国土资源主管部门。这意味着,煤炭探矿权全部下放到开展试点的6个省(区)(山西、福建、江西、湖北、贵州、新疆）国土资源主管部门，不再实施部、省两级审批。资源储量规模 10 亿吨以上的煤的采矿权则继续保留在国土资源部（现自然资源部）。

煤层气资源的矿业审批权。自 1998 年《矿产资源开采登记管理办法》（中华人民共和国国务院令第 241 号）颁布实施开始，我国一直实行国家一级管理，其勘查许可证、采矿许可证都由国土资源部（现自然资源部）颁发。这一管理制度，直到 2016 年才开始发生变化。

2016 年 4 月 6 日，国土资源部公布了《国土资源部关于委托山西省国土资源厅在山西省行政区域内实施部分煤层气勘查开采审批登记的决定》（中华人民共和国国土资源部令第 65 号），并决定在 2016 年 4 月 6 日至 2018 年 4 月 5 日期间，山西省部分煤层气勘查开采审批将不再由国土资源部直接审批，而是改为由国土资源部委托山西省国土资源厅实施审批。委托事项主要包括："煤层气勘查审批登记以及已设煤层气探矿权的延续、变更、转让、保留和注销审批登记；储量规模中型以下煤层气开采审批登记以及已设储量规模中型以下煤层气采矿权的延续、变更、转让和注销审批登记；煤层气试采审批。"这一制度变革，打破了长期以来煤层气资源实行国家一级管理的惯例，部分煤层气资源的矿业审批权首次委托给了地方政府。

2017 年 6 月，矿业权委托审批制度改革试点从山西进一步扩大到包括山西、福建、江西、湖北、贵州、新疆在内的 6 个省（区）。根据中共中央办公厅、国务院办公厅印发的《矿业权出让制度改革方案》，"国土资源部负责石油、烃类天然气、页岩气、放射性矿产、钨、稀土 6 种矿产的探矿权采矿权审批，负责资源储量规模 10 亿吨以上的煤以及资源储量规模大型以上的煤层气、金、铁、铜、铝、锡、锑、钼、磷、钾 11 种矿产的采矿权审批，其他原由国土资源部审批的下放省级国土资源主管部门"。这样，煤层气资源的矿业审批权得到了下放，长期以来规定的由部一级负责的煤成（层）气的探矿权交由省级负责，采矿权则调整为部省两级分级审批。这种改革，符合国家"放管服"和合理划分中央、地方权限等有关要求，可以提高审批效率，降低管理成本。

2019 年 3 月 15 日和 12 月 17 日，自然资源部先后公布了《矿业权出让管理办法（征求意见稿）》和《中华人民共和国矿产资源法（修订草案）（征求意见稿）》，目的在于把试点经验上升到制度层面，在全国范围内推广。不过《矿业权出让管理办法》至今尚未正式印发，《中华人民共和国矿产资源法》则已由中华人民共和国第十四届全国人民代表大会常务委员会第十二次会议于2024年11月8日修订通过，自2025年7月1日起施行。2020年，《自然资源部关于申请办理矿业权登记有关事项的公告》进一步明确，我国开始实行同一矿种探矿权、采矿权登记同级管理制度，包括煤层气在内的11种矿产资源的后续登记事项由省级自然资源主管部门办理。

上述一系列制度创新无疑使煤层气和煤炭资源管理体制得到了完善，煤层气和煤炭资源矿业审批权部分下移也避免了出现新的煤层气和煤炭矿业权重置问题。但制度变革之前业已形成的煤层气和煤炭矿业权重叠问题却并非一朝一夕所能解决。而且，由于既有的矿业权重置问题主要存在于我国煤层气开发最为成熟的山西省，因此，它始终妨碍着我国煤层气的规模化产业化发展，需要找寻具有智慧的方案加以解决。

第三节　现行法律法规构建的煤层气开发利用运行机制

自20世纪90年代中后期以来，中国通过一系列制度安排及创新，确立了煤层气资源开发利用的运行机制。本节重点对煤层气市场准入机制、价格形成机制、激励机制、对外合作机制、环境监管机制以及煤层气和煤炭资源协调开发机制进行阐释。

一　市场准入机制

矿产资源市场准入机制是一种特殊的市场准入制度，通常采取行政审批许可形式，由国家地质主管部门对申请主体进行审查，准许符合法定情形的主体进入市场实施生产经营活动。吴文盛（2011）把"矿产资源市场准入机制"定义为"矿产资源开发管制机构，通过设立标准、规定范围、程序等对进入和退出矿产资源开发市场的单位（地勘单位、矿业公司、企业）和个人进行许可和审批的机制"。在我国，《中华人民共和国矿产资源法》及其配套法规，以及其他各类有关煤层气的规范性文件，构建了包括煤层气在内的矿产资源市场准入机制。

（一）煤层气勘探开采许可制度

根据《中华人民共和国矿产资源法》及其配套法规，以及各类规范性文件，我国矿产资源的勘查开采、生产经营和对外合作实行许可证制度。《中华人民共和国矿产资源法》（2009年）第三条规定："勘查、开采矿产资源，必须依法分别申请、经批准取得探矿权、采矿权，并办理登记。"据此可知，煤层气勘探开采同样要经过国家地质主管部门许可。国家制定的第一个专门对煤层气勘探开发进行管理的部门规范性文件《煤层气勘探开发管理暂行规定》（煤规字〔1994〕第115号）第十七条规定："煤层气生产必须领取煤层气开发生产许可证。"

2022年3月12日，国家发展改革委和商务部印发的《市场准入负面清单（2022年版）》也对煤层气勘查开发、生产经营和对外合作进行了明确规定，要求未获得许可或相关资格，不得从事矿产资源的勘查开采、生产经营及对外合作。具体措施如下：勘查、开采矿产资源及转让探矿权、采矿权，石油天然气、煤层气对外合作项目（含风险勘探和合作开发区域）以及石油天然气、煤层气对外合作专营都须经主管部门审批；矿山企业、石油天然气企业必须得到安全生产许可；矿山、石油天然气建设项目必须进行安全设施设计审查。

（二）市场主体资格条件及取得

根据《中华人民共和国矿产资源法》（2009年）第三条，"从事矿产资源勘查和开采的，必须符合规定的资质条件"；设立矿山企业也"必须符合国家规定的资质条件，并依照法律和国家有关规定，由审批机关对其矿区范围、矿山设计或者开采方案、生产技术条件、安全措施和环境保护措施等进行审查；审查合格的，方予批准"（第十五条）。《国土资源部关于进一步完善采矿权登记管理有关问题的通知》（国土资发〔2011〕14号，已失效）曾对采矿权申请人做出具体要求："申请采矿权应具有独立企业法人资格，企业注册资本应不少于经审定的矿产资源开发利用方案测算的矿山建设投资总额的百分之三十，外商投资企业申请限制类矿种采矿权的，应出具有关部门的项目核准文件。"这是国家层面对所有矿产资源开发市场主体应该具备的资质条件的规定。

具体到煤层气，2006年发布的《煤层气（煤矿瓦斯）开发利用"十一五"规划》提出,要"严格勘探开发煤层气企业的技术、资金、管理和人才准入标准,加强对项目核准、价格、质量、安全、环保、信息、标准和公共利益等方面的宏观调控和管理"。《煤层气地面开采安全规程(试行)》(国家安全生产监督管理总局令第46号)第三条规定:"煤层气地面开采企业以及承包单位(以下统称煤层气企业)应当遵守国家有关安全生产的法律、行政法规、规章、标准和技术规范,依法取得安全生产许可证。" 2013年2月22日国家能源局发布的《煤层气产业政策》第五条也规定:"从事煤层气勘探开发的企业应具备与项目勘探开发相适应的投资能力,具有良好的财务状况和健全的财务会计制度。煤层气勘探开发企业应配齐地质勘查、钻探排采等专业技术人员,特种作业人员必须取得相应从业资格。从事煤层气建设项目勘查、设计、施工、监理、安全评价等业务,应按照国家规定具备相应资质。"《国土资源部关于进一步规范矿产资源勘查审批登记管理的通知》(国土资规〔2017〕14号)还要求"油气(包含石油、天然气、页岩气、煤层气、天然气水合物,下同)探矿权人原则上应当是营利法人""探矿权申请人的资金能力必须与申请的勘查矿种、勘查面积和勘查工作阶段相适应,以提供的银行资金证明(国有大型石油企业年度项目计划)为依据,不得低于申请项目勘查实施方案安排的第一勘查年度资金投入额"。

关于煤层气市场主体,我国经历了一个以国有企业为主到市场主体不断多元化的变迁过程。《中华人民共和国矿产资源法》(1986年)第四条规定了开采矿产资源的主体是国营矿山企业,同时,国家"对乡镇集体矿山企业和个体采矿实行积极扶持、合理规划、正确引导、加强管理的方针"(第三十四条)。至于民营企业和外资企业,《中华人民共和国矿产资源法》(1986年)和《中华人民共和国矿产资源法实施细则》(1994年)都没有提及。但1996年和2009年修正后的《中华人民共和国矿产资源法》都在"附则"部分新增了"外商投资勘查、开采矿产资源,法律、行政法规另有规定的,从其规定"(第五十条)。与《中华人民共和国矿产资源法》(1986年)和《中华人民共和国矿产资源法实施细则》(1994年)不同的一点是,在外资企业准入方面,1994年4月4日发布的《煤层气勘探开发管理暂行规定》开始"鼓励利用外资、引进国外先进技术勘探、开发煤层气"(第八条)。但外资企业只能通过跟国家指定的公司合作才能进行煤层气勘探和开发。1996~2010年，我国由煤炭部、地矿部和中国石油天然气总公司联合组建的中联煤层气有限责任公司享有对外合作进行煤层气勘探、开发、生产的专营权。[①] 2010年12月，我国才新增了中国石油天然气集团公司、中国石油化工集团公司和河南省煤层气开发利用有限公司三家公司作为试点单位与外国企业合作勘探开发煤层气。[②] 由此，煤层气开采对外合作从"独家专营"走向"多家专营"。

至于民营企业，自2006年发布《煤层气（煤矿瓦斯）开发利用"十一五"规划》，国家开始提出要"吸引各类投资者参与煤层气开发利用"，同时鼓励民间资本投资煤层气产业。

2013年发布的《煤层气产业政策》明确提出，"鼓励具备条件的各类所有制企业参与煤层气勘探开发利用"。《国务院办公厅关于印发能源发展战略行动计划（2014—2020年）的通知》（国办发〔2014〕31号）则要求"实行统一的市场准入制度，在制定负面清单基础上，鼓励和引导各类市场主体依法平等进入负面清单以外的领域，推动能源投资主体多元化"。中共中央、国务院2017年5月22日印发的《关于深化石油天然气体制改革的若干意见》也提出，要"在保护性开发的前提下，允许符合准入要求并获得资质的市场主体参与常规油气勘查开采，逐步形成以大型国有油气公司为主导、多种经济成分共同参与的勘查开采体系"。2019年12月31日，自然资源部下发的《关于推进矿产资源管理改革若干事项的意见（试行）》（自然资规〔2019〕7号）也提出放开油气勘查开采，规定凡是"在中华人民共和国境内注册，净资产不低于3亿元的内外资公司，均有资格按规定取得油气矿业权"。

煤层气（煤矿瓦斯）开发利用的三个五年计划、《煤层气产业政策》

---

① 1996年3月30日，国务院下发《关于同意成立中联煤层气有限责任公司的批复》（国函〔1996〕23号），同意"由煤炭部、地矿部、中国石油天然气总公司联合组建中联煤层气有限责任公司（以下简称中联公司）。中联公司的主要任务是从事煤层气资源的勘探、开发、输送、销售和利用"，并规定，"中联公司享有对外合作进行煤层气勘探、开发、生产的专营权"。

② 2007年10月17日，商务部、国家发展改革委、国土资源部发布了《关于进一步扩大煤层气开采对外合作有关事项的通知》。该通知要求，由商务部、国家发展改革委会同相关部门在中联煤层气有限责任公司之外再选择若干家企业，在国务院批准的区域内与外国企业开展煤层气合作开采的试点工作。

和《关于推进矿产资源管理改革若干事项的意见（试行）》为更多资本进入煤层气勘查开采行业开辟了通道。不过，由于历史因素，我国煤层气勘探开发目前仍集中于少数中央企业，其他社会资本进入较少。在对外合作方面，现有外方合作者经济技术实力普遍不强，合作效果欠佳。

（三）煤层气矿业权退出机制

《中华人民共和国矿产资源法》及配套法规、其他各类规范性文件不仅对市场进入进行了规制，而且对煤层气矿业权退出机制也进行了规定。

笔者在梳理相关法律法规及各类煤层气相关规范文件时发现，我国在《煤层气（煤矿瓦斯）开发利用"十一五"规划》中论及"制定对外合作监管办法"时首次提出要"健全并严格执行退出机制，对投资不足的合同及时终止执行"。

针对煤层气产业发展过程中出现的"圈而不探、圈而不采"现象，《煤层气产业政策》提出应"提高煤层气最低勘探投入标准，实行限期开发制度，对于已设置矿业权的区块，勘探投入不足或不能及时开发的，依据有关规定核减其矿业权面积"（第二十六条）。同时提出要"督促引导外国合同者加大勘探开发投入，加快推进对外合作区块规模化开发。根据签订的对外合作合同和执行情况，定期调整合作区块"（第二十九条）。2013年，国务院办公厅印发的《关于进一步加快煤层气（煤矿瓦斯）抽采利用的意见》（国办发〔2013〕93号）也提出，要建立勘查开发约束机制，"对长期勘查投入不足、勘查结束不及时开发的企业，核减其矿业权面积；对具备开发条件的区块，限期完成产能建设；对不按合同实施勘查开发的对外合作项目，依法终止合同"。2017年5月22日，中共中央、国务院印发的《关于深化石油天然气体制改革的若干意见》提出要"实行勘查区块竞争出让制度和更加严格的区块退出机制"。2018年发布的《国务院关于促进天然气协调稳定发展的若干意见》（国发〔2018〕31号）和2022年发布的《国家发展改革委 国家能源局关于印发〈"十四五"现代能源体系规划〉的通知》（发改能源〔2022〕210号）也都做了同样的规定。自然资源部还在2018年7月3日发布的《对十三届全国人大一次会议第5208号建议的答复》（自然资人议复字〔2018〕25号）中提出，要通过"行政手段和经济手段并用"的方式，严格煤层气区块退出。具体措施包括全面调整探矿权占用费收取标准、按首设时间梯级累进方式征收占用费；探矿权申请延续时扣减一定比例的勘查面积，促使长期占有却没有发现的区块退出。自然资源部在该答复中提出，煤层气试点省山西已按照国家统一部署，执行如下的区块退出机制："对已有区块按照原有的标准（每年1万元/平方千米）进行考核；对2017年招标出让的10个区块按照合同中约定的勘查投入标准（基本要求是每年3万元/平方千米，但企业承诺的勘查投入平均达到了每年17.5万元/平方千米）进行考核，对煤炭矿业权内增列的煤层气探矿权的，按每年5万元/平方千米进行考核；并按照投入不足比例核减区块面积。"

山西省国土资源厅执行的煤层气区块退出机制做到了行政手段和经济手段并用，具有较强的威慑力和较好的操作性，可供其他煤层气省份借鉴。

二 价格形成机制

煤层气产业价格链，包括三个价格和四个主体。三个价格分别为井口价格、管输价格和门站及以下价格，四个主体是指开发商、管道运输商、销售商和消费者。其中，煤层气定价机制是维系煤层气上中下游价格链的关键（张永红等，2014）。马骥和姬雪萍（2021）则把煤层气价格分为四个：出厂价格、管输价格、门站价格①及终端销售价格。

从我国有关煤层气定价方面的规范性文件来看，定价机制遵循的基本原则是"按市场经济原则，由供需双方协商确定"，并按照"管住中间，放开两头（放开气源和销售价格由市场形成，政府只对属于网络型自然垄断环节的管网输配价格进行监管）"的总体思路推进能源价格改革。这些规范性文件在对包括煤层气在内的能源进行定价的过程中，既有宏观的总体设计，又有微观的具体规定；既区分居民用气和非居民用气，又区分出厂价格、管输价格、门站价格及终端销售价格。在实际

---

① 根据《国家发展改革委关于调整天然气价格的通知》（发改价格〔2013〕1246号），门站价格指的是国产陆上或进口管道天然气的供应商与下游购买方（包括省内天然气管道经营企业、城镇管道天然气经营企业、直供用户等）在天然气所有权交接点的价格。门站价格由天然气出厂（或首站）实际结算价格和管道运输价格组成。

运行过程中，我国煤层气定价呈现"主体多元、机制多样化"的特点。

（一）煤层气定价相关规定、基本原则及总体思路

1. 相关规定

目前，我国有关煤层气定价机制方面的规范性文件主要包括：《国务院办公厅关于加快煤层气（煤矿瓦斯）抽采利用的若干意见》（国办发〔2006〕47号）、《国家发展改革委关于煤层气价格管理的通知》（发改价格〔2007〕826号，2023年失效）、《国家发展改革委关于在广东省、广西自治区开展天然气价格形成机制改革试点的通知》（发改价格〔2011〕3033号）、《国家发展改革委关于调整天然气价格的通知》（发改价格〔2013〕1246号）、《国务院办公厅关于进一步加快煤层气（煤矿瓦斯）抽采利用的意见》（国办发〔2013〕93号）、《国务院办公厅关于印发能源发展战略行动计划（2014—2020年）的通知》（国办发〔2014〕31号）、《国家发展改革委关于降低非居民用天然气门站价格并进一步推进价格市场化改革的通知》（发改价格〔2015〕2688号）、《关于深化石油天然气体制改革的若干意见》、《国务院关于促进天然气协调稳定发展的若干意见》（国发〔2018〕31号）、《国家发展改革委关于"十四五"时期深化价格机制改革行动方案的通知》（发改价格〔2021〕689号）等。这些规范性文件共同构建了我国煤层气的价格形成机制。

2. 定价遵循的基本原则——按市场经济原则，由供需双方协商确定

国办通〔1997〕8号文规定：煤层气价格按市场经济原则，由供需双方协商确定，国家不限价。[①]《国务院办公厅关于加快煤层气（煤矿瓦斯）抽采利用的若干意见》（国办发〔2006〕47号）也规定，"煤层气售价由供需双方协商确定"。两份文件确定了我国煤层气定价遵循的基本原则。《国家发展改革委关于煤层气价格管理的通知》（发改价格〔2007〕826号）则细化了这一规定。

《国家发展改革委关于在广东省、广西自治区开展天然气价格形成机制改革试点的通知》（发改价格〔2011〕3033号）提出，要"放开页岩气、煤层气、煤制气等非常规天然气出厂价格，实行市场调节"，并"探索建立反映市场供求和资源稀缺程度的价格动态调整机制"。2013年

[①] 转引自孙茂远（2003）。

发布的《国务院关于印发能源发展"十二五"规划的通知》(国发〔2013〕2号)也要求"深入推进天然气价格改革……建立反映资源稀缺程度和市场供求关系的天然气价格形成机制"。《国家发展改革委关于调整天然气价格的通知》(发改价格〔2013〕1246号)据此确立了天然气价格调整的基本思路:"按照市场化取向,建立起反映市场供求和资源稀缺程度的与可替代能源价格挂钩的动态调整机制,逐步理顺天然气与可替代能源比价关系,为最终实现天然气价格完全市场化奠定基础。"同时规定"页岩气、煤层气、煤制气出厂价格,以及液化天然气气源价格放开,由供需双方协商确定"。2015年11月,国家发展改革委印发《关于降低非居民用天然气门站价格并进一步推进价格市场化改革的通知》(发改价格〔2015〕2688号),要求提高天然气价格市场化程度。2017年5月,中共中央、国务院印发《关于深化石油天然气体制改革的若干意见》,要求"改革油气产品定价机制,有效释放竞争性环节市场活力……推进非居民用气价格市场化,进一步完善居民用气定价机制"。

3. 定价总体思路——管住中间、放开两头

"管住中间、放开两头"指的是放开气源和销售价格由市场形成,政府只对属于网络型自然垄断环节的管网输配价格进行监管。这是中共中央、国务院发布的《关于推进价格机制改革的若干意见》确立的能源价格改革思路。之前,我国已在广东省、广西壮族自治区开展了天然气价格形成机制的改革试点,① 对"管住中间、放开两头"的改革思路进行探索。2015年10月12日发布的《关于推进价格机制改革的若干意见》正式提出,要"加快推进能源价格市场化。按照'管住中间、放开两头'总体思路,推进电力、天然气等能源价格改革"。由此《关于推进价格机制改革的若干意见》也成为指导煤层气价格的纲领性文件。

2021年,国家发展改革委发布《关于"十四五"时期深化价格机制改革行动方案的通知》(发改价格〔2021〕689号),再次强调要按照"管住中间、放开两头"的改革方向,稳步推进天然气门站价格市场化

---

① 2011年印发的《国家发展改革委关于在广东省、广西自治区开展天然气价格形成机制改革试点的通知》(发改价格〔2011〕3033号)提出,"天然气价格改革的最终目标是放开天然气出厂价格,由市场竞争形成,政府只对具有自然垄断性质的天然气管道运输价格进行管理"。

改革，完善终端销售价格与采购成本联动机制，探索推进终端用户销售价格市场化，并提出，到 2025 年，实现"竞争性领域和环节价格主要由市场决定，网络型自然垄断环节科学定价机制全面确立，能源资源价格形成机制进一步完善"。

综上，让市场在煤层气定价中发挥基础性作用，是从我国煤层气相关规范性文件可以获得的直观结论。无论是定价遵循的基本原则，还是总体思路的设计，无不体现了国家在完善煤层气价格形成机制方面所做的努力。不过，山西省煤层气价格政策研究课题组（2017）认为，我国煤层气仍"缺乏符合自身特征的价格形成机制与政策体系"。《国务院关于促进天然气协调稳定发展的若干意见》（国发〔2018〕31 号）也提出，目前我国包括煤层气在内的天然气市场化价格机制未充分形成。究其原因，是在较长的上中下游产业链中，煤层气产品在一些环节具有一般商品的属性，另一些环节则具有垄断性商品的属性，因而其定价较为复杂，由此形成了"定价主体多元、定价机制多样化"的典型特征。

（二）我国煤层气的"定价主体多元、定价机制多样化"特征

1. 定价主体多元

从前述分析可知，煤层气定价机制遵循的基本宗旨是"按市场经济原则，由供需双方协商确定"。就煤层气而言，所谓的"供需双方"包含煤层气上中下游产业链上的各类市场主体。

根据牛冲槐和张永胜（2016）的研究，"煤层气产业包括上游、中游、下游三个领域。煤层气产业上游以勘探和开发为主要任务。煤层气产业中游主要是煤层气的管道输送和销售，是煤层气开发与利用的桥梁，主要任务是建设长距离煤层气（天然气）输送管网，将煤层气从煤层气田通过长输管网输送到用户端，再将煤层气销售给每个用户；煤层气产业下游主要是从事煤层气加工和利用的行业，包括居民生活用气、发电、用作化工原料和工业用优质燃料等"。这意味着，跟煤层气产业相关的"供需双方"既包含产业上游的煤层气勘探和开发商，又包含产业中游的煤层气管道输送公司，还包含产业下游的煤层气加工企业、销售商，以及消费者。除了上述主体，各级政府也会加入煤层气定价过程。由此可见，我国煤层气定价主体呈现多元化特征。

2. 定价机制多样化

"管住中间、放开两头"是我国天然气定价的总体思路。具体落实到煤层气，在进行价格规制的实践过程中，国家主管部门还对居民用气和非居民用气进行区分，同时对出厂价格、管输价格、门站价格及终端销售价格进行不一样的管理，因而我国煤层气定价机制呈现"定价机制多样化"的特点。

对管网输配价格，《国务院办公厅关于印发能源发展战略行动计划（2014—2020年）的通知》（国办发〔2014〕31号）要求，"有序放开竞争性环节价格，天然气井口价格及销售价格、上网电价和销售电价由市场形成，输配电价和油气管输价格由政府定价"；《天然气管道运输价格管理办法（试行）》细化了国务院价格主管部门的管道运输定价方法（第四条），规定"管道运输价格管理遵循准许成本、合理收益、公开透明、操作简便的原则"（第五条），[①]"通过核定管道运输企业的准许成本，监管准许收益，考虑税收等因素确定年度准许总收入，核定管道运输价格"（第八条）。其中，国家准许收益率"按管道负荷率（实际输气量除以设计输气能力）不低于75%取得税后全投资收益率8%的原则确定"（第九条）。可见，包括煤层气在内的天然气管道运输这个环节，因其典型的自然垄断特征，我国采取的是"政府直接定价"方法，管住了中间。

至于"两头"，从相关制度安排的目标来看，是要充分发挥市场的基础性和决定性作用，由价格机制、供求机制、竞争机制来决定。由于煤层气与常规天然气同属高纯度的甲烷气体，彼此之间互为替代品，从价格理论来看，两种同质物品价格也应该基本相同（同质同价）。不过，由于煤层气生产成本远超常规天然气，所以，如果完全按成本定价，那么煤层气价格肯定比天然气价格高，煤层气会缺乏产业竞争性。所以，在煤层气实际定价过程中，仍然存在大量的政府指导定价。

《国务院办公厅关于加快煤层气（煤矿瓦斯）抽采利用的若干意见》（国办发〔2006〕47号）规定，煤矿企业"利用煤层气发电，其上网电

[①] 其中的"准许成本"，根据《天然气管道运输价格管理办法（试行）》的规定指的是定价成本，包括折旧及摊销费、运行维护费，由国务院价格主管部门通过成本监审核定。

价执行国家价格主管部门批准的上网电价或执行当地火电脱硫机组标杆电价"。《关于利用煤层气（煤矿瓦斯）发电工作实施意见的通知》（发改能源〔2007〕721号）规定，"煤层气（煤矿瓦斯）电厂上网电价，比照国家发展改革委制定的《可再生能源发电价格和费用分摊管理试行办法》（发改价格〔2006〕7号）中生物质发电项目上网电价（执行当地2005年脱硫燃煤机组标杆上网电价加补贴电价）"。《国务院办公厅关于进一步加快煤层气（煤矿瓦斯）抽采利用的意见》（国办发〔2013〕93号）规定，煤层气（煤矿瓦斯）"已纳入地方政府管理的要尽快放开价格，未进入城市公共管网的销售价格由供需双方协商定价，进入城市公共管网的煤层气（煤矿瓦斯）销售价格按不低于同等热值天然气价格确定"；同时要求完善煤层气发电价格政策，要"根据煤层气（煤矿瓦斯）发电造价及运营成本变化情况，按照合理成本加合理利润的原则，适时提高煤层气（煤矿瓦斯）发电上网标杆电价"。《国家发展改革委关于降低非居民用天然气门站价格并进一步推进价格市场化改革的通知》（发改价格〔2015〕2688号）把"非居民用气最高门站价格每千立方米降低700元"，同时"将非居民用气由最高门站价格管理改为基准门站价格管理"，并将"降低后的最高门站价格水平作为基准门站价格，供需双方可以基准门站价格为基础，在上浮20%、下浮不限的范围内协商确定具体门站价格"。《关于深化石油天然气体制改革的若干意见》也规定，要"保留政府在价格异常波动时的调控权。推进非居民用气价格市场化"。《国务院关于促进天然气协调稳定发展的若干意见》（国发〔2018〕31号）要求"落实好理顺居民用气门站价格方案，合理安排居民用气销售价格……推行季节性差价、可中断气价等差别化价格政策"，并且要求"加快建立上下游天然气价格联动机制"。《国家发展改革委关于"十四五"时期深化价格机制改革行动方案的通知》（发改价格〔2021〕689号）要求"根据天然气管网等基础设施独立运营及勘探开发、供气和销售主体多元化进程，稳步推进天然气门站价格市场化改革，完善终端销售价格与采购成本联动机制。积极协调推进城镇燃气配送网络公平开放，减少配气层级，严格监管配气价格，探索推进终端用户销售价格市场化。结合国内外能源市场变化和国内体制机制改革进程，研究完善成品油定价机制"。

从前述分析可知，尽管我国煤层气价格改革的目标是发挥市场的决定性作用，但市场化价格机制仍未充分形成。张永红等（2012）对我国现行煤层气和石油定价机制及价格进行对比分析后发现，煤层气现行价格未能有效反映其市场供求状况与资源的稀缺性。而且，我国现行煤层气价格方面的政策相对较为零散，并没有形成一个合理、统一、完整的价格形成机制。马骥和姬雪萍（2021）认为的"我国煤层气出厂价格已实行市场调节……门站价格也由市场形成；终端销售价格由于居民用户和非居民用户不同实行不同定价方式，居民用户实行阶梯气价，非居民用户用气价格由市场形成"并不完全符合实际。

三 激励机制

根据《国务院办公厅关于加快煤层气（煤矿瓦斯）抽采利用的若干意见》（国办发〔2006〕47号），井下抽采系统项目、地面钻探、泵站项目、输配气管网项目、煤层气压缩、提纯、储存和销售站点项目、利用煤层气发电、供民用燃烧及生产化工产品项目等，经各省（区、市）煤炭行业管理部门会同同级人民政府资源综合利用主管部门认定后，可享受有关鼓励和扶持政策。事实上，为了促进煤层气产业的发展，自20世纪90年代至今，我国颁布实施或印发了20多项法律法规及规范性文件（见附录C），从税收优惠、使用费减免、财政补贴等各个方面，激励煤层气资源的勘探开发和利用。激励性产业政策的制定，为中国煤层气产业的发展塑造了较好的制度环境。它们的实施为中国煤层气产业的从无到有奠定了基础、创造了条件。

（一）税收优惠与减免

国家层面，包括《国务院关于调整进口设备税收政策的通知》（国发〔1997〕37号）、《财政部、海关总署、国家税务总局关于印发〈关于煤层气勘探开发项目进口物资免征进口税收的规定〉的通知》（财关税〔2006〕13号）等在内，有10多个法律法规及规范性文件对煤层气开发利用税收优惠与减免进行了规定，这些税收政策主要包括增值税优惠、企业所得税减免、关税和资源税减免等。

1. 增值税优惠

比照国家对开采石油、天然气进口税收政策执行的规定，财政部、国家税务总局对中外合作开采陆上煤层气和自营开采陆上煤层气制定了增值税优惠政策（国办通〔1997〕8号），规定"中外合作开采陆上煤层气按实物征收5%的增值税，不抵扣进项税额；自营开采陆上煤层气增值税实行先征后返的政策，按13%的税率征收，返还8个百分点"。[1]

对享有对外合作进行煤层气勘探、开发、生产的专营权的中联煤层气有限责任公司及其合作者，按照《关于煤层气勘探开发作业项目进口物资免征进口税收的暂行规定》（财税〔2002〕78号）的规定，"在我国境内进行煤层气勘探开发作业的项目，进口国内不能生产或性能不能满足要求，并直接用于勘探、开发作业的设备、仪器、零附件、专用工具"，免征进口环节增值税。

《煤层气（煤矿瓦斯）开发利用"十一五"规划》也规定，"抽采利用煤层气（煤矿瓦斯）作主要原料生产的产品，2020年前实行增值税即征即退"；对煤层气抽采企业的增值税一般纳税人抽采销售煤层气，《财政部 国家税务总局关于加快煤层气抽采有关税收政策问题的通知》（财税〔2007〕16号）确立了"增值税先征后退"政策。

《关于"十二五"期间煤层气勘探开发项目进口物资免征进口税收的通知》（财关税〔2011〕30号）对中联煤层气有限责任公司及其国内外合作者2011年1月1日至2015年12月31日在中国境内进行煤层气勘探开发项目继续实施免征进口环节增值税优惠。国内其他从事煤层气勘探开发的单位，在实际进口发生前按有关规定程序申请，经有关部门认定后，比照中联煤层气有限责任公司享受该优惠政策。《国务院办公厅关于进一步加快煤层气（煤矿瓦斯）抽采利用的意见》（国办发〔2013〕93号）则要求"加快营业税改征增值税改革试点，扩大煤矿企业增值税进项税抵扣范围。结合资源综合利用增值税政策的调整完善，研究制定煤层气（煤矿瓦斯）发电的增值税优惠政策"。财政部、国家税务总局印发的《资源综合利用产品和劳务增值税优惠目录》（财税〔2015〕78号）规定，"纳税人销售自产的资源综合利用产品和提供资源综合利用劳务（以下称销售综合利用产品和劳务），可享受增值税即征即退政策"。煤炭开采过程中产生的煤层气（煤矿瓦斯）属于该目录范围，自

---

[1] 转引自孙茂远（2003）。

2015年7月1日起，享受即征即退优惠政策。

2. 企业所得税减免

1991年颁布实施的《中华人民共和国外商投资企业和外国企业所得税法》（中华人民共和国主席令第45号，已失效），对设在规定区域的外商投资企业和投资项目属于能源、交通、港口、码头或者国家鼓励的其他项目，"减按15%的税率征收企业所得税"（第七条第一款、第三款）；对设在规定区域的生产性外商投资企业，"减按24%的税率征收企业所得税"（第七条第二款）；对生产性外商投资企业，"经营期在十年以上的，从开始获利的年度起，第一年和第二年免征企业所得税，第三年至第五年减半征收企业所得税"[①]（第八条）。

对在中国开采陆上煤层气资源的外国公司，《关于外国石油公司参与煤层气开采所适用税收政策问题的通知》（财税字〔1996〕62号）规定其"取得的经营所得和其他所得，均应当按照《中华人民共和国外商投资企业和外国企业所得税法》，及其施行细则的规定缴纳所得税"，以鼓励外商投资企业和外国企业开采中国陆上煤层气资源。

国内煤层气企业所得税征收方面，《煤层气（煤矿瓦斯）开发利用"十一五"规划》规定，"抽采煤矿瓦斯并利用其作主要原料生产产品的所得，自获利年度起免征所得税五年。允许企业按当年实际发生的技术开发费用的150%抵扣当年应纳税所得额"；《财政部 国家税务总局关于加快煤层气抽采有关税收政策问题的通知》（财税〔2007〕16号）规定，"对煤层气抽采企业的增值税一般纳税人抽采销售煤层气实行增值税先征后退政策。先征后退税款由企业专项用于煤层气技术的研究和扩大再生产，不征收企业所得税"。根据《财政部 海关总署 国家税务总局关于深入实施西部大开发战略有关税收政策问题的通知》（财税〔2011〕58号），自2011年1月1日至2020年12月31日，对设在西部地区的鼓励类产业企业减按15%的税率征收企业所得税，而煤层气项目位列《中西部地区外商投资优势产业目录》当中，因而可获得所得税优惠。另据《国务院办公厅关于进一步加快煤层气（煤矿瓦斯）抽采利用的意见》（国办发〔2013〕93号）规定，"煤层气（煤矿瓦斯）开发利用财政补

---

① 即人们熟知的"两免三减半"。

贴，符合有关专项用途财政性资金企业所得税处理规定的，作为企业所得税不征税收入处理"。

3. 关税和资源税减免

根据《国务院关于调整进口设备税收政策的通知》（国发〔1997〕37号），自1998年1月1日起，对国家鼓励发展的国内投资项目和外商投资项目进口设备，在规定的范围内，免征关税。《关于煤层气勘探开发作业项目进口物资免征进口税收的暂行规定》（财税〔2002〕78号）规定，"由中联煤层气有限责任公司及其合作者作为项目单位在我国境内进行煤层气勘探开发作业的项目，进口国内不能生产或性能不能满足要求，并直接用于勘探、开发作业的设备、仪器、零附件、专用工具（具体物资清单见附件），依照本规定免征进口关税和进口环节增值税"。财政部、海关总署、国家税务总局2006年10月25日印发的《关于煤层气勘探开发项目进口物资免征进口税收的规定》（财关税〔2006〕13号）和2011年8月8日印发的《关于"十二五"期间煤层气勘探开发项目进口物资免征进口税收的通知》，继续保留对中联煤层气有限责任公司及其合作者煤层气勘探开发项目进口物资免征进口关税政策，同时扩大享受免税待遇的企业范围，规定"其他从事煤层气勘探开发的单位，应在实际进口发生前向财政部提出申请，经财政部商海关总署、国家税务总局等有关部门认定后，享受上述进口税收优惠政策"。

至于资源税的缴纳，《财政部 国家税务总局关于加快煤层气抽采有关税收政策问题的通知》（财税〔2007〕16号）规定："对地面抽采煤层气暂不征收资源税。"

（二）使用费减免

根据国家相关规定，煤层气开采的矿区使用费按陆上常规天然气对外合作规定缴纳。而根据《关于修订〈中外合作开采陆上石油资源缴纳矿区使用费暂行规定〉的通知》，煤层气矿区使用费费率如下：每个气田日历年度天然气总产量不超过10亿标立方米的部分，免征矿区使用费；超过10亿标立方米至25亿标立方米的部分缴纳1%的矿区使用费；超过25亿标立方米至50亿标立方米的部分，缴纳2%的矿区使用费；超过50亿标立方米的部分，缴纳3%的矿区使用费。

另据国土资源部和财政部2000年6月6日颁布实施的《探矿权采矿

权使用费减免办法》(国土资发〔2000〕174号),在中国西部地区、国务院确定的边远贫困地区和海域从事符合下列条件的矿产资源勘查开采活动,可以依照本规定申请探矿权、采矿权使用费的减免:"国家紧缺矿产资源的勘查、开发;大中型矿山企业为寻找接替资源申请的勘查、开发;运用新技术、新方法提高综合利用水平的(包括低品位、难选冶的矿产资源开发及老矿区尾矿利用)矿产资源开发;国务院地质矿产主管部门和财政部门认定的其他情况"(第三条)。关于探矿权、采矿权使用费的减免按以下幅度审批,即探矿权使用费"第一个勘查年度可以免缴,第二至第三个勘查年度可以减缴50%;第四至第七个勘查年度可以减缴25%"(第四条第一项);采矿权使用费"矿山基建期和矿山投产第一年可以免缴,矿山投产第二至第三年可以减缴50%;第四至第七年可以减缴25%;矿山闭坑当年可以免缴"(第四条第二项)。

《煤层气(煤矿瓦斯)开发利用"十一五"规划》规定,"对地面直接从事煤层气(煤矿瓦斯)勘查开采的企业,2020年前可按国家有关规定申请减免探矿权使用费和采矿权使用费"。《财政部 国家税务总局关于加快煤层气抽采有关税收政策问题的通知》(财税〔2007〕16号)也规定,"对独立核算的煤层气抽采企业利用银行贷款或自筹资金从事技术改造项目国产设备投资,其项目所需国产设备投资的40%可从企业技术改造项目设备购置当年比前一年新增的企业所得税中抵免⋯⋯对财务核算制度健全、实行查账征税的煤层气抽采企业研究开发新技术、新工艺发生的技术开发费,在按规定实行100%扣除基础上,允许再按当年实际发生额的50%在企业所得税税前加计扣除"。

此外,根据《煤炭生产安全费用提取和使用管理办法》(财建〔2004〕119号),煤炭企业可以在成本中按月提取安全费用用于瓦斯治理等;《国务院办公厅关于加快煤层气(煤矿瓦斯)抽采利用的若干意见》(国办发〔2006〕47号)也提出,"煤矿企业提取的生产安全费用可用于煤层气井上井下抽采系统建设"。

(三)财政补贴

为鼓励煤层气资源的开发利用,自2007年起,国家陆续出台了几项煤层气利用财政补贴政策。

2007年4月20日,财政部下发《财政部关于煤层气(瓦斯)开发利用补贴的实施意见》（财建〔2007〕114号），提出"中央财政按0.2元/立方米煤层气（折纯）标准对煤层气开采企业进行补贴，在此基础上，地方财政可根据当地煤层气开发利用情况对煤层气开发利用给予适当补贴"。

2007年4月2日，国家发展改革委印发的《关于利用煤层气（煤矿瓦斯）发电工作实施意见的通知》（发改能源〔2007〕721号）规定，"煤层气（煤矿瓦斯）电厂上网电价，比照国家发展改革委制定的《可再生能源发电价格和费用分摊管理试行办法》（发改价格〔2006〕7号）中生物质发电项目上网电价"。根据《可再生能源发电价格和费用分摊管理试行办法》第七条，生物质发电项目"补贴电价标准为每千瓦时0.25元"。据此可知，利用煤层气发电，每度电可获得补助0.25元。

2013年9月14日印发的《国务院办公厅关于进一步加快煤层气（煤矿瓦斯）抽采利用的意见》（国办发〔2013〕93号）要求，提高财政补贴标准、强化中央财政奖励资金引导扶持、加大中央财政建设投资支持力度并落实煤炭生产安全费用提取政策。2016年2月14日，财政部根据国办发〔2013〕93号文件精神，印发了《关于"十三五"期间煤层气（瓦斯）开发利用补贴标准的通知》（财建〔2016〕31号），将煤层气（瓦斯）开采利用中央财政补贴标准从0.2元/立方米提高到0.3元/立方米。不过，0.3元/立方米的定额补贴标准只持续了两年。

2019年6月11日，财政部下发《财政部关于〈可再生能源发展专项资金管理暂行办法〉的补充通知》（财建〔2019〕298号）（2020年6月12日失效）。该通知提出，自2019年起，对煤层气（煤矿瓦斯）、页岩气、致密气等非常规天然气开采利用不再按定额标准进行补贴，改由可再生能源发展专项资金支持。支持方式为"按照'多增多补'的原则，对超过上年开采利用量的，按照超额程度给予梯级奖补；相应，对未达到上年开采利用量的，按照未达标程度扣减奖补资金。同时，对取暖季生产的非常规天然气增量部分，给予超额系数折算，体现'冬增冬补'"。2020年6月12日，财政部印发《清洁能源发展专项资金管理暂行办法》（财建〔2020〕190号），财建〔2019〕298号文同时失效。《清洁能源发展专项资金管理暂行办法》延续了财建〔2019〕298号文提出的"多增多补""冬增冬补"两个原则，对煤层气等非常规天然气开采利用给予奖补,并在第十三条至第十五条,分别对计入奖补范围的非常规天然气开采利用量确定方式、奖补资金计算公式和奖补资金分配系数确定方式进行明确规定(跟财建〔2019〕298号文保持一致)。专项资金实施期限为2020~2024年,到期后按照规定程序申请延续(第四条)。

(四) 煤层气设备加速折旧

根据《煤层气(煤矿瓦斯)开发利用"十一五"规划》,"煤层气(煤矿瓦斯)抽采利用设备可在基准年限基础上实行加速折旧,折旧资金在企业成本中列支"。

《财政部 国家税务总局关于加快煤层气抽采有关税收政策问题的通知》(财税〔2007〕16号)规定,"对独立核算的煤层气抽采企业购进的煤层气抽采泵、钻机、煤层气监测装置、煤层气发电机组、钻井、录井、测井等专用设备,统一采取双倍余额递减法或年数总和法实行加速折旧,具体加速折旧方法可以由企业自行决定,但一经确定,以后年度不得随意调整"。

四 对外合作机制

通过对外合作充分利用外国资本和技术是中国煤层气产业化发展的重要手段。不过,外国石油公司参与中国煤层气的勘探、开发,无论它采取哪种投资形式,都必须遵守中国的对外合作开采煤层气资源的法规、条例及管理办法。自20世纪90年代以来,中国制定的煤层气对外合作法律法规、规章及其他规范性文件主要包括:《外商投资产业指导目录》(1995年制订;1997年、2002年、2004年、2007年、2011年、2015年、2017年修订)、《鼓励外商投资产业目录》(2019年版;2020年版;2022年版)、《中西部地区外商投资优势产业目录》(2000年制订;2004年、2008年、2013年、2017年修订)、《国务院关于同意成立中联煤层气有限责任公司的批复》(国函〔1996〕23号)、《关于外国石油公司参与煤层气开采所适用税收政策问题的通知》(财税字〔1996〕62号)、《商务部、国家发展和改革委员会、国土资源部关于进一步扩大煤层气开采对外合作有关事项的通知》(商资函〔2007〕第94号)、《中华人民共和国外商投资法》(中华人民共和国主席令第26号)、《中华人民共和国外商投资法实施条例》(中华人民共和国主席令第723号)等。

总体而言，煤层气对外合作经历了从"多头对外"、"独家专营"到"多家专营"的过程。

（一）煤层气对外合作：从"多头对外"、"独家专营"到"多家专营"

1996年之前，我国煤层气对外合作基本处于"多头对外"状态，煤炭工业部、地质矿产部等国家部门和地方政府都可以审批对外合作项目，且各部门对国家政策的理解各不相同，因此缺乏统一的规划和管理。

1996年，国务院批准成立中联煤层气有限责任公司（以下简称"中联公司"）。该公司被赋予煤层气勘探、开发、生产、输送、销售、利用的对外合作专营权，在吸引外商直接投资等方面享有国家规定的自主决策权。1998年1月19日，中联公司签订了第一份煤层气对外合作合同，并按照石油界比较盛行的合作方式——产品分成合同方式进行管理，由此开启了中联公司对外合作"独家专营"的步伐。2001年修订的《中华人民共和国对外合作开采陆上石油资源条例》（中华人民共和国国务院令第317号）明确规定，"对外合作开采煤层气资源由中联煤层气有限责任公司实施专营"（第三十条）。之后，中国煤层气对外合作遵循着"资源国家所有、开采活动及设施受资源国管辖、资源国优先、保护自然和保持生态平衡、双赢互利"的基本原则稳定发展。初期的外方合作者包括德士古、菲利普斯、阿莫科、阿科、雪弗龙、壳牌等世界著名石油公司。"1998年至2007年间，共签署了30个煤层气对外合作产品分成合同，2007年以前执行过24个合同。"（孙茂远，2003）

为打破中联公司的独家专营，吸引国内外有经验、有实力的企业参与煤层气开发，2007年10月17日，商务部、国家发展改革委、国土资源部发布《关于进一步扩大煤层气开采对外合作有关事项的通知》。该通知要求"商务部、发展改革委会同相关部门在中联煤层气有限责任公司之外再选择若干家企业，在国务院批准的区域内与外国企业开展煤层气合作开采的试点工作"。2010年11月，经国务院同意增加中石油、中石化和河南省煤层气开发利用有限公司3家，在国务院批准的区域内与外国企业开展开采煤层气资源的试点工作。至此为止，中国对外合作开采煤层气资源结束了中联公司独享专营权的历史。由此，煤层气对外合作从"独家专营"走向"多家专营"。

（二）煤层气勘探开发对外合作方式

我国煤层气勘探开发对外合作采取的基本方式为产品分成合同。产品分成合同模式规定，合作分为勘探期、开发期和生产期，合作期限一般为 30 年。勘探期主要由外方承担风险投资，中方参与联管会工作；如果有了商业性发现，则转入开发期，由中外双方根据国家规定投资比例（中方 51%，外方 49%）进行共同投资；当开发项目成功并进入商业性生产阶段，即可回收勘探及开发费用，按股份进行税收和产品分成（孙茂远，2003）。

（三）煤层气对外合作的政府鼓励措施及其相关政策

自 20 世纪 90 年代以来，我国在煤层气产业的形成与发展方面给予了诸多鼓励和支持。

1997 年 12 月 31 日，国家计委会同国务院有关部门联合发布的修订后的《外商投资产业指导目录》把"煤层气勘查、开发"列为"鼓励外商投资产业目录"第（五）条"煤炭工业"中的第 7 项。之后，在 2002 年、2004 年、2007 年、2011 年、2015 年以及 2017 年的历次修订中，煤层气勘查、开发都位列其中。

2001 年 1 月 1 日，国家经贸委发布的《煤炭工业"十五"规划》和《石油工业"十五"规划》都提出要"大力发展煤层气产业"。同年 3 月 15 日，第九届全国人民代表大会第四次会议批准的《中华人民共和国国民经济和社会发展第十个五年计划纲要》也明确提出要"推进大型煤矿改造，建设高产高效矿井，开发煤层气资源"。2008 年，在国家发展改革委、商务部修订的《中西部地区外商投资优势产业目录》中，"煤层气下游化工产品生产和开发"首次位列山西省外商投资优势产业目录。2013 年和 2017 年修订的《中西部地区外商投资优势产业目录》，"煤层气和煤炭伴生资源综合开发利用"也位列其中。同时，"煤层气和煤炭伴生资源综合开发利用"项目成为内蒙古自治区的外商投资优势产业项目。

在 2017 年修订的《中西部地区外商投资优势产业目录》中，"煤层气（煤矿瓦斯）、矿井水及天然焦等煤炭伴生资源综合利用（勘探、开采除外）"，位列安徽省的外商投资优势产业目录；"煤层气（煤矿瓦斯）抽采和利用技术产品开发与生产"位列河南省外商优势产业目录；"天然气压缩机（含煤层气压缩机）制造"位列四川省外商投资优势产业目录。

2022年10月26日，由国家发展改革委、商务部共同发布的《鼓励外商投资产业目录（2022年版）》（中华人民共和国国家发展和改革委员会 中华人民共和国商务部令第52号）把煤层气的勘探、开发和矿井瓦斯利用列入其中。

从我国煤层气勘探、开发的对外合作实践来看，在煤层气产业发展最初的十几年，外资企业是勘探开发的主要力量，在引进国外资金、管理经验方面发挥重要作用。之后鉴于中国煤层气资源的低品质、经济政策及勘探开发煤层气的经济性，以及国外技术与中国资源的适配性问题，到2007年、2008年左右，国外大公司陆续撤离。目前的外方合作者以中小企业为主，资金、技术和管理与前者不可同日而语。

五 环境监管机制

环境监管机制是指依据矿产资源规划和相关法规，对矿产资源开发过程可能带来的环境问题进行监管的机制（吴文盛，2011）。

针对煤层气开发过程可能造成的环境污染，国务院2006年6月15日印发的《国务院办公厅关于加快煤层气（煤矿瓦斯）抽采利用的若干意见》（国办发〔2006〕47号，以下简称《若干意见》）提出，要"限制企业直接向大气中排放煤层气，环保总局要研究制订煤层气大气污染物排放的具体标准，并对超标准排放煤层气的企业依法实施处罚"。

为贯彻《若干意见》精神，促进煤层气（煤矿瓦斯）抽采利用工作，防止未经处理或回收的煤层气（煤矿瓦斯）直接排放到大气中，造成严重的环境污染和资源浪费，2008年，环境保护部和国家质量监督检验检疫总局制定了《煤层气（煤矿瓦斯）排放标准（暂行）》（GB 21522—2008）。这一标准规定了在保证煤矿通风安全前提下的煤矿瓦斯排放限值以及煤层气地面开发系统煤层气排放限值（见表2-1），并规定，新建矿井及煤层气地面开发系统的煤层气（煤矿瓦斯）排放自2008年7月1日起执行表2-1规定的排放限值。现有矿井及煤层气地面开发系统的煤层气（煤矿瓦斯）排放自2010年1月1日起执行表2-1规定的排放限值。对可直接利用的高浓度瓦斯，应建立瓦斯储气罐，配套建设瓦斯利用设施，可采取民用、发电、化工等方式加以利用。对目前无法直接利用的高浓度瓦斯，可采取压缩、液化等方式进行异地利用。对目前无法利用的高浓度瓦斯，可采取焚烧等方式处理。

表 2-1 煤层气（煤矿瓦斯）排放限值

受控设施	控制项目	排放限值
煤层气地面开发系统	煤层气	禁止排放
煤矿瓦斯抽放系统	高浓度瓦斯（甲烷浓度≥30%）	禁止排放
	低浓度瓦斯（甲烷浓度<30%）	—
煤矿回风井	风排瓦斯	—

资料来源：环境保护部、国家质量监督检验检疫总局发布的《煤层气（煤矿瓦斯）排放标准（暂行）》（GB 21522—2008）。

另外，在我国关于煤层气（煤矿瓦斯）开发利用的"十一五"规划、"十二五"规划和"十三五"规划中，都对煤层气开发的环境影响和环境保护措施进行了规定，要求对煤层气开发、煤层气生产、煤矿瓦斯抽采和管道运输过程中可能出现的噪声、污水、固体废弃物、土壤扰动、植被破坏、烟气、扬尘、地下水位变动等进行环境影响评价，并且要求：第一，严格执行"三同时"（环保设施与主体工程同时设计、同时施工、同时投入使用）制度；第二，严格执行煤层气（煤矿瓦斯）排放标准；第三，推广使用高效节能环保的技术和装备；第四，煤层气管网建设应提高工程质量以避免泄漏事故；第五，实行最严格的节约用地制度；第六，在选场、选站、选线过程中必须避开生活饮用水水源地、自然保护区、名胜古迹，尽量避绕经济作物种植区、林地、水域、沼泽地；第七，煤层气勘查开采活动，应符合所在区域的主体功能、生态服务功能等。

六 煤层气和煤炭资源协调开发机制

煤层气和煤炭资源协调开发机制是本书需要重点阐释的问题。从制度层面看，政府先后出台了《国务院办公厅关于加快煤层气（煤矿瓦斯）抽采利用的若干意见》、《煤层气（煤矿瓦斯）开发利用"十一五"规划》、《国土资源部关于加强煤炭和煤层气资源综合勘查开采管理的通知》、《煤层气（煤矿瓦斯）开发利用"十二五"规划》、《国务院办公厅关于进一步加快煤层气（煤矿瓦斯）抽采利用的意见》、《煤层气产业政策》（国家能源局公告2013年第2号）、《国家能源局关于印发煤层气勘探开发行动计划的通知》、《煤层气（煤矿瓦斯）开发利用"十三五"规划》、《国土资源部关于委托山西省国土资源厅在山西省行政区域内实施部分煤层气勘查开采审批登记的决定》、《国土资源部关于委托山西省等6个省级国土资源主管部门实施原由国土资源部实施的部分矿产资源勘查开采审批登记的决定》、《自然资源部关于推进矿产资源管理改革若干事项的意见（试行）》等规范性文件来对煤层气和煤炭资源的协调开发进行规制。

我们通过对煤层气相关政策法规和规范性文件的梳理发现，中国煤层气和煤炭协调开发相关制度安排经历了一个从"煤层气勘探开发服从煤炭的开发和生产"（1994~2005年），到"以'先采气、后采煤，采煤采气一体化'为基本原则，根据实际情况分条件、分类别、分步骤进行开发"（2006年至今）的演变过程，并且逐步形成了以"综合勘查、资料共享、合作开发、合理避让、勘查开发约束与区块退出、纠纷解决"为主要内容的煤层气和煤炭协调开发机制（刘志逊等，2018；曹霞等，2022）。

关于煤层气和煤炭协调开发机制本书将在后续章节中重点阐释，此处暂不赘述。

第三章 煤层气开发利用体制机制运行效果：目标达成及原因探析

任何制度，都有其实施的政策意图。就经济政策而言，"要么为了实现资源的优化配置，要么为了实现宏观经济稳定，要么为了实现收入再分配"（贝纳西-奎里等，2015）。那么，中国出台的煤层气相关制度安排的初始目标是什么？煤层气开发利用体制机制的运行效果如何？它们在多大程度上促进了煤层气开发目标的实现？目标不能很好达成的原因是什么？这些问题，本章尝试予以解释。

第一节 煤层气开发利用相关制度安排的初始目标

综合我国各项煤层气相关法律法规、规章条例及规范性文件等的文本内容，我们可以从两个层面来把握煤层气开发利用的初始目标。第一个层面是煤层气开发的总体目标，大体可以表述为"建成煤层气产业，实现煤层气的规模化产业化发展"；第二个层面是具体目标，包括安全目标、环境目标、能源目标和经济目标。在阅读煤层气相关法律法规及规范性文件过程中我们还发现，中国煤层气开发利用的具体目标经历了一个从一元走向多元的过程。最初开发利用煤层气完全服务于煤矿的安全生产，但随着国民经济发展对能源需求的增加以及环境约束的不断增强，初始目标逐步从单一的安全目标转向安全、环境、能源和经济等综合目标。

一 初始单一安全目标

我国开发利用煤层气，初始阶段完全服务于安全生产目标。煤炭工业部1994年4月4日发布的《煤层气勘探开发管理暂行规定》（煤规字〔1994〕第115号），是我国第一个专门针对煤层气勘探开发管理的部门规范性文件。尽管该暂行规定强调"煤层气是与煤伴生、共生的气体资源，是优质洁净的能源和化工原料"（第二条），要"合理开发利用煤层气资源"(第一条),并要坚持"以经济效益为中心的原则"(第十八条),但该暂行规定的重点是保障煤炭企业的安全生产。该暂行规定不仅要求"煤层气的设计、开发,必须符合煤炭矿井设计和生产的要求,不得因开采煤层气影响煤矿的正常开采"(第十九条),强调"煤层气勘探和开发,均应服从煤炭的开发和生产"(第二十四条),而且在法律责任方面还规定,煤炭生产企业无须对煤炭开发引起的地面塌陷或其他原因给煤层气勘探、开发企业造成的损失承担赔偿责任(第二十五条),即便因地质构造及煤层变化修改原设计而给煤层气勘探、开发带来经济损失,煤炭企业也无须承担责任(第二十六条)。但如果煤层气的勘探、开发对煤炭企业造成经济损失,煤层气开发生产企业则应给予煤炭生产企业经济补偿(第二十七条)。

2005年6月7日,国务院发布的《关于促进煤炭工业健康发展的若干意见》提出,要"促进煤炭与相关产业协调发展"(第十条),但其所列的诸多"相关产业"中并没有提及煤层气产业。第十七条提出"成立煤矿瓦斯防治部际协调领导小组,加强煤矿瓦斯防治工作的领导和协调。设立国家瓦斯治理和利用(煤层气)工程研究中心,加强瓦斯防治科技攻关",也是立足于推动煤矿安全生产科技进步,防止发生重特大瓦斯事故。

这些规定清楚地表明,中国最初关于煤层气勘探开发的制度安排主要是服务于煤炭的勘探、规划、设计和开采的,煤层气的开发主要服务于煤矿企业的生产安全需要。

二 目标从一元走向多元

自1994年《煤层气勘探开发管理暂行规定》实施以后的10余年间,国家对煤层气开发和煤矿瓦斯防治工作高度重视。而且,随着我国国民经济的快速发展,能源需求持续增长,能源结构调整加快,能源安全要求越来越高,资源节约力度不断加大,环境保护约束也逐步增强。在这一背景下,国务院要求加大煤层气科研、勘探、开发的力度,并于2006年制定了《煤层气(煤矿瓦斯)开发利用"十一五"规划》。该规划明确提出,我国煤矿井下瓦斯抽采始于20世纪50年代,经过50年的发展,已由最初为保障煤矿安全生产转变为安全能源环保综合开发型抽采。

它在"指导思想"部分提出要"加快煤层气产业发展,保障煤矿生产安全,增加清洁能源供应,减少对生态环境的污染,促进煤炭工业可持续发展"。

该规划对"指导思想"的表述,事实上让煤层气开发利用的目标从最初的保障煤矿生产安全转变为安全、环境和能源三重目标。加上《煤层气勘探开发管理暂行规定》规定的"在煤田内开发煤层气应遵循持续、稳定、发展的方针,坚持少投入,多产出,以经济效益为中心的原则"(第十八条),可以把我国煤层气开发利用的目标概括为四个:安全目标、环境目标、能源目标和经济目标。

煤层气开发利用的多元目标在随后多个官方规范性文件中得到重述。比如:2013年9月,《国家能源局有关负责人就关于进一步加快煤层气(煤矿瓦斯)抽采利用的意见答记者问》中指出,"加快煤层气(煤矿瓦斯)抽采利用,是保障煤矿安全生产的治本之策,是增加清洁能源供应的有效途径,是加强大气污染防治的重要举措";2013年,国家能源局制定的《煤层气产业政策》(国家能源局公告2013年第2号)中"发展目标"的第一条提出要"强力推进煤层气产业发展,提高安全生产水平,增加清洁能源供应,减少温室气体排放,把煤层气产业发展成为重要的新兴能源产业"等。

第二节 多元目标实现情况

本节着重分析目前中国实施的与煤层气相关的法律法规和规章制度所设定的安全目标、环境目标、能源目标和经济目标是否都得到了实现,进而真正促进了煤层气的产业化发展。

根据《中国能源报》记者梁沛然(2022)的报道,"截至2020年底,全国地面开发煤层气累计钻井21217口,其中直井19540口、水平井1677口,投产井12880口。2020年与2007年相比,全国煤矿瓦斯事故由272起降为7起,瓦斯事故死亡人数和煤矿百万吨死亡率下降明显。2016~2019年,国内累计利用煤层气393.9亿立方米,相当于节约标准煤7000多万吨,减排二氧化碳5.9亿吨,减排潜力巨大"。总体而言,从煤层气产业发展实际看,我们认为,煤层气相关制度安排多元初始目标中的安全目标得到了较好实现，环境目标次之，经济目标和能源目标则远未达成。

一　安全目标及其实现

瓦斯是煤矿安全的"第一杀手"。当煤层气的浓度在5%~16%时，如果遇到明火就会爆炸，这是煤层气（煤矿瓦斯）爆炸事故的根源。在采煤之前如果先开采煤层气，煤层气（煤矿瓦斯）爆炸率将降低70%~85%。因此，煤层气开发的首要目标便是保障煤矿安全生产。事实上，中国多年来的煤层气开发也的确极大地提高了煤矿生产安全。

根据《煤层气（煤矿瓦斯）开发利用"十一五"规划》所提供的数据，"全国煤矿高瓦斯矿井有4462处，煤与瓦斯突出矿井911处。在615对国有重点矿井中，煤与瓦斯突出矿井近200对，高瓦斯矿井152对"。正因为如此，"保障煤矿安全生产"事实上就成为中国煤层气（煤矿瓦斯）开发利用的首要目的。从最近30年的防治煤矿瓦斯事故的实际来看，制度安排的初始目标的确得到了较好的实现。

部分学者的研究证明了中国煤矿安全状况的提升。朱云飞等（2018）收集整理了1950~2016年中国煤矿发生的特大事故[①]，从时间、地域、经济类型、事故类别角度进行分类统计，并以特大事故发生的影响因素为基础展开分析和讨论。其统计得出，1950~2016年中国共发生煤矿特大事故294起、死亡16223人。1958~1962年、1973~1981年、1985~2010年，5月、11月和12月是特大事故多发的时期和月份。1950~2016年，山西、河南、黑龙江三省特大事故共计发生108起，最为严重，国有矿井的特大事故起数和死亡人数显著高于其他所有制矿井，占比约65%。瓦斯（煤尘）爆炸事故起数达其他类型事故（水害、外因火灾、顶板等）起数的7倍以上，是特大事故的绝对主体。但自2002年起中国煤矿事故死亡人数和百万吨死亡率持续"双走低"，安全形势明显改善。徐枫等（2018）根据2015年国家煤矿安监局发布的完全数据，对这一问题进行了分析，具体情况为，2006~2015年共发生瓦斯事故438起、死亡3420人，分别占总事故起数的40.0%、占总死亡人数的

[①] 指死亡30人以上的事故。

49.6%。瓦斯事故起数从2006年最高的107起持续下降，在2015年达到最低的8起，较2006年下降了92.5%。死亡人数从2006年最高的738人下降到2015年的56人，降低了92.4%。杨鲲鹏和李翔（2021）的报道提供了另外一些数据，2017年，全国煤矿瓦斯事故死亡人数降至103人，比2015年下降40%，提前实现"十三五"规划目标。2018年，人数降至58人，首次降至100人以下。2020年，人数降至30人，比2015年下降83%，新中国成立以来首次全年未发生重特大瓦斯事故。全国24个产煤省份有20个实现瓦斯"零事故"。2020年，全国煤矿百万吨死亡率为0.058，比2015年下降65%。

根据官方发布的煤层气（煤矿瓦斯）开发利用"十二五"规划和"十三五"规划所提供的数据，2010年与2005年相比，煤矿瓦斯事故起数、死亡人数分别下降65.0%、71.3%，10人以上瓦斯事故、死亡人数分别下降73.1%、83.5%。2015年，全国煤矿发生瓦斯事故45起、死亡171人，分别比2010年下降69.0%、72.6%；重大瓦斯事故起数、死亡人数分别比2010年下降66.7%、68.9%。①

国家煤矿安监局办公室的数据是："1978年至2017年，全国煤炭年产量由6.18亿吨增至35.2亿吨、净增长4.7倍，煤矿百万吨死亡率由9.71降至0.106、下降98.9%，煤矿事故死亡人数由7000人左右降至375人、下降95%左右，特别重大事故由1997年最多的16起降至0起、下降100%。"②

煤矿安全性的提升，既得益于中国煤矿安全生产法律体系逐步健全和煤矿安全监察体制日趋完善，也得益于国家对煤层气（煤矿瓦斯）开发利用的鼓励和大力支持。国家发展改革委、国家能源局先后发布煤层气（煤矿瓦斯）开发利用"十一五"规划、"十二五"规划和"十三五"规划，国务院办公厅先后印发《国务院办公厅关于加快煤层气（煤矿瓦斯）抽采利用的若干意见》《国务院办公厅关于进一步加快煤层气（煤矿瓦斯）抽采利用的意见》，相关部门制定了瓦斯抽采利用税收优

---

① 参阅国家发展改革委、国家能源局发布的《煤层气（煤矿瓦斯）开发利用"十二五"规划》，2011年12月；国家能源局发布的《煤层气（煤矿瓦斯）开发利用"十三五"规划》，2016年11月。

② 《改革开放40年 煤矿安全生产工作取得历史性成就》，中国能源网，2018年12月17日，https://www.china5e.com/news/news-1047271-1.html，最后访问日期：2025年5月17日。

惠、瓦斯发电上网和民用补贴等扶持政策，煤层气（煤矿瓦斯）开采利用中央财政补贴标准也从 0.2 元/m³ 提高到 0.3 元/m³，等等，所有这些激励性制度安排都促使煤矿瓦斯治理工作取得显著成效。

二 环境目标及其实现

煤层气中的甲烷是主要的温室气体之一。根据 Franklin 等（2005）的研究，"全球温室效应中有 16% 是人类活动排放的甲烷引起的，其中，煤炭开采活动占甲烷排放的 8%"。而在中国，甲烷是仅次于二氧化碳的温室气体，占温室气体排放的 20%。其中，煤炭开采活动排放甲烷占全国总甲烷排放量的 20.70%，是继农业活动（包括动物肠道发酵、水稻种植、生物质能燃烧和其他农业）、废弃物处置之后的第三大排放源（申宝宏、陈贵锋，2013）（见图 3-1）。

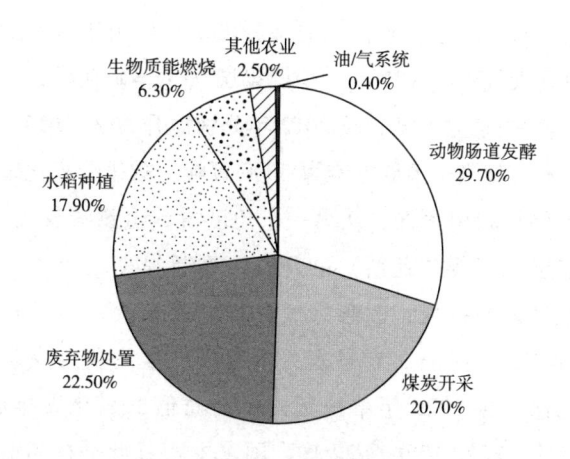

图 3-1 中国甲烷排放源构成

资料来源：申宝宏、陈贵锋（2013）。

图 3-1 显示，在中国甲烷排放源构成中，动物肠道发酵排放的甲烷占比为 29.70%，废弃物处置占比为 22.50%，煤炭开采占比为 20.70%，水稻种植占比为 17.90%，生物质能燃烧占比为 6.30%，其他农业占比为 2.50%，油/气系统占比为 0.40%。

总体而言，中国的煤层气开发，不仅极大地保障了煤矿生产安全，而且较好地促进了中国温室气体减排，改善了大气环境。

根据申宝宏和陈贵锋（2013）的研究，甲烷的释放源有3个："一是井工开采过程中的释放；二是露天开采过程中的释放；三是煤炭的洗选、储存、运输及燃烧前粉碎等过程中的释放。如果把煤层气直接排放到大气中，其温室效应约为二氧化碳的21倍，对生态环境破坏性极强。而每利用1亿立方米，则相当于减排二氧化碳150万吨。"

中国不仅是煤炭生产和消费大国，而且煤炭资源丰富，煤层大多含气量较高。根据《煤层气（煤矿瓦斯）开发利用"十一五"规划》提供的数据，据对全国105个煤矿区的调查，含气量$10m^3/t$以上的矿区43个，占41%；平均含气量$8\sim10m^3/t$的矿区29个，占28%；平均含气量$6\sim8m^3/t$的矿区19个，占18%；平均含气量$4\sim6m^3/t$的矿区14个，占13%。但中国煤层气产量、利用量和利用率都偏低。地面抽采的煤层气由于部分煤层气项目管道建设等配套工程滞后，下游市场不完善，所以不能全部利用。而煤矿瓦斯井下抽采项目规模小、浓度变化大、利用设施不健全，利用率只有30%多一点，绝大部分煤矿瓦斯由于技术的限制不能利用而直接排放到大气中。2017年，全国煤层气（煤矿瓦斯）抽采量178亿立方米、利用量93亿立方米，较2012年分别提升26%、61%，5年累计利用410亿立方米，相当于节约标准煤5000万吨，减排二氧化碳6.2亿吨。①

当然，煤层气利用率低，从另一个角度看，也意味着发展空间巨大。因此，加快煤层气（煤矿瓦斯）的开发，不断提高利用率，将会大大减少甲烷等温室气体的排放，改善大气环境。在低碳、环保和节能的大背景下，2009年12月18日，在丹麦哥本哈根气候变化会议领导人会议上中国政府曾承诺，到2020年单位国内生产总值二氧化碳排放比2005年下降40%~45%。2020年9月22日，国家主席习近平在第七十五届联合国大会一般性辩论上发表重要讲话时又明确提出，"中国将提高国家自主贡献力度，采取更加有力的政策和措施，二氧化碳排放力争于2030年前达到峰值，努力争取2060年前实现碳中和"（中华人民共和国国务院新闻办公室，2021）。煤炭领域作为中国发展低碳经济的重点领域，是实现温室气体减排目标的关键所在。

---

① 《改革开放40年 煤矿安全生产工作取得历史性成就》，中国能源网，2018年12月17日，https://www.china5e.com/news/news-1047271-1.html，最后访问日期：2025年5月17日。

自 1998 年中国把煤层气作为独立矿种并进行产业化发展以来，尽管与美国相比，煤层气产业化发展步伐不够快，但经过 20 多年的努力，仍然在开发利用煤层气、减排温室气体、改善大气环境方面取得了显著的成就。《煤层气（煤矿瓦斯）开发利用"十二五"规划》提供的数据表明，"'十一五'期间，累计利用煤层气（煤矿瓦斯）95 亿立方米，相当于节约标准煤 1150 万吨，减排二氧化碳 14250 万吨"。根据《煤层气（煤矿瓦斯）开发利用"十三五"规划》，"'十二五'期间，全国累计利用煤层气（煤矿瓦斯）340 亿立方米，相当于节约标准煤 4080 万吨，减排二氧化碳 5.1 亿吨"。同时，"十三五"规划还表明，如果规划目标顺利实现，中国将累计利用煤层气（煤矿瓦斯）至少 600 亿立方米，相当于节约标准煤约 7200 万吨，减排二氧化碳约 9 亿吨。另据杨鲲鹏和李翔（2021）的报道，"十三五"期间，"全国累计利用煤层气（煤矿瓦斯）529 亿立方米，相当于节约标准煤 6360 万吨，减排温室气体 6.5 亿吨二氧化碳当量"。

三 经济目标及其实现

牛冲槐和张永胜（2016）曾提出，应从市场化、专业化、规模化和经济效益 4 个方面来理解煤层气开发是否真正实现了产业化。这里的"市场化"是指"通过市场调配资源，通过市场运作提供产业的发展资金，将静态的煤层气资源变成市场所需要的燃料或化工原料"；"专业化"是指"在煤层气产业发展过程中，产业分工不断细化，逐步形成集勘探、开发、销售及加工利用于一体的产业系统"；"规模化"是取得良好经济效益的基础，煤层气生产的规模化是煤层气产业化的基础。在这 4 个方面，笔者认为，市场化、专业化和规模化是手段，最终目标都是经济效益。经济效益意味着须从企业的成本与收益、投入与产出入手，分析企业是否赢利，以及赢利多少。从煤层气产业发展的实际来看，目前中国已经初步拥有一批从事煤层气研究、勘探和开发的典型企业，[①]

[①] 目前国内从事煤层气勘探、开发的典型企业，主要包括：中石油、中石化、中海中联煤、晋煤集团、阳煤集团（2020 年 10 月 27 日已更名为华阳新材料科技集团有限公司）、潞安集团、兰花集团、榆神集团、淮南煤层气公司、辽宁阜新宏地勘新能源有限公司等。另有一家国内第一个具备实质影响力的省级专业煤层气开发公司——河南省煤层气开发利用有限公司，也是第一个拿下煤层气对外合作专营权的省级企业，成立于 2007 年，2019 年 7 月 16 日被河南省郑州市中级人民法院发布公告裁定受理其破产重整申请。

基本实现专业化，但尚未完全实现市场化和规模化，正因为如此，除极少数企业赢利外，绝大部分煤层气企业处于亏损状态，没有实现效益开采，经济目标很难达成。"煤层气企业普遍经济效益差，自我发展能力弱"，这是《煤层气（煤矿瓦斯）开发利用"十三五"规划》给出的结论。

（一）极少数煤层气企业实现赢利

通过对公开的新闻报道、期刊论文、学术著作、上市公司年报等进行整理，笔者发现目前以下煤层气企业总体实现了赢利，或者曾经实现过赢利，[①] 初步实现了煤层气开发的经济目标。

一是山西蓝焰控股股份有限公司。山西蓝焰控股股份有限公司简称"蓝焰控股"，股票代码为000968。山西晋城无烟煤矿业集团有限责任公司（简称"晋煤集团"）[②] 是其控股股东。蓝焰控股成立于1998年，经营范围包括煤层气开发，综合利用以及相关产品的生产、销售等。根据Wind数据库提供的数据，[③] 蓝焰控股目前所拥有的5家全资子公司[④]、5家控股子公司[⑤]和1家参股子公司[⑥]，主营业务围绕着煤矿瓦斯治理和煤层气开采、工程设计、运输等进行。蓝焰控股是我国目前唯一一家专门从事煤层气开发利用的A股上市公司。

根据蓝焰控股2021年公司年报，[⑦] 报告期内，[⑧] 公司取得煤层气探矿权5宗，目前共持有煤层气矿业权22宗，合计面积达到2680平方千

[①] 这些赢利企业中，只有属于上市公司的，才可以获得其准确的成本收益数据。其余的通过公开报道，相关数据难以获得，敬请读者谅解。另外，可能还有实现了赢利的煤层气企业被遗漏。

[②] 2010年5月20日，经国土资源部批准，晋煤集团获得成庄和寺河（东区）区块煤层气采矿许可证，成为首个从国土资源部获得采矿权的煤炭企业。此前，根据国土资源部有关规定，煤炭企业只有进行井下煤层气回收利用时，可以进行煤层气抽采，但不能进行煤层气的地面开采。

[③] 本部分蓝焰控股相关数据和信息，除非特别说明，均来自Wind数据库。

[④] 包括山西蓝焰煤层气集团有限责任公司、漾泉蓝焰煤层气有限责任公司、吕梁蓝焰煤层气有限责任公司、左权蓝焰煤层气有限责任公司和晋城市诚安物流有限公司。

[⑤] 包括山西蓝焰煤层气工程研究有限责任公司、山西西山蓝焰煤层气有限责任公司、山西美锦蓝焰煤层气有限责任公司、山西蓝焰煤层气综合利用有限责任公司和山西华焰煤层气有限公司。

[⑥] 山西沁盛煤层气作业有限责任公司。

[⑦] 数据来源于同花顺财经。

[⑧] 2021年1月1日至2021年12月31日。

米。公司所拥有的煤层气开发区块主要位于沁水盆地和鄂尔多斯盆地东缘，是国家规划煤层气产业发展的重点地区。

2002~2021 年的 20 年中，蓝焰控股营业总收入在不同年份按行业分，主要来自石油和天然气开采（2016~2021 年）（见表 3-1）、市政工程与建筑业（2016~2021 年）、专业技术服务业（2017~2019 年）、交通运输业（2016~2017 年）、工业收入（2012~2015 年）、煤炭（2002~2011 年）、化工行业（2006~2011 年）、炼焦业（2004~2005 年）、城市公用（2002~2011 年）、其他（2003~2021 年）。[①]

表 3-1 蓝焰控股 2016~2021 年营业总收入及主要收入来源

单位：万元，%

年份	营业总收入	其中：石油和天然气开采业总收入（按行业）	占营业总收入比重
2016	125095.562	102932.313	82.28
2017	190371.949	112107.474	58.89
2018	233333.956	118168.201	50.64
2019	188694.195	133594.458	70.80
2020	144098.810	141531.407	98.21
2021	197763.234	195298.679	98.75

资料来源：Wind 数据库。

根据蓝焰控股 2016~2021 年公司年报，2016 年公司煤层气产量 14.3 亿立方米，利用量 10.4 亿立方米，分别占全国总量的 31.6% 和 26.8%。公司全年营业收入 12.5 亿元，净利润 3.8 亿元。2017 年公司煤层气产量 14.33 亿立方米，利用量 10.90 亿立方米，分别占全国总量的 28.90% 和 24.80%。公司全年营业收入 19.04 亿元，归属于上市公司股东的净利润 4.89 亿元。2018 年，公司煤层气产量 14.64 亿立方米，利用量 11.50 亿立方米，分别占全国的 27.05% 和 23.47%。公司全年营业收入 23.33 亿元，同比增长 22.57%；归属于上市公司股东的净利润 6.79 亿元，同比增长 38.66%。2019 年，公司煤层气产量 14.82 亿立方米，利用量 11.38

---

① Wind 数据库提供的相关数据不连续。

亿立方米，分别占全国的 25.05% 和 21.05%。2019 年公司煤层气销售量 7.81 亿立方米，同比增长 13.7%；归属于上市公司股东的净利润 5.57 亿元，同比下降 17.86%。2020 年的公司年报显示，受市场需求不振、瓦斯治理服务业务中止、气井建造业务需求下降和煤层气财政补贴政策发生变化等多重因素影响，公司经营业绩较上年同期出现较大幅度下滑，营业收入 14.41 亿元，同比下降 23.63%，归属于上市公司股东的净利润 1.25 亿元，同比下降 77.60%。2021 年的公司年报显示，2021 年全年实现营业收入 19.78 亿元，同比增长 37.27%；实现归属于上市公司股东的净利润 3.05 亿元，同比增长 144%。①

Wind 数据库提供了蓝焰控股 2016~2021 年更为全面和详细的营业总收入及其增长率、归属母公司股东的净利润及其增长率数据（见表 3-2）。

表 3-2　2016~2021 年蓝焰控股营业总收入、归属母公司股东的净利润及其增长率

单位：万元，%

年份	营业总收入	同比增长	归属母公司股东的净利润	同比增长
2016	125095.562	-18.40	38445.720	45.50
2017	190371.949	52.18	48940.457	27.30
2018	233333.956	22.57	67858.908	38.66
2019	188694.195	-19.13	55741.024	-17.86
2020	144098.810	-23.63	12487.215	-77.60
2021	197763.234	37.24	30514.151	144.36

资料来源：Wind 数据库。

另外，从蓝焰控股 2002~2021 年的净利润来看，20 年间，除 2012 年、2014 年、2015 年为负以外，其余 17 年净利润都为正（见图 3-2）。

二是亚美能源控股有限公司（2023 年 7 月 12 日已摘牌退市）。② 亚美能源控股有限公司简称"亚美能源"，股票代码为 2686。根据 Wind 数据库的信息，亚美能源成立于 2014 年，主要在中国从事煤层气的勘探、

① 2020 年和 2021 年的年报都没有提及公司的煤层气产量和利用量及其占比。
② 本部分有关亚美能源控股有限公司的数据和信息，除非特别说明，均来自 Wind 数据库。

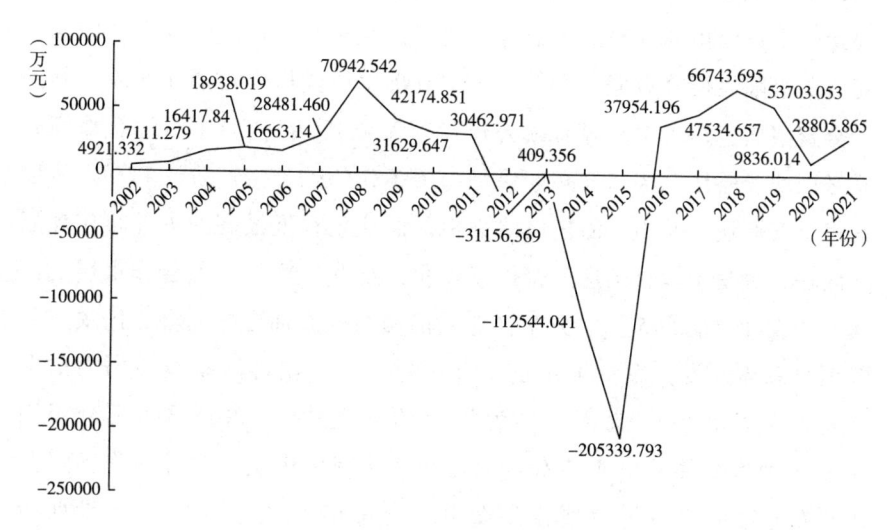

图 3-2　2002~2021 年蓝焰控股的净利润

开发及生产活动。公司与我国政府授权与外国公司合伙勘探、开发及生产的中联公司（现为中海油的子公司）及中石油（通过其母公司中国石油集团）订立产品分成合同。根据该产品分成合同，亚美能源成为潘庄及马必区块的营运商，获得勘探、开发及生产区块内的煤层气的授权。亚美能源分别持有潘庄产品分成合同及马必产品分成合同 80%及 70%的参与权益。2018 年 8 月，新疆鑫泰天然气股份有限公司（简称"新天然气"，股票代码为 603393）通过部分要约的方式成功并购亚美能源控股有限公司，并获得其控制权（约占亚美能源已发行股本的 40.9%）。

亚美能源[①]是一家在中国煤层气勘探开发领域处于领先地位的国际能源公司，也是中国首家成功采用多分支水平井钻探技术的煤层气商业开发商和首批在中国采用多层压裂缓冲丛式井技术的煤层气开发商。

[①] 其前身 CBM 能源集团（CBM Energy Associates, L.C.）1994 年就开始在中国从事勘探及开发煤层气资源活动，是进军中国煤层气项目的首批外国公司之一。1994~1998 年，该公司通过分别与山西能源产业集团有限责任公司及辽宁阜新能源开发有限公司成立合营企业而参与勘探开发山西省河东盆地的林兴区块及辽宁省阜新盆地的煤层气资源。详细内容可参阅《亚美能源控股有限公司 2015 年招股说明书》。

2015年6月23日，该公司成功在香港联合交易所有限公司主板上市，主要运营资产为山西南部沁水盆地的潘庄区块和马必区块。其全资附属公司亚美大陆煤层气有限公司①目前与中联公司合作经营潘庄区块；其间接全资附属公司美中能源有限公司（萨摩亚）②目前与中石油合作经营马必区块。潘庄区块和马必区块是中国领先的处于生产阶段和开发阶段的煤层气区块。其中，潘庄区块为中国商业化程度最高的中外合作煤层气区块，也是中国首个进入全面商业化开发和生产的中外合作煤层气区块，年设计产能为5亿立方米。亚美能源与中石油合作的马必区块煤层气项目总体开发方案一期也已于2013年11月获得国家能源局的前期批复，一期商业开发设计产能为每年10亿立方米。2018年9月获得国家发展改革委关于山西沁水盆地马必区块南区煤层气对外合作项目总体开发方案的批复。该项目建设规模为每年10亿立方米，建设期为4年。

根据亚美能源2015~2017年年度报告，③ 2015年，煤层气总产量为5.04亿立方米，其中，潘庄区块项目总产量为4.88亿立方米，马必区块项目总产量为0.16亿立方米；2016年，煤层气总产量为5.41亿立方米，其中，潘庄区块项目总产量为5.06亿立方米，马必区块项目总产量为0.35亿立方米；2017年煤层气总产量为6.30亿立方米，其中潘庄区块项目总产量为5.72亿立方米，马必区块项目总产量为0.58亿立方米（见表3-3）。

表3-3 2015~2017年亚美能源煤层气总产量、增长率及总产量利用率情况

单位：亿立方米，%

年份	煤层气总产量	增长率	总产量利用率
2015	5.04 其中： 潘庄区块：4.88 马必区块：0.16	34	98

---

① 2004年7月16日根据英属维尔京群岛法律注册成立及存续的公司。
② 2005年3月14日根据萨摩亚法律注册成立及存续的公司。
③ 2018年被新疆鑫泰天然气股份有限公司控股后，相关数据要从控股公司年报获取。

续表

年份	煤层气总产量	增长率	总产量利用率
2016	5.41 其中： 潘庄区块：5.06 马必区块：0.35	7	98
2017	6.30 其中： 潘庄区块：5.72 马必区块：0.58	17	98

资料来源：根据亚美能源 2015～2017 年年度报告整理。

表 3-3 显示，2015 年煤层气总产量比 2014 年增长 34%，2016 年比 2015 年增长 7%，2017 年比 2016 年增长 17%。报告期间的三年总产量利用率稳定在 98%。2015～2017 年的销售收入分别为 5.367 亿元、4.113 亿元和 5.416 亿元。如果加上其他收入（政府补贴及增值税退税），则分别为 6.644 亿元、5.606 亿元和 7.355 亿元。2015～2017 年每年经营开支总额分别为 4.343 亿元、3.625 亿元和 4.133 亿元。经调整后归属于公司所有者的年度利润分别为 2.437 亿元、1.066 亿元和 1.832 亿元。

2018 年，亚美能源被新疆鑫泰天然气股份有限公司并购控股。从控股公司 2018～2021 年年报[①]提供的信息看，"2018 年，亚美能源全年实现煤层气开采量 8.02 亿立方米，煤层气销售量 7.81 亿立方米；2019 年全年实现煤层气开采量 9.31 亿立方米，较 2018 年总产量 8.02 亿立方米增长了 16.07%。煤层气销售量 9.13 亿立方米，较 2018 年总销量 7.81 亿立方米增长了 16.87%。" 2020 年年报没有报告煤层气开采量和销售量，但从其报告的煤层气开采和销售收入来看，毛利率比 2019 年下降了 10.45 个百分点，应该是新冠疫情影响所致。2021 年年报显示，"亚美能源煤层气开采量为 12.98 亿立方米。其中，潘庄区块 11.75 亿立方米，同比增长 21.46%；截至 2021 年底，潘庄区块共有在产生产井 504 口，平均日产气量达 322 万立方米，较 2020 年平均日产气量 264 万立方米增长 21.97%。截至 2021 年底，马必区块共有在产生产井 327 口，总产量为

---

① 数据来源于同花顺财经。

1.23亿立方米，平均日产气量34万立方米，较2020年平均日产气量18.27万立方米增长86.10%。报告期内，公司煤层气销售为12.5亿立方米"。

从Wind数据库提供的亚美能源利润表看，2017~2021年，无论是营业总收入还是营业利润和净利润，都实现了正增长。其中，营业总收入从2017年的5.41598亿元上升到2021年的17.57248亿元；营业利润从2017年的1.28209亿元上升到2021年的9.06081亿元；净利润从2017年的1.83198亿元上升到2021年的8.15679亿元（见表3-4）。

表3-4 2017~2021年亚美能源利润（摘选）

单位：万元

年份	营业总收入	营业总支出	营业利润	净利润
2017	54159.8	41338.9	12820.9	18319.8
2018	97904.2	65461.6	32442.6	41293.7
2019	116206.8	60696.5	55510.3	70736.8
2020	104061.9	54975.0	49086.1	51029.6
2021	175724.8	85116.7	90608.1	81567.9

注：收入不包括政府补贴及增值税退税。
资料来源：Wind数据库。

除了上述两家煤层气企业以外，中国石油大学（北京）煤层气研究中心主任张遂安（2016）曾在《中国能源报》上撰文说："2015年，中联公司、中石油煤层气公司、蓝焰煤层气公司等几家煤层气公司都是其集团公司几个赢利单位之一。"不过，除蓝焰控股和亚美能源可从其年度报告中获得准确数据外，中联公司和中石油煤层气公司都无法找到与煤层气相关的公开、完整及准确的信息。笔者查找了中国石油天然气股份有限公司最近几年的年度报告，只在"董事长报告"的"业务前景展望"或"业务回顾"中提及要推进煤层气、页岩气等非常规油气业务，努力增产增效，但在历年财务报表中都查不到有关煤层气的成本收益数据。在中国石油天然气集团有限公司官方网站提供的2013~2022年年度报告[①]中，笔者找到了相应年度的煤层气产量（见表3-5），其他数据则

---

① 中国石油天然气集团有限公司官方网站，http://www.cnpc.com.cn/cnpc/ndbg/gywm_list.shtml。

都不能获得。因此，本书无法为读者提供中联公司和中石油煤层气公司的赢利状况。

表 3-5　2013~2022 年中国石油天然气集团有限公司煤层气产量及增长率

单位：亿立方米，%

年份	煤层气产量	增长率
2013	8.7	—
2014	13.7	57.5
2015	17.6	28.5
2016	16.8	-4.5
2017	17.9	6.5
2018	19.3	7.8
2019	未报告	—
2020	未报告	—
2021	23.2	—
2022	30.1	29.7

资料来源：笔者根据中国石油天然气集团有限公司官方网站集团公司历年年报整理所得。

另外，根据媒体、辽宁阜新市政府官方网站以及自然资源部官方网站的相关报道，[1]成立于 2002 年 10 月的辽宁阜新宏地勘新能源有限公司（简称"宏地勘公司"），是国土资源部煤层气试点单位以及国内第一家商业开发煤层气的公司，也是业内首家实现赢利的企业。但因为宏地勘公司规模较小，不是上市公司，无法获得该公司详细和准确的相关财务数据。

（二）绝大部分煤层气企业处于亏损状态

尽管极少数企业赢利，从全行业来看，绝大部分煤层气企业却处于亏损状态。华北油田山西煤层气分公司财务主任张涛在接受记者采访时说："就沁水盆地 15 亿立方米产能来看，整体来说由于存在技术瓶颈和产量低、提产慢因素，目前煤层气前期处于亏损状态。"（渠沛然，

---

[1]　《辽宁阜新：点燃煤层气复兴梦》，自然资源部网，2016 年 10 月 25 日，https://www.mnr.gov.cn/dt/kc/201610/t20161025_2321426.html，最后访问日期：2025 年 5 月 17 日。

2013）孙茂远在 2013 年接受记者采访时也提到，"按照现在的补贴情况，一口井必须在 800 立方米以上才能达到效益平衡点，总体看全行业是亏损的"（张娜，2013）。2014 年，山西蓝焰煤层气集团有限责任公司总经理田永东也认为煤层气企业因"价格倒挂"正面临"尴尬"，即每立方米煤层气的抽采成本大约在 2 元钱，但售价仅为 1.6~1.7 元，财政补贴仅为每立方米 0.2 元，企业亏损严重。雷怀玉等（2015）认为，由于中国煤层气开发起步晚，生产和管理经验不足，"目前国内煤层气开发企业绝大多数还处于亏损状态"。门相勇等人（2017）也表示，"受低油价等因素影响，多数企业效益不佳。国际低油价影响了煤层气的价格，气价降低 0.5 元/m^3 左右"。随着生产资料、人工等费用增长，这些因素削弱或冲抵了煤层气税费减免、财政补贴增加等政策的扶持效果。煤层气开采单井产量低、生产周期长，不利于企业回收成本。2018 年，门相勇在另一个研究中再次表达了"煤层气企业效益总体较差，企业信心不足，投资积极性不高"的观点（门相勇，2018）。

记者赵晓飞（2017）收集到一组数据，"2011 年，全国煤层气钻井数为 3145 口，其中央企打井 2075 口，占比 66%；2016 年全国钻井 590 口，其中央企打井 139 口，占比仅为 23%"。由此，我们可以看出，6 年间全国煤层气钻井数由 3000 余口大幅跌至不到 600 口，而央企参与度也由 2011 年的 66%一路暴跌至 2016 年的 23%，降幅高达 43 个百分点。这组数据充分体现了煤层气产业"叫好不叫座"的窘境。

事实上，自 2013 年以来，由于受到国际经济下行压力、煤炭和石油价格低迷、页岩气"热潮"，以及国家政策、成本效益、气价下跌等因素影响，中国煤层气开发已经成为亏本买卖。因此，主要煤层气开发企业从经营效益方面考虑，大幅削减了煤层气投资，勘探投资和工程量急剧萎缩，煤层气开发速度严重放缓，煤层气投资遇"冷"，煤层气产能建设远未达到五年规划目标。

四 能源目标及其实现

本书论及开发利用煤层气对中国的重要战略意义时谈道，煤层气之所以为人们关注是因为 20 世纪 70 年代的石油危机以及不可再生能源的锐减。自然界油气资源的日益枯竭和能源供应日益紧张，引发人们对可替代能源的强烈需求。在此背景下，优质清洁的煤层气成为常规天然气最现实、最可靠的补充和接替资源。美国国家环境保护局（U.S. Environmental Protection Agency，2011）就把增加能源（energy）供应作为开发利用煤层气可以满足的四个方面的好处之一。①

煤层气（煤矿瓦斯）开发利用"十一五"规划、"十二五"规划和"十三五"规划，以及2015年制定的《煤层气勘探开发行动计划》都强调加快煤层气产业发展，增加清洁能源供应。《能源发展战略行动计划（2014—2020年）》也把发展清洁低碳能源作为调整能源结构的主攻方向，并且强调"坚持立足国内，将国内供应作为保障能源安全的主渠道，牢牢掌握能源安全主动权。发挥国内资源、技术、装备和人才优势，加强国内能源资源勘探开发，完善能源替代和储备应急体系，着力增强能源供应能力"。该行动计划在谈及大力增强能源自主保障能力时强调要"大力发展天然气""重点突破页岩气和煤层气开发，并要求以沁水盆地、鄂尔多斯盆地东缘为重点，加大支持力度，加快煤层气勘探开采步伐。到2020年，煤层气产量力争达到300亿立方米"。

由此可见，增加能源供应是中国煤层气开发利用的重要目标之一。那么，中国煤层气开发究竟在多大程度上实现了增加能源供应的目标？笔者收集整理了2007~2020年全国天然气和煤层气产量，并对煤层气占全国天然气产量比例进行了计算，具体情况如表3-6所示。

表3-6 2007~2020年全国天然气和煤层气产量及占比

单位：亿立方米，%

年份	全国天然气产量	煤层气产量（地面开发）	煤层气占全国天然气产量比例
2007	692	3.20	0.46
2008	803	5.00	0.62
2009	853	10.17	1.19
2010	948	15.67	1.65
2011	1025	20.71	2.02
2012	1115	25.73	2.31

---

① 另外三个是获得经济利益、保护环境以及提高煤矿安全性（U.S. Environmental Protection Agency，2011）。

续表

年份	全国天然气产量	煤层气产量（地面开发）	煤层气占全国天然气产量比例
2013	1218	29.27	2.40
2014	1312	36.91	2.81
2015	1357	44.00	3.24
2016	1379	45.00	3.26
2017	1492	49.54	3.32
2018	1614	51.50	3.19
2019	1767	54.63	3.09
2020	1940	67.00	3.45

注：2021~2023年地面开发煤层气产量未能找到公开数据。

资料来源：天然气产量根据2012年6月和2021年6月发布的《BP世界能源统计年鉴》整理计算而得；煤层气产量根据自然资源部油气战略研究中心发布的《2007~2014年中国煤层气产量表》，自然资源部发布的《全国石油天然气资源勘查开采情况通报》（2018年、2019年）；国家能源局发布的《中国天然气发展报告（2021）》《中国天然气发展报告（2022）》[①]；孙茂远（2018）；国家能源局发布的《煤层气（煤矿瓦斯）开发利用"十三五"规划》整理计算而得。

从表3-6可知，2007~2020年，中国煤层气产量（地面开发）占全国天然气产量比例从2007年的0.46%逐步增加到2020年的3.45%。另据国家能源局网2022年5月发布的信息，"全国累计施工各类煤层气井2万余口。今年一季度，全国煤层气产量达到23亿立方米，同比增长约20.8%，约占天然气国内供应量的4.1%"[②]。反观美国，在能源替代方面，1983~1993年，美国煤层气产量就达到了天然气年产量的5%。目前，其煤层气产量占天然气产量的比例稳定保持在接近10%。另一个煤层气商业化发展比较成功的国家——澳大利亚，20世纪90年代前期，它的煤层气产量还几乎为零，经过十几年的开发，2008年的煤层气产量猛增至40亿立方米；2010年，该国煤层气产量创历史新高，增长近40%。现在，煤层气已成为澳大利亚天然气供应多元化的重要组成部分，

[①] 国家能源局发布的《中国天然气发展报告（2022）》未提及煤层气产量及其占比。

[②]《煤层气开发利用规模快速增长 累计施工煤层气井2万余口》，国家能源局网，2022年5月7日，http://www.nea.gov.cn/2022-05/07/c_1310587395.htm，最后访问日期：2025年5月17日。

已占到澳大利亚境内天然气供应量的13%以上（张彦钰，2013）。澳大利亚已经取代美国成为世界第一大煤层气生产国，煤层气年产量约420亿立方米（孙茂远，2019）。

可见，从煤层气产量占全国天然气产量比例来看，中国煤层气开发的能源目标并没有得到很好实现，没能产生较好地增加能源供应的效果。

第三节　煤层气产业化发展总体目标实现情况

根据第一节的分析，中国煤层气开发的总体目标是要建成煤层气产业，实现煤层气的规模化产业化发展。那么怎样才算建成煤层气产业，实现煤层气的规模化产业化发展？牛冲槐和张永胜（2016）从理论上做了一个界定，认为"煤层气产业化"指的是煤层气的生产、销售和利用达到一定规模及与煤层气相关产品的生产、销售和利用在整个国民经济中占一定比例。孙茂远根据美国煤层气发展经验给出了一个具体判断标准，认为"如果中国煤层气的地面开采可以达到100亿立方米以上，再加上井下开采的150亿~200亿立方米，一共达到250亿~300亿立方米，才能初步形成煤层气产业。如果达到500亿~600亿立方米，就是建成煤层气产业"（张娜，2013）。根据这个标准，结合我国过去30余年的产业发展实际，本节对煤层气开发总体目标实现情况进行分析。

一　中国煤层气产业发展历程

关于煤层气产业发展历程，不同学者有不同的划分方法。宋岩等（2005）把我国煤层气产业发展分为"矿井瓦斯抽放发展阶段（1952~1989年）、现代煤层气技术引进阶段（1989~1995年）和煤层气产业逐渐形成发展阶段（1996年至今）"；牛冲槐和张永胜（2016）以煤层气产业发展过程中的标志性事件为依据进行了更为细致的划分，包括"矿井瓦斯抽放发展（1952~1987年），资源评价、技术探索、煤层气技术引进消化（1987~1993年），优选有利目标、技术储备和勘探选区（1994~2000年），煤层气勘探开发试验、步入正轨（2001~2005年）和煤层气产业形成发展及商业化初具规模（2006年至今）"五个阶段；穆福元等（2017）则把它简洁地划分为"探索期（1987~2000年）、突破期（2001~2009年）、快速发展初期（2010年至今）"；曹霞等（2022）在穆福元等（2017）的基础上，把我国煤层气产业发展划分为"探索起步期（1987~2000年）、摸索进展期（2001~2009年）、快速成长期（2010~2015年）和稳步发展期（2016年至今）"。

  上述研究成果划分的煤层气不同发展阶段，时间上或有交叉重叠，学术界也无一致认可的划分标准。本书借用曹霞等（2022）的划分方法，因为该方法的后三个阶段分别涵盖了我国煤层气（煤矿瓦斯）开发利用的"十一五"规划（2006~2010年）、"十二五"规划（2011~2015年）、"十三五"规划（2016~2020年）三个时期，跟我国煤层气产业发展实际比较契合。

（一）探索起步期（1987~2000年）

  探索起步期主要是勘探开发过程中的找气和试验阶段。主要以1987年石油、地矿、煤炭系统在全国30多个煤层气目标区开展前期研究和技术探索并在沁水盆地南部、鄂尔多斯盆地东堤、辽宁阜新、安徽淮南等地取得突破为标志。同时启动煤层气开发试验，通过引进国外煤层气专用测试设备和应用软件，先后在河北开滦、山西柳林、河北大城、山西潘庄、辽宁铁法、沈北、阜新等地进行煤层气地面开发先期试验，为我国煤层气资源评价、储层测试、开采技术的进步等提供支撑。国务院于1996年5月批准成立了首家全国性煤层气专业公司——中联煤层气有限责任公司。

（二）摸索进展期（2001~2010年）

  摸索进展期内，2002年的国家"973"计划设立了"中国煤层气成藏机制及经济开采基础研究"项目，从基础及应用基础理论层面对制约我国煤层气发展的关键科学问题进行系统研究，并将成果应用于煤层气的勘探开发。一方面拓展勘探选区，并聚焦重点区域（鹤岗、阜新、沁水盆地、鄂尔多斯盆地东缘、淮北等）以推进精准勘探，提供更为精确的勘探资料；另一方面在山西沁水、柳林，陕西韩城，辽宁阜新、铁法等地积极开展煤层气开发试验以获得工业气流和单产井量突破。2006年，中石油成立华北油田煤层气分公司，实施沁水盆地煤层气开发工作；

2008年，中石油成立煤层气公司，全面推进煤层气勘探开发工作。根据《煤层气（煤矿瓦斯）开发利用"十一五"规划》提供的数据，截至2005年底，全国共施工先导性试验井组8个，各类煤层气井615口，其中多分支水平井7口。不过，这一时期的前两年勘探开发效果不佳。但"十一五"规划期国家启动了沁水盆地和鄂尔多斯盆地东缘两个产业化基地建设，实施了煤层气开发利用高技术产业化示范工程，因而在2003年实现了煤层气产量零的突破。2005年，地面煤层气抽采还不足1亿立方米，但2008年煤层气产量达到4.4亿立方米，2009年突破10亿立方米（穆福元等，2017）。

（三）快速成长期（2011~2015年）

快速成长期恰好覆盖了我国煤层气（煤矿瓦斯）开发利用"十二五"规划期（2011~2015年）。根据《煤层气（煤矿瓦斯）开发利用"十三五"规划》提供的数据，2011~2015年，"全国新钻煤层气井11300余口，新增煤层气探明地质储量3504亿立方米，分别比'十一五'增长109.3%、77.0%；2015年，煤层气产量44亿立方米、利用量38亿立方米，分别比2010年增长193.3%、216.7%，年均分别增长24.0%、25.9%；2015年煤层气利用率86.4%，比2010年提高了6.4个百分点"。煤矿瓦斯抽采利用量在2011~2015年也大幅度上升，"2015年，煤矿瓦斯抽采量136亿立方米、利用量48亿立方米，分别比2010年增长78.9%、100%，年均分别增长12.3%、14.9%；煤矿瓦斯利用率35.3%，比2010年提高了3.7个百分点"。另外，我国在"十二五"期间，初步形成了沁水盆地和鄂尔多斯盆地东缘两个煤层气产业化基地，潘庄、樊庄、潘河、保德、韩城等重点开发项目也建成投产，四川、新疆、贵州等省（区）煤层气勘探开发取得了突破性进展。

（四）稳步发展期（2016年至今）

稳步发展期涵盖了我国煤层气（煤矿瓦斯）开发利用"十三五"规划期。笔者从自然资源部官方网站历年公开发布的《全国石油天然气资源勘查开采情况通报》获得了2016~2018年的全国煤层气勘探投入数据（见表3-7）。

表 3-7　2016~2018 年全国煤层气勘探投入情况

类别	2016 年	2017 年	2018 年
全国煤层气勘探投入（亿元）	15.91	24.19	39.25
共钻探井（口）	87	123	152
开发井（口）	97	506	779

注：自然资源部网发布的 2019 年和 2020 年的《全国石油天然气资源勘查开采情况通报》不再单独提供全国煤层气勘探投入金额，而是包含在全国石油天然气勘探投入金额当中，故具体数据不可得。2021 年和 2022 年《全国石油天然气资源勘查开采情况通报》无法打开，故 2021 年和 2022 年数据缺失。

资料来源：自然资源部发布的历年《全国石油天然气资源勘查开采情况通报》。

同时，根据国家能源局发布的《煤层气（煤矿瓦斯）开发利用"十三五"规划》、2016~2020 年《全国石油天然气资源勘查开采情况通报》、2017~2020 年中国煤炭工业协会发布的《煤炭行业发展年度报告》以及自然资源部油气资源战略研究中心官方网站公开数据，笔者整理了 2015~2020 年全国煤层气开发利用情况（见表 3-8）。

表 3-8　2015~2020 年全国煤层气开发利用情况

单位：亿立方米，%

类别		2015 年	2016 年	2017 年	2018 年	2019 年	2020 年
地面煤层气	抽采量	44.0	45.0	47.0	51.5	54.6	57.7
	利用量	38.0	42.0	43.0	47.1	50.0	53.0
	利用率	86.4	93.3	91.5	91.5	91.6	91.9
井下瓦斯	抽采量	136.0	128.0	128.0	129.8	132.7	128.0
	利用量	48.0	48.0	48.9	53.1	56.3	57.4
	利用率	35.3	37.5	38.2	40.9	42.4	44.8

资料来源：根据《煤层气（煤矿瓦斯）开发利用"十三五"规划》、2016~2020 年《全国石油天然气资源勘查开采情况通报》、2017~2020 年《煤炭行业发展年度报告》以及自然资源部油气资源战略研究中心官方网站公开数据整理制作。

从煤层气勘探投入、煤层气抽采量和利用量的数据变化来看，自 2016 年至今，尽管速度较慢，我国煤层气产业基本处于稳步发展之中。

二　徘徊不前的煤层气产业化发展

从前述煤层气产业发展历程可知，我国煤层气勘探开发已经取得重大进展，并为产业加快发展奠定了较好基础。事实上，经过努力，我国已拥有了一批从事煤层气研究、勘探和开发的科研机构及典型企业，煤层气产业发展所需的基础设施网络基本成型，储备及应急调峰体系也已经初步建立。但遗憾的是，"我国 2000 米以浅煤层气资源总量超过 30 万亿立方米，可采资源量超过 10 万亿立方米；如此大规模的资源总量在经过了煤炭部、地矿部、石油总公司以及各级地方企业长达 30 年的努力，到 2020 年仅形成了 50 亿立方米的地面开发商业产量"（杨陆武等，2021）。从煤层气勘探开发利用的具体情况来看，2006~2020 年的煤层气三个五年规划的目标全部未能如期完成，煤层气的生产和利用未能达到初步形成煤层气产业的规模，故煤层气产业化发展的总体目标已然落空。

（一）初步拥有了一批从事煤层气研究、勘探和开发的科研机构及典型企业

自 20 世纪 90 年代末至今，中国初步拥有了一批从事煤层气研究、勘探和开发的科研机构及典型企业。

1. 煤层气科研机构及科研项目

在科研机构方面，既包括设立在各大高等院校〔中国地质大学（北京、武汉）、中国矿业大学（徐州、北京）等〕的实验室和科研院所，也包括中国石油天然气集团公司和中国石化集团公司旗下的石油勘探开发研究院，煤炭系统的煤炭科学技术研究院有限公司和煤炭科学研究总院西安、重庆分院，还包括自然资源部油气资源战略研究中心，以及经山西省科技厅批准成立的山西蓝焰煤层气集团有限责任公司（晋煤集团子公司）的"煤与煤层气共采全国重点实验室"等地方性煤层气科研机构。

在科研项目方面，政府通过实施国家科技重大专项、科技支撑计划、"973"计划、"863"计划，支持煤层气基础研究、资源调查和技术攻关。20 世纪 90 年代以来，在国家高技术研究发展计划（"863"计划）、国家重点基础研究发展计划（"973"计划）、国家科技重大专项"大型油气田及煤层气开发"等支持下，中国煤层气钻井技术与装备得到长足发展，形成了沁水盆地南部的深煤层勘探开发技术体系和贵州的多煤层勘探开发技术体系，打造了数个国家级煤层气开发利用示范工程。

根据《煤层气（煤矿瓦斯）开发利用"十三五"规划》提供的数据，"十二五"期间，关于煤层气（煤矿瓦斯）开发利用，中国实施了

"'大型油气田及煤层气开发'国家科技重大专项,开展了煤层气领域的10个研究项目和6个示范工程建设,取得了一批重要科技成果,攻克了高煤阶煤层气开发等4项关键技术,研发了采动区抽采钻机等5套重大装备,形成了三种典型地质条件下煤层气开发模式。开展了煤炭行业低碳技术创新及产业化示范工程建设,低浓度瓦斯提纯、乏风瓦斯氧化等技术初步取得突破。组建了煤与煤层气共采国家重点实验室,山西、贵州、云南等省也相应建立煤层气(煤矿瓦斯)工程技术研究机构;成立了国家能源煤层气开发利用、瓦斯治理利用标准化技术委员会,组建了国际标准化组织煤层气技术委员会,发布了30余项重要标准规范,初步形成了煤层气(煤矿瓦斯)标准体系框架"。

2. 煤层气勘探开发代表性企业

煤层气勘探开发代表性企业主要包括中石油、中石化、中海中联煤、晋煤集团、阳煤集团、潞煤集团、兰花集团、榆神集团、淮南煤层气公司、辽宁阜新宏地勘新能源有限公司等。其中,目前我国已探明煤层气地质储量主要集中在中石油、中海中联煤和中石化这三家公司手中,三者占全国的91%(见表3-9)。

表3-9 代表性企业煤层气探明地质储量、探明地质储量占比及技术可采量

企业名称	探明地质储量 ($\times 10^8$ 立方米)	探明地质储量 占比(%)	技术可采量 ($\times 10^8$ 立方米)
中石油	3851	61	1925
中石化	208	3	105
中海中联煤	1725	27	907
其他	561	9	256
合计	6345	100	3193

资料来源:门相勇等(2018)。

从表3-9可以看出,中石油探明地质储量高达3851×10^8立方米,探明地质储量在全国所占的比例高达61%。中海中联煤位居第二,为1725×10^8立方米,探明地质储量在全国所占的比例为27%。中石化为208×10^8立方米,探明地质储量在全国所占的比例为3%。其他为561×10^8立方米,探明地质储量在全国所占的比例为9%。

在中国从事煤层气勘探、开发和生产或从事煤层气技术开发、技术

咨询、技术支持、技术培训、转让自有技术等的外资企业则有龙门（北京）煤层气技术开发有限公司、亚美能源控股有限公司、中澳煤层气能源有限公司、奥瑞安能源国际有限公司、富地石油公司、格瑞克贵胄勘探开发有限公司、美国亚太石油公司、瑞弗莱克油气有限责任公司、中海沃邦能源投资有限公司等。

外资企业早期在我国煤层气勘探开发过程中非常活跃。据孙茂远（2014）介绍，"截止到2009年底，中联公司共与20家外国公司签订30个煤层气产品分成合同，同期执行的22个，合同区面积约3.9万平方公里，约占全国登记煤层气勘探区块总面积65%。在上述合同区，截止到2008年底共完成钻井471口，包括26口水平井，16个项目的联合地质研究，15个先导性开发试验井组，2个合同区取得煤层气采矿证，累计产气量1.49亿立方米，累计总投资超过5亿美元"。

初期进入中国煤层气领域的外资企业，大多来自世界上煤层气开发技术最先进的美国、加拿大和澳大利亚，它们把先进的煤层气开采技术带到中国的同时也帮助培养了中国的煤层气专业人员，不过，这些国外先进的煤层气勘探开发技术在中国的应用效果并不好，所以，初期与中国合作开发煤层气的世界著名油气公司大多已经先后转让或撤出。与自营开发相比，对外合作已从2005年以前的举足轻重地位，逐步退居次要位置。

（二）天然气基础设施网络基本成型，储备及应急调峰体系初步建立

天然气管网是煤层气产业化发展必备的重要基础设施，是煤层气上下游衔接协调发展的关键环节。中国天然气管道建设发展总体上起步较晚。1961年中国建成的四川巴县石油沟至重庆化工厂的供气管道，是新中国第一条长距离天然气管道（罗佐县，2009a）。1997年，长输天然气管道"陕京一线"建成投产。2004年西气东输管道建成投产以来，平均每年新增天然气长输管道里程为4000千米以上。《煤层气（煤矿瓦斯）开发利用"十一五"规划》特别指出，"西气东输管线经过新疆塔北煤田、淮南煤田、鄂尔多斯盆地、沁水盆地、豫西煤田和两淮矿区等6个主要煤层气富集区。在山西八角、河南郑州、安徽两淮留有分输口。陕京管线则从北部经山西河东煤田、沁水盆地北侧，在柳林留有分输口。西气东输管线和陕京管线为开发利用煤层气富集区资源提供了良好的输

送条件"。

根据国家能源局2016年11月24日发布的《煤层气（煤矿瓦斯）开发利用"十三五"规划》，"十二五"期间，煤层气输气管道建设取得重大进展，建成了沁水-侯马、临县-临汾、韩城-渭南-西安、博爱-郑州等煤层气干线输气管道，全国煤层气输配管线达到4300余千米，输气能力为每年180亿立方米。随着煤层气单井产量和生产规模不断扩大，地处中国中部的山西省和陕西省是煤层气资源大户和重点产能建设区，不仅可以借助西气东输、陕京线的优越管输条件，还建设了部分中-低压煤层气输配干线和支线。特别是煤层气产业重镇山西省，"已建成贯穿全省的'三纵十一横'煤层气（天然气）输气管网系统，输气管道（含天然气与支线管道）总长8000多千米，覆盖全省99个县的重点镇，覆盖率达83%"（穆福元等，2017）。

根据国家发展改革委和国家能源局2017年5月发布的《中长期油气管网规划》（发改基础〔2017〕965号），截至2015年底，中国天然气主干管道里程已达6.4万千米，天然气基础设施网络基本成型。天然气管道覆盖率不断提高，用气人口从2010年的1.9亿人增加到2015年的2.9亿人。目前中国已初步形成以西气东输（一线、二线全部投产，三线部分投产）、陕京线（一线、二线、三线）、川气东送、中贵线、中缅线等天然气管道主干线为骨架，其他联络线、省管网为补充的横跨东西、纵贯南北、连通境外的供气网络，干线管网总输气能力超过每年2000亿立方米，有力地保障了中国天然气工业的快速发展，促进了能源结构优化。《中国天然气发展报告（2023）》的数据显示，2022年，全国长输天然气管道总里程11.8万千米（含地方及区域管道），新建长输管道里程3000千米以上。

在地下储气库建设方面，根据丁国生和魏欢（2020）的研究，我国第一座商业储气库——大港大张坨储气库始建于1999年。截至2020年的20多年间，有27座储气库建成并投入调峰运行，形成100亿立方米调峰能力，最高日调峰能力超过1亿立方米，中国地下储气库累计调峰采气约500亿立方米，惠及10余个省市的2亿人口，替代标煤0.5亿吨，综合减排1亿吨。根据《煤层气（煤矿瓦斯）开发利用"十三五"规划》提供的数据，"煤层气燃料汽车8万余辆，建成煤层气压缩（液化）站20余座，压缩液化能力达到320万立方米/天"。

（三）落空的煤层气三个五年规划目标

为了促进煤层气产业化发展，我国政府从2006年开始制定煤层气（煤矿瓦斯）开发利用的专项规划。在此之前，煤层气勘探开发规划只是附列在2001年发布的《煤炭工业"十五"规划》《石油工业"十五"规划》之中。2006~2020年，国家发展改革委、国家能源局先后发布了煤层气（煤矿瓦斯）开发利用"十一五"规划、"十二五"规划和"十三五"规划，并对每个规划期设定了煤层气开发利用的发展目标。煤层气三个五年规划设定的具体目标如下。

《煤层气（煤矿瓦斯）开发利用"十一五"规划》（规划限期为2006~2010年，规划编制的基准年为2005年）提出，"2010年，全国煤层气（煤矿瓦斯）产量达100亿立方米，其中，地面抽采煤层气50亿立方米，利用率100%；井下抽采瓦斯50亿立方米，利用率60%以上。新增煤层气探明地质储量3000亿立方米，逐步建立煤层气和煤矿瓦斯开发利用产业体系"。2011年12月26日印发的《煤层气（煤矿瓦斯）开发利用"十二五"规划》提出，要在2015年实现煤层气（煤矿瓦斯）产量300亿立方米，其中地面开发160亿立方米的发展目标。2016年11月国家能源局印发的《煤层气（煤矿瓦斯）开发利用"十三五"规划》提出，"2020年，煤层气（煤矿瓦斯）抽采量达到240亿立方米，其中地面煤层气产量100亿立方米，利用率90%以上；煤矿瓦斯抽采140亿立方米，利用率50%以上"。中国煤层气三个五年规划的规划目标及实现情况如表3-10所示。

表3-10 中国煤层气三个五年规划目标及实现情况

单位：亿立方米,%

发展指标	"十一五"规划目标（2010年）	实际完成量	"十二五"规划目标（2015年）	实际完成量	"十三五"规划目标（2020年）	实际完成量
地面煤层气抽采量	50	15	160	44	100	57.7
地面煤层气利用量	50	12	160	38	—	53

续表

发展指标	"十一五"规划目标（2010年）	实际完成量	"十二五"规划目标（2015年）	实际完成量	"十三五"规划目标（2020年）	实际完成量
地面煤层气利用率	100	80	100	86.4	≥90	91.9
井下瓦斯抽采量	50	76	140	136	140	128
井下瓦斯利用量	30	24	84	48	—	57.4
井下瓦斯利用率	≥60	31.6	60	35.3	≥50	44.8
煤层气（煤矿瓦斯）抽采量	100	91	300	180	240	185.7

注：煤层气（煤矿瓦斯）抽采量=地面煤层气抽采量+井下瓦斯抽采量。

资料来源：根据《煤层气（煤矿瓦斯）开发利用"十一五"规划》、《煤层气（煤矿瓦斯）开发利用"十二五"规划》、《煤层气（煤矿瓦斯）开发利用"十三五"规划》和《中国电力报》相关新闻报道整理而得。

表3-10显示，无论从地面煤层气抽采量、井下瓦斯抽采量还是从煤层气（煤矿瓦斯）抽采量来看，煤层气三个五年规划都没有如期完成。

地面煤层气抽采量"十一五"规划设定的目标为50亿立方米，实际完成15亿立方米，目标达成率仅为30%；"十二五"规划设定的目标为160亿立方米，实际完成44亿立方米，目标达成率仅为27.5%；"十三五"规划设定的目标为100亿立方米，实际完成57.7亿立方米，目标达成率为57.7%。

井下瓦斯抽采量"十一五"规划设定的目标为50亿立方米，实际完成76亿立方米，目标达成率为152%；"十二五"规划设定的目标为140亿立方米，实际完成136亿立方米，目标达成率为97.1%；"十三五"规划设定的目标为140亿立方米，实际完成128亿立方米，目标达成率为91.4%。

煤层气（煤矿瓦斯）抽采量"十一五"规划设定的目标为100亿立方米，实际完成91亿立方米，目标达成率为91%；"十二五"规划设定的目标为300亿立方米，实际完成180亿立方米，目标达成率为60%；"十三五"规划设定的目标为240亿立方米，实际完成185.7亿立方米，目标达成率为 77.4%。

可见，除"十一五"规划井下瓦斯抽采量超额完成之外，其余所有规划目标都没有达成，尤其是地面煤层气抽采，目标达成度非常低。煤层气三个五年规划目标皆落空。

（四）仍处于产业化初级阶段的中国煤层气产业

煤层气三个五年规划目标的落空，意味着我国煤层气产业化发展仍处于初级阶段。事实上，我国《煤层气（煤矿瓦斯）开发利用"十二五"规划》和《能源发展战略行动计划（2014—2020年）》设定的煤层气（煤矿瓦斯）产量目标都是 300 亿立方米。也就是说，按照孙茂远 2013 年提出的判断一国是否建成煤层气产业标准——地面开采达到 100 亿立方米以上，井下开采达 150 亿~200 亿立方米，一共达到 250 亿~300 亿立方米，意味着初步形成煤层气产业；达到 500 亿~600 亿立方米，意味着建成煤层气产业——如果煤层气"十二五"规划目标或《能源发展战略行动计划（2014—2020年）》目标能够顺利实现，那我国就可以初步形成煤层气产业。遗憾的是，300 亿立方米的规划目标只完成六成。

笔者还根据表 3-8 汇总计算了 2015~2020 年我国煤层气（煤矿瓦斯）产量（地面煤层气抽采量+井下瓦斯抽采量）、煤层气（煤矿瓦斯）利用量（地面煤层气利用量+井下瓦斯利用量）以及煤层气（煤矿瓦斯）利用率得到表 3-11。数据显示，2015~2020 年，我国煤层气（煤矿瓦斯）产量都没达到 200 亿立方米。

表 3-11　全国煤层气（煤矿瓦斯）产量、利用量及利用率

单位：亿立方米,%

类别	2015 年	2016 年	2017 年	2018 年	2019 年	2020 年
煤层气（煤矿瓦斯）产量	180.0	173.0	175.0	181.3	187.3	185.7
煤层气（煤矿瓦斯）利用量	86.0	90.0	91.9	100.2	106.3	110.4
煤层气（煤矿瓦斯）利用率	47.8	52.0	52.5	55.3	56.8	59.5

另据国家统计局官方网站提供的数据，2021 年 12 月，煤层气产量累计值为 104.7 亿立方米，2022 年 12 月为 115.5 亿立方米，2023 年 12 月为 139.4 亿立方米。尽管煤层气产量累计值的统计范围只包含规模以上工业法人单位（年主营业务收入 2000 万元及以上的工业企业），没有包

含规模以下煤层气企业统计数据，但大体可以看出，它们离初步形成煤层气产业化所要求达到的产量规模还比较远。

事实上，不少学者对中国煤层气产业发展所处阶段做了研究。譬如周娉（2014）利用层次分析法系统构建了中国煤层气产业发展评价指标体系，并用定量分析证实了中国煤层气产业总体上处于发展初期的观点。穆福元等（2017）通过对比中国、美国煤层气产业的发展实践，得出了我国煤层气产业正处在快速发展初期阶段的结论。孙茂远（2018）也发现，2006年，我国地面煤层气产量为1.3亿立方米，8年后的2014年就达到了37亿立方米，实际上超过了美国初期同时段的年度产气量。但我国煤层气产业发展态势不尽如人意，"迄今为止多年年增量仅徘徊在3亿~6亿立方米，致使煤层气产业仍处于商业开发的初期阶段，没有出现预期的持续快速增长期"。《煤层气勘探开发行动计划》和《煤层气（煤矿瓦斯）开发利用"十三五"规划》分别给出的官方判断是，我国煤层气产业"总体上处于起步阶段"和"我国煤层气产业仍处于初级阶段，规模小，市场竞争力弱"。

第四节 煤层气产业发展缓慢的原因分析

根据孙茂远（2018）的研究，地面煤层气产量从2006年的1.3亿立方米到2014年的37亿立方米，超过了美国初期同时段的年度产气量，但之后的煤层气产业化发展却不尽如人意。美国煤层气工业起步于20世纪70年代，大规模发展始于80年代。1981年美国煤层气产量为1.3亿立方米；1995年，产量为273亿立方米；1997年，产量达到311亿立方米。也就是说，美国用十几年时间就初步形成了煤层气产业。2006~2011年更是连续6年煤层气产量都在500亿立方米以上。其中2008年，美国煤层气产量达到历史最高值562亿立方米。[①] 换句话说，美国用20年的时间建成了煤层气产业，完全实现了煤层气的产业化发展。中国虽然一直出台扶持政策，但煤层气产业却日益边缘化。"发展缓慢""增长

---

① 根据美国能源信息署（EIA）官方网站（https://www.eia.gov/dnav/ng/hist/rngr52nus_1a.htm）提供的数据换算而得。

疲软""后继乏力"等词成为当前中国煤层气产业发展现状的真实写照。那么，回到本书提出的一个基本问题：中国坐拥丰富的煤层气资源却不能有效开发利用，背后的原因究竟是什么？

一 复杂贮存条件下的煤层气勘探开发技术

（一）我国"三低一高"的煤层气贮存条件

业界数十年的研究一致认为，中国煤层气资源低压力、低渗透率、低饱和度的特征，以及较大的赋存条件区域性差异，致使煤层气规模化和产业化开发难度较大。成煤条件的多样性、成煤时代的多期性、煤变质作用的叠加性、构造变动的多幕性，造成了中国煤层气成藏作用的复杂性和气藏类型的多样性。而且，不同地区煤层气赋存条件差别大，有些甚至同一区块内部相邻的井在含气量、渗透率和产气量、产水量上都表现出极大的非均值性（穆福元等，2017；门相勇等，2018）。

美国的煤层气地质条件整体优于中国。美国的"煤层气储层渗透率一般大于 5×10^{-3} μm^2，产层多数常压或超压；而中国煤层气储层渗透率普遍小于 1×10^{-3} μm^2，产层大多低压"；美国的煤层气可采资源"主要富集在前陆盆地中，新生代、中生代、古生代各占 1/3，煤阶方面，中、低煤阶各占近 1/2，高煤阶资源极少；中国煤层气可采资源主要富集在克拉通盆地中，中、古生代各占近 1/2，新生代资源极少，高、中、低煤阶各占 1/3"（李登华等，2018）。而且，中国低渗、构造煤、低阶煤和深部等难采资源量大，大约"占煤层气总储量的 75%以上"（孙茂远，2017）。开采难度大已成为中国煤层气产业发展缓慢、难达预期的最大客观因素（孙茂远，2018）。

（二）现有煤层气勘探开发技术成熟度不高，区域适配性不够

复杂不利的煤层气资源条件，对我国煤层气勘探开发技术提出了极高的要求。尽管经过多年的引进、实践、创新，特别是"大型油气田及煤层气开发"国家科技重大专项的实施，使得我国在中浅层高阶煤煤层气开发的地质、富集、钻井、压裂、排采和集输等领域均取得了突破性进展，在煤层气商业开发、降低成本中发挥了重要作用，但是我国对深层煤层气、中低阶煤层气、南方软煤煤层气的地质认识、富集规律和勘探开发尚未从技术上获得突破，故而限制了煤层气勘探开发领域的投资。

同时，我国煤层气勘探开发技术存在区域适配性差的问题。这主要体现在两个方面。一是国外成熟的常规煤层气勘探开发技术不能普遍适用于我国。初期我国引进国外的直井压裂、洞穴井、水平井等多种煤层气开发技术，经过多年持续完善，这些技术仍不能完全适应中国地质条件，达不到效益开发的要求。二是国内沁水盆地南部和鄂尔多斯盆地东缘已成熟的开发技术也因难以适应其他地区的地质条件无法简单复制推广（门相勇等，2017）。

技术上的瓶颈导致我国已开发煤层气区域仍存在工程成功率低、开发成本高、单井产量低等问题。有学者在实地调研中发现，在中国某油田，埋深小于800米的富气高渗带，已全部探明并实现了效益开发，但埋深大于800米的资源量约占总资源的70%，由于物性差，单井产气量低，资源高效开发难度大。杨陆武（2016）的研究提供了更具体的数据，他发现"开采技术上的瓶颈导致目前中国煤层气井的产量仅仅是外国煤层气井平均产量的1/5~1/3，煤层气井产量低，煤层气的投入和产出不成比例"，这从侧面限制了中国煤层气产业的发展。《煤层气（煤矿瓦斯）开发利用"十三五"规划》也明确指出，我国"现有技术难以支撑产业快速发展"。再加上中国煤层气"三低一高"的贮藏特征，更是对煤层气开采技术提出了更高的要求。

二　薄弱的天然气管网及配套基础设施

煤层气产业包括上游、中游、下游三个领域。其中，中游是衔接上下游的关键环节，主要任务是建设长距离煤层气输送管网，将煤层气从煤层气田通过长输管网输送到用户端，再将煤层气销售给每个用户。由于煤层气和天然气可以混输共用，二者拥有共同的市场用户，所以发达的天然气管网和健全的配套基础设施，便成为煤层气产业化发展的重要因素。在天然气管网基础设施建设方面，我国业已取得长足发展。根据国家发展改革委和国家能源局2017年5月发布的《中长期油气管网规划》，截至2015年底，我国已初步形成了以西气东输、陕京管道系统、川气东送、中贵线、中缅线等天然气管道主干线为骨架，其他联络线、省管网为补充的横跨东西、纵贯南北、连通境外的供气网络，天然气主干管道里程达6.4万千米，干线管网总输气能力超过每年2000亿立方米。《中国天然气发展报告（2023）》提供的最新数据则显示，"2022年，全国长输天然气管道总里程 11.8 万千米（含地方及区域管道），新建长输管道里程 3000 千米以上"。

毋庸置疑，天然气基础设施网络的成型，为包括煤层气在内的中国天然气工业的快速发展提供了有力保障。但是，相比煤层气产业发展最早、最成功的美国，中国煤层气自有管网设施建设还非常薄弱。美国拥有的天然气管网遍及本土 48 个州，已实现全美管网系统联通，能有效衔接上下游产业，减少交易环节，加快资金回收。据罗佐县（2015）提供的数据，"美国州际及州内天然气管网里程达到 30.5 万英里，有近 210 个天然气管网系统、1400 座加压站和 1.1 万个分输点、400 座地下储气库和 100 座液化天然气（LNG）调峰设施，有 49 处随时可用于天然气进出口的港口设施"。发达的天然气管网和健全的配套基础设施，为美国的煤层气产业发展奠定了坚实基础。

2022 年，我国长输天然气管道总里程还只有 11.8 万千米，远低于美国的 30.5 万英里。① 尽管我国在油气管网发展方面取得了积极成效，但在规模、结构、建设难度和体制等方面依然存在诸如总体规模偏小、布局结构不合理、建设难度不断加大以及体制机制难以适应等问题。这些问题的存在，无疑妨碍了煤层气产业的快速发展。孙茂远（2005）就认为，"集输基础设施薄弱，缺乏天然气管网支持是影响煤层气产业化发展的重要原因"。国土资源部油气资源战略研究中心副主任车长波在接受《中国能源报》记者仝晓波采访时也表示，"中国非常规气开发潜力较大的地区相对缺乏天然气管网设施，制约了非常规气的规模化商业开发"（仝晓波，2010b）。正因为如此，2022 年 1 月 29 日，国家发展改革委和国家能源局下发《国家发展改革委 国家能源局关于印发〈"十四五"现代能源体系规划〉的通知》（发改能源〔2022〕210 号），要求"加快天然气长输管道及区域天然气管网建设，推进管网互联互通，完善 LNG 储运体系"，并提出发展目标，"到 2025 年，全国油气管网规模达到 21 万公里左右"。天然气输送管网及配套设施建设完备，才能有效避免煤层气生产和市场脱节，促进煤层气产业快速发展。

---

① 数据引自《中国天然气发展报告（2023）》。

三 波动的油、气价格

除了前述资源贮存条件复杂、技术不足、基础设施薄弱之外，油气价格的波动也是影响我国煤层气开发的重要因素。

煤层气可以用作民用燃料、工业燃料、发电燃料、汽车燃料和重要的化工原料，用途非常广泛，在一定程度上可以替代其他能源。从经济学意义上讲，煤层气和石油、煤炭、常规天然气，以及页岩气等非常规天然气都互为替代品。互为替代品的不同能源之间，任何一种能源价格的上升或下降，都会对其他能源的生产和价格等产生影响。所以，当国际或国内的油价、气价高涨时，追求利益最大化或成本最小化的经济主体会转而寻求像煤层气这样的可替代能源。当国际或国内油价、气价低迷时，煤层气则会被"边缘化"。阮德茂（2023）的研究表明，国际原油价格波动会对油气勘探行业产生影响，"国际原油价格持续下降时，导致全球勘探业务量缩减，加剧国内勘探行业竞争程度，拉低勘探行业整体景气度；国际原油价格持续上升时，减缓国内勘探行业竞争程度，带动勘探行业整体景气度"。孙茂远（2003）通过对美国天然气价格政策的研究发现，天然气价格波动会影响煤层气产业的发展，二者之间呈负相关关系。

尽管中国的煤层气资源地面开发经过30多年的发展已逐步进入产业化发展初级阶段，但张遂安（2016）认为，"自2013年以来，受国际经济下行压力、煤炭和石油价格低迷以及页岩气'热潮'的影响，煤层气开发速度严重放缓，煤层气投资遇'冷'，煤层气产能建设远未达到五年规划目标"。中国煤层气企业因受低油价等因素影响，多数效益不佳。国际低油价影响了煤层气的价格，每立方米气价降低0.5元左右。随着生产资料和人工等费用的增长，这些因素削弱或冲抵了国家煤层气税费减免、财政补贴增加等政策的扶持效果。

根据《关于"十三五"期间煤层气（瓦斯）开发利用补贴标准的通知》，"十三五"开始，中国给予煤层气气价补贴额度为每立方米0.3元，而2016年气价下跌0.7元，煤层气生产入不敷出。刘键烨等（2018）以新疆某煤层气区块为例，气价下跌造成该区块在单井平均产量3000立方米的情况下，仍然亏损2000万元。2014~2020年，国际油价的持续低迷对煤层气等非常规油气的开发利用冲击巨大。开发效益的不景气使国内外资本不愿意投入煤层气的生产与研发，因此，"十三五"规划中煤层气（煤矿瓦斯）产量2020年的规划目标下调至100亿立方米。近年来，因受到低油价和天然气气价下调的影响，煤层气产量（包括地面和井下）呈稳中下降的趋势（侯淞译，2018）。

中国的煤层气发展历程正好也印证了上述学者的观点。总体来看，2006~2010年是煤层气产量快速增长时期，2012~2016年由于油价低迷、气价下调等因素的影响，国内煤层气投资规模减少，产量增速放缓。2020年，国际油价一度跌至负值，之后虽有所恢复，但受经济动能不足影响增长乏力。而且，近几年来，能源多元化以及非化石能源对化石能源的替代力度持续加大，这导致后疫情时期的国际油价保持低位运行概率进一步增大。对于国内油气（尤其是煤层气）勘探开发而言，低油价将为其带来经济与成本方面的巨大压力（罗佐县，2020）。

四 激励不足的产业政策

为促进煤层气产业的发展，中国出台了税收优惠、财政补贴、费用减免、价格支持等一系列产业政策。毋庸置疑，这些政策发挥了重要的推动作用，根据李良（2013）的研究，"2006~2012年，煤层气（煤矿瓦斯）产量年均增长24.59%，其中煤层气产量年均增长64.47%、煤矿瓦斯年均增长20.73%"。但是之后煤层气（煤矿瓦斯）产量增长速度逐渐减缓，2012年煤层气（煤矿瓦斯）产量仅比上一年增长18.77%，其中煤层气增长24.23%、煤矿瓦斯增长17.44%。目前，煤层气产量增速仍然偏低。其中，国家对煤层气的开发只是比照常规天然气政策，没有出台更优惠、更适宜的激励政策是重要原因（孙茂远，2005）。政策含金量不足、扶持力度不够，严重影响了煤层气产业的快速发展。

以煤层气财政补贴为例，根据2007年4月20日下发的《财政部关于煤层气（瓦斯）开发利用补贴的实施意见》（财建〔2007〕114号），"中央财政按0.2元/立方米煤层气（折纯）标准对煤层气开采企业进行补贴"。不过，"每立方米0.2元的补贴标准不到煤层气生产完全成本的1/6"（李北陵，2013），不足以激励煤层气开发企业扩大生产规模，因此，学术界和业界在经过煤层气的成本收益计算后呼吁把煤层气的补贴提高到每立方米 0.6 元，也就是建议每开采销售 1 立方米煤层气，可获补贴额为煤层气井口售价的 60% 左右（牛冲槐、张永胜，2016）。但 2016 年中央财政对煤层气的补贴标准只是从每立方米 0.2 元提高到每立方米 0.3 元。补贴标准的小幅提高固然表明了政府对煤层气开发的支持，但增加的额度却低于预期。每立方米 0.3 元的补贴，不仅低于国家对页岩气的财政补贴标准（每立方米 0.4 元），[①] 而且，相较于美国 1980～1992 年非常规天然气井每桶油当量 3 美元的补贴额度，也处于较低的水平（吴巧生等，2017）。根据美国政府 1980 年出台的《原油意外获利法》第二十九条，每生产一桶[②]油当量的非常规能源给予 3 美元的税收补贴。该补贴从 1980 年一直持续到 1992 年底，长达 23 年[③]。根据刘志逊等（2018）的研究，1982 年，美国政府对煤层气的补贴是每立方米 2.82 美分，当时煤层气的售价约为每立方米 5.8 美分，政府补贴占到每立方米煤层气售价的 48.6%，1990 年的补贴更是达到每立方米 4.4 美分。煤层气成为美国当时获得补贴最高的非常规能源。2019 年，我国煤层气开发利用补贴从之前的"定额补贴"改为"多增多补"和"冬增冬补"的梯级奖补方式。

"多增多补""冬增冬补"的梯级奖补制度能否激励已有企业增产、能否吸引新的企业或资本加入煤层气领域，取决于全国每年的奖补"资金池"到底有多大和全国当年确定的奖补气量有多大。只有奖补"资金池"和奖补气量足够大，才可能增强煤层气企业扩大生产规模的意愿，真正助力煤层气产业的规模化产业化发展。

---

① 国际上并没有对页岩气开发实行财政补贴的先例。但我国为了促进页岩气的开发，自 2012 年开始对页岩气勘探开发企业进行补贴。根据《财政部 国家能源局关于出台页岩气开发利用补贴政策的通知》（财建〔2012〕847 号）的规定，中央财政对页岩气开采企业给予补贴，2012～2015 年的补贴标准为每立方米 0.4 元。另据 2015 年 4 月 17 日财政部和国家能源局下发的《财政部 国家能源局关于页岩气开发利用财政补贴政策的通知》，2016～2020 年，中央财政对页岩气开采企业给予补贴，其中，2016～2018 年的补贴标准为每立方米 0.3 元，2019～2020 年的补贴标准为每立方米 0.2 元。

② 1 桶=157.39 千克。

③ 关于"长达 23 年"的说明：《原油意外获利法》第二十九条关于煤层气的税收优惠政策适用期从最初规定的 1980 年 1 月 1 日到 1989 年底，先是延迟到 1990 年底，尔后再次延迟到 1992 年底，即在 1980 年 1 月 1 日至 1992 年 12 月 31 日之间钻探的井中生产出来的煤层气，在 2003 年 1 月 1 日以前都可以享受到第二十九条税收政策规定的补贴（孙茂远，2003）。

五 多且排序不尽合理的开发目标

根据本章第一节的研究，我国煤层气开发利用的具体目标是包含安全、环境、能源和经济四个方面的多元目标，总体目标则是建成煤层气产业，实现煤层气的规模化产业化发展。在我国煤层气 30 余年的开发利用实践中，只有安全目标得到较好实现，环境目标次之，经济目标和能源目标则远未达成。第三节关于总体目标的分析也表明，我国煤层气产业化发展仍处在初级阶段，煤层气产业化尚未实现。这恰好印证了贝纳西-奎里等（2015）的观点，"经济政策设定的目标越多，野心越大，那么同时实现这些目标的可能性和难度就越大"。

我国煤层气开发具体目标不仅多，而且排序不尽合理。尽管我国从一开始就把煤层气作为一个新兴产业来发展，但实际上把"安全目标"放在了第一位，其次是"环境目标"和"能源目标"，最后才是"经济目标"。"安全目标"置于首位是为了确保煤矿安全生产；强调"环境目标"是因为要解决经济的粗放式高速发展引发的环境问题，而且要履行国际承诺实现"双碳"目标；强调"能源目标"是因为我国能源对外依存度大，要解决能源安全问题。尽管把"安全目标"放在首位的确符合煤矿生产实际需要，强调"环境目标"和"能源目标"也符合功利主义需求，但忽略"经济目标"，却无益于"安全目标"、"能源目标"和"环境目标"的更好实现。在 30 余年煤层气开发实践过程中，因为绝大部分企业处于亏损状态，无利可图，所以很多煤层气企业采取了"圈而不探""占而不采"的消极态度，没有扩大生产规模、加快煤层气开采的主观意愿。而为了保障煤矿生产安全，国家强制规定煤炭企业必须遵守"先采气、后采煤"的基本原则。若煤炭企业不同时拥有矿区的煤层气矿业权，那么煤炭开采就不可能顺利进行。如此情境之下，安全目标、环境目标、能源目标、经济目标都不能很好实现。

笔者认为，有必要遵循 20 世纪 90 年代初期煤层气开发顶层设计的初心，把煤层气产业真正作为一个战略性新兴能源产业来进行发展，同时调整煤层气开发目标顺序，把"经济目标"放在首位，并通过强有力的产业政策对煤层气企业进行激励和扶持。"经济目标"实现了，说明煤层气企业赢利了。企业赢利了，煤层气规模化产业化发展便成为可能。

煤层气开发利用实现了规模化产业化，那么，"安全目标"、"环境目标"和"能源目标"也就能更好实现。

六 现行矿业权管理体制引发的矿业权重叠

在影响煤层气产业化快速发展的诸多因素中，矿业权重叠成为制约我国煤层气产业发展的关键因素已是不争的事实（王凌文、李怀寿，2014）。

截至2007年底，我国煤层气有效矿业权共100个（探矿权98个，分布在17个省；采矿权2个，仅分布在山西省和辽宁省），总面积65520平方千米（探矿权65285平方千米，采矿权235平方千米）（刘志逊等，2018）。从全国范围看，"6.5万平方千米的煤层气矿业权有1.2万平方千米与煤炭矿业权重叠，全国98个煤层气探矿权中有86个煤层气探矿权涉及矿权重叠问题，86个煤层气探矿权与1406个煤炭矿业权重叠，重叠面积约12534平方千米，其中，煤炭探矿权重叠242个，重叠面积9137平方千米；煤炭采矿权重叠1164个，重叠面积3397平方千米"（牛冲槐、张永胜，2016）。而在我国煤层气大省山西省，"煤炭矿业权与煤层气矿业权重叠的比率达78%，重叠面积3447.6平方公里，重叠类型表现出多边重叠、多层重叠等特征"（王忠等，2018）。

矿业权重叠使得煤层气和煤炭矿业权成为事实上的不完备产权（黄立君，2014）。在"先采气、后采煤"的原则下，任何一方在行使自己的矿业权时都会对对方产生外部性，形成"产权的不相容使用"（波斯纳，1997）。尤其是，当煤炭矿业权人急于采煤而煤层气矿业权人不急于采气时，两个矿业权人之间极易产生冲突。气煤冲突不仅扰乱正常的资源开采时序和规模，也可能抑制资源综合利用率水平的提高，对不同资源的开发利用和相关产业的发展产生不利的影响。王忠等（2018）的实证研究表明，矿业权重叠不仅影响煤炭产业技术效率，也对煤层气的开发利用造成严重影响。

那究竟是什么导致了煤层气和煤炭资源矿业权重叠？刘志逊等（2018）把煤层气和煤炭矿业权重叠的主要原因归结为"两个分离，两个缺乏，一个歧义"。"两个分离"指的是"煤层气矿权与煤炭矿权管理主体分离"和"煤层气矿权与煤炭矿权开发客体分离"；"两个缺乏"指的是"缺乏煤层气和煤炭资源综合勘查开采的科学合理的规划部署"和"煤层气企业与煤炭企业之间缺乏利益的有效协调与平衡机制";"一个歧义"指的是"相关政策不协调而使不同开发主体对法律法规的理解产生歧义"。笔者赞同这一观点,并且认为,煤层气资源国家一级管理和煤炭资源二元管理体制①,正是造成煤层气和煤炭矿业权重叠,进而妨碍煤层气产业发展的深层次原因。

根据《中华人民共和国矿产资源法》、《中华人民共和国矿产资源法实施细则》以及国务院地质矿产主管部门规定,煤层气(煤成气)资源属独立特殊矿种,实行国家一级管理制度,由自然资源部管理,探矿权由自然资源部授予;而煤炭资源开采权则由自然资源部以及资源所在省授予,属于二元管理体制。在我国煤层气资源国家一级管理和煤炭资源二元管理体制背景下,"当煤层气和煤炭勘探开发审批机构之间信息不对称时,会出现同一勘查区范围内在授予煤层气矿业权之后,又设置煤炭矿业权,且煤层气矿业权与煤炭矿业权分属不同主体(出现矿业权重置)的现象"(郭芳,2011);曹霞等(2022)则认为在矿业权集中管理模式下,"省、部两级管理部门沟通不畅、产业发展规划和矿业权审批缺乏有效衔接",是造成煤层气和煤炭矿业权重叠局面的重要原因。这种矿业权重叠现象,在煤层气(煤矿瓦斯)开发利用"十一五"规划、"十二五"规划和"十三五"规划期间乃至现在始终不同程度存在,是一个需要妥善治理的重要问题。

矿业权重叠治理的实质是煤层气和煤炭资源的协调开发问题的解决(刘志逊等,2018)。为了解决矿业权重叠问题,促进煤层气和煤炭资源的协调开发,自2007年开始,国土资源部组织17个省(区、市)国土资源管理部门、地方政府以及中央和地方企业,做了大量研究、调查、清理、整顿、协调等实际工作,经过三年左右的时间,使大部分煤层气和煤炭矿业权重叠问题得到妥善、平稳、有效的解决和控制。但个别地区或企业仍然存在一部分矛盾,尤其是"十二五"期间和"十三五"期间,煤炭行业的结构调整、化解产能以及煤炭企业的重组合并,导致煤

---

① 第二章第二节有关于煤层气资源国家一级管理和煤炭资源二元管理体制及其演进的详细阐述。尽管通过改革该管理体制在试点省份有变化,但总体上全国目前实施的仍然是煤层气资源国家一级管理和煤炭资源二元管理体制。

炭矿业权重新调整，新的矿业权重叠产生。

除了国土资源部的努力，国家还先后出台了十几个规范性文件来对煤层气和煤炭资源的协调开发进行规制。这些规范性文件，构建了我国目前运行中的煤层气和煤炭资源协调开发机制。那么，这一协调开发机制是如何形成的？具体包含哪些内容？存在怎样的问题？煤层气和煤炭资源协调开发机制的构成要素、影响因素分别包括哪些？运行机理是怎样的？机制运行效果如何？如何对现有机制进行优化设计？这些问题，将在余下章节予以阐释。

第四章 矿业权重叠下的煤层气和煤炭资源协调开发机制：现状、问题及原因

煤层气和煤炭资源协调开发机制的建立和良好运行是解决矿业权重叠引发的气煤冲突问题的关键，也是更好达成煤层气开发安全、环境、能源、经济四重目标，进而实现煤层气和煤炭两个产业健康、有序和可持续发展的重要保障。本章首先分析矿业权重叠情境下气煤冲突的本质，继而从理论上对"煤层气和煤炭资源协调开发机制"进行界定，并通过对煤层气和煤炭资源协调开发相关规范性文件的梳理，阐释我国气煤资源协调开发机制的形成、演进及主要内容。最后分析目前我国煤层气和煤炭资源协调开发机制存在的问题，并探讨其原因。

第一节 矿业权重叠引发的气煤冲突

煤层气与煤炭相生相伴，在两种矿产资源开采的过程中，必然出现"采煤动气""采气动煤"现象，也就是煤层气和煤炭的勘探开发彼此互为外部性。

一 煤层气和煤炭勘探开发过程中的正负外部性

煤层气和煤炭勘探开发过程中产生的外部性，既有好的、积极的一面，又有坏的、消极的影响。

正外部性体现在煤层气的先期开发可以有效降低煤矿瓦斯含量，有利于煤炭的安全生产。煤炭开采过程中的瓦斯井下抽采，则有利于煤层气的产量增加和综合利用。

负外部性体现在，由于煤炭开采必须符合国家规定的安全生产要求，所以在采煤之前，不论地质条件好坏，煤炭企业会运用一切可以采取的措施，把煤层和围岩中的煤层气（瓦斯）含量降到国家规定的标准。这些煤层气（瓦斯）要么被煤炭企业据为己有综合利用，要么直接排放到

大气中。两种情况都侵犯了煤层气企业的矿业权，若是直接排放还污染了环境。煤层气先期地面开发也可能给煤炭开采带来安全隐患，包括地面钻采破坏煤层的原生地质条件、钻孔处置不当导通含水层、开采煤层气时遗留的金属套管可能损害采煤机甚至引发瓦斯爆炸事故、地面煤层气井的压裂增产措施可能破坏煤层顶板稳定性从而引发煤矿生产的冒顶等。

如果煤层气和煤炭矿业权属于同一个矿业权人（部分学者主张的"两权合一"），在保证煤矿安全生产的前提下，理性的矿业权人遵循利益最大化原则，安排煤层气和煤炭资源的勘查开发。若矿业权人同时具备符合国家规定的采煤和采气资质，并拥有煤层气地面开发的技术条件，则非常有利于煤层气与煤炭资源的综合勘探开发和利用。

在煤层气和煤炭矿业权分属不同矿业权人（矿业权重叠）的情况下，遵循"先采气、后采煤"的原则，若煤层气矿业权人能在煤炭矿业权人开采煤炭之前完成煤层气地面开发，或者煤层气和煤炭矿业权人步调一致、互通信息、协同合作，依次开采两种资源，煤层气和煤炭企业之间产生纠纷的可能性也会比较小。

二 矿业权重叠下的企业行为——气煤冲突

现实中，矿业权重叠情境下的煤层气和煤炭矿业权人，往往各自从自己的利益最大化出发做选择。正如王保民（2010）所言："依附于'同一片土地'的两种不同矿产资源所有权人，各自做着不同的设想和规划，直接导致权利行使之间的矛盾与冲突。"

这种煤层气和煤炭企业之间的矛盾与冲突经由《南方周末》、《经济观察报》、中央电视台经济频道、第一财经、新浪网、搜狐网等的报道得以凸显。

《南方周末》记者肖华（2006）对山西晋煤集团与中石油和中联公司的气煤之争做了详细报道。① 晋煤集团要在自己拥有煤炭矿业权的沁

---

① 煤炭大省山西的煤层气资源量超过10万亿立方米，约占全国总量的1/3，几乎与整个美国相当。山西也是我国煤层气商业化开采最为成功的地区。所以山西的气煤之争在全国范围内具有典型意义。参阅《山西：煤与瓦斯之争》，新浪网，2006年10月26日，https://news.sina.com.cn/c/2006-10-26/094511338159.shtml，最后访问日期：2023年12月5日。

水煤田采煤,却不能动伴生其间的煤层气,因为后者的勘探权和开采权另有所属——中石油和中联公司。《经济观察报》记者张沉以《瓦斯煤炭对峙 国土部调解矿权重叠纷争》为题,对中联公司和晋城无烟煤业集团的矿权纷争进行了解读。① 2011年5月7日,中央电视台经济频道《经济半小时》栏目播出的《争执中的煤与气》,则曝光了山西晋城中央直属企业跟地方国有企业因矿权重叠而产生的纠纷问题。②

尽管自2007年开始,国土资源部协同有关部门采取一系列措施③试图解决矿业权重叠导致的冲突问题,但气煤之争并不容易得到彻底解决。

2014年4月21日,《第一财经日报》以《中联煤对阵兰花背后:山西煤层气开采乱局》为题,报道了山西兰花煤层气有限公司(以下简称"兰花公司")与中海油旗下中联煤层气有限责任公司之间的矿业权之争。④ 兰花公司被指侵入中联公司持有煤层气矿业权、山西华润大宁能源有限公司持有煤炭矿业权的大宁区块煤层气探明地质储量区,非法、强行打井186口,对中联公司的煤层气矿业权构成侵害。⑤

2018年8月31日至9月1日,陕西省榆林市绥德县枣林坪镇中山村一处油气开采区域发生冲突事件。根据搜狐网的报道,中石油下属的长庆油田护矿队与陕西延长石油公司雇佣人员因为矿权纠纷发生冲突。仅仅在2018年,双方已经三次在枣林坪镇中山村发生冲突。据长庆油田统计,2013~2014年,双方在陕北天然气勘探开发区块的钻井冲突11处、井场冲突9处;2015年,双方在长庆油田开发建设的主力区块榆林气田、子洲气田的钻井冲突15处、井场冲突40处。2017年双方在陕北的

---

① 参阅《瓦斯煤炭对峙 国土部调解矿权重叠纷争》,新浪网,2007年4月29日,http://finance.sina.com.cn/g/20070429/07423556921.shtml,最后访问日期:2023年12月5日。
② 参阅《[经济半小时] 争执中的煤与气 2011-05-07》,中国网络电视台网,2011年5月8日,http://jingji.cntv.cn/20110508/100070.shtml,最后访问日期:2023年12月5日。
③ 2007年,国土资源部为解决矿业权重置问题,专门出台了《国土资源部关于加强煤炭和煤层气资源综合勘查开采管理的通知》。
④ 参阅《中联煤对阵兰花背后:山西煤层气开采乱局》,第一财经网,2014年4月21日,https://www.yicai.com/news/3725947.html,最后访问日期:2023年12月5日。
⑤ 大宁区块煤层气开发属《煤层气(煤炭瓦斯)开发利用"十二五"规划》重点煤层气开发项目,并被列入国家能源局瓦斯治理计划的重点示范工程。参阅《中联煤对阵兰花背后:山西煤层气开采乱局》,第一财经网,2014年4月21日,https://www.yicai.com/news/3725947.html,最后访问日期:2023年12月5日。

气田井场争议 44 起。①

相关媒体的报道表明，由矿业权重叠引发的气煤冲突持续存在，并严重影响煤层气和煤炭资源协调开发，妨碍煤层气、煤炭两个产业的健康发展。

三 气煤冲突的本质——产权的不相容使用

为找寻解决气煤冲突问题的有效途径，需要重新审视气煤冲突的本质。从法经济学视角出发，黄立君（2014）把气煤冲突的本质界定为"产权的不相容使用"。

1998 年，国家把煤层气作为新能源单独设权，意在通过创设"排他性产权"来促进煤层气产业发展。但煤层气与煤炭的相伴相生决定了只要两种矿业权不属于同一个主体，就可能产生两种矿产资源的不相容使用。这种不相容使用意味着煤层气企业和煤炭企业在行使各自财产权利时会对对方产生影响，即存在外部性。

就权利的合法性而言，煤炭矿业权与煤层气矿业权均是经国家主管部门依法许可而获得（法律意义的产权），任何一方的权利本身在法律上并无可异议之处。这意味着，从理论上来说，只要煤炭和煤层气企业不逾越自己"财产的自由处置圈"（考特、尤伦，1994），它们就可以自由处置自己的财产。考特和尤伦的"财产的自由处置圈"表明，对任何一个法授权利而言，至少有一个"密封领域"——无论大小——是可以让权利人自由行动的。

但从实践来看，自 1998 年煤层气被作为独立矿种单独设权开始，煤炭和煤层气企业所拥有的两种矿业权事实上就已经成为有瑕疵的不完备产权（事实上的产权）。由于煤层气的物理特性，它跟煤炭依附于同一片土地，煤炭矿业权和煤层气矿业权的实现也均需依赖于这同一片土地。不管是采煤还是采气，都必须在同一片土地上进行。所以，只要没有得到对方的同意，无论煤炭矿业权主体还是煤层气矿业权主体，任何一方权利的正常、完全行使均会影响到另一方权利的正常行使。也就是说，

---

① 参阅《陕北：矿权与地权分置 央企与地方争利》，搜狐网，2018 年 9 月 4 日，https://www.sohu.com/a/251856413_210883，最后访问日期：2023 年 12 月 5 日。

对煤炭和煤层气而言，根本不存在所谓的"自由处置圈"或"密封"（airtight）权利。一方面，煤炭企业若要采煤，必须先排瓦斯（煤层气）；另一方面，煤层气企业要抽采瓦斯（煤层气），其勘探选址、钻井、生产的过程往往也都在煤炭企业规划区域内，因施工而对矿区地质结构施加影响后，往往会损害煤炭企业的合法权益。这样，煤炭企业扮演着"侵权者"角色的同时，煤层气企业也有成为"侵权者"的可能。"采煤必然动气，采气必然动煤"的客观事实注定了两项权利的不相容使用，任意一方的擅自行动都会对对方造成负的外部性，用法律语言来表述就是侵权。

煤层气和煤炭矿业权的不完备性造成"法律意义的产权"与"事实上的产权"的偏离。这种偏离无疑对煤层气矿业权和煤炭矿业权的有效性产生了巨大影响。"任何个人的任何权利的有效性都要依赖于这个人为保护该项权利所做的努力、他人企图分享这项权利的努力，以及任何'第三方'所做的保护这项权利的努力"（巴泽尔，1997）。如果个人和"第三方"（主要指政府）不能对产权进行有效保护，煤层气矿业权就难免受到他人的觊觎和侵犯。

为了化解矿业权重叠导致的气煤冲突并促进煤层气和煤炭资源的协调开发，需要从国家层面做出制度安排以形成某种机制。这种机制若运行良好，则既可以协调煤层气和煤炭资源的开发，又可以对煤层气和煤炭矿业权进行更好的保护，更可以促进煤层气和煤炭两个产业的健康、有序和可持续发展。

第二节 现行政策法规构建的煤层气和煤炭资源协调开发机制

关于煤层气和煤炭资源协调开发机制，国家发展改革委、国家能源局2011年12月发布的《煤层气（煤矿瓦斯）开发利用"十二五"规划》只是提出了"协调开发机制"概念，并没有解释什么是"煤层气和煤炭资源协调开发机制"。国家关于两种资源协调开发的相关政策、法规，固然构建了我国的煤层气和煤炭资源协调开发机制，但也没有说明它的本质。

本书把煤层气和煤炭资源协调开发机制定义为由国家煤层气相关体

制和制度确立的，用以协调煤层气和煤炭矿业权人合理安排两种资源勘查开发时空配置关系，促进煤层气和煤炭矿业权相容使用，从而实现两种资源安全、和谐、高效开发的作用机制。第二章第三节关于煤层气和煤炭资源协调开发机制的分析表明，我国两种资源协调开发经历了一个从"煤层气勘探开发服从煤炭的开发和生产"，到"以'先采气、后采煤，采煤采气一体化'为基本原则，根据实际情况分条件、分类别、分步骤进行开发"的演变过程。本节重点研究煤层气和煤炭资源协调开发机制的主要内容。

根据相关文件规定及煤层气和煤炭协调开发实际，借鉴曹霞等（2022）的研究，笔者把煤层气和煤炭资源协调开发机制的主要内容概括为矿权管理、综合勘查、资料共享、合作开发、勘查开发约束及区块退出、纠纷解决等六个方面的制度安排。

一　矿权管理制度

以《中华人民共和国矿产资源法》《中华人民共和国矿产资源法实施细则》《矿产资源勘查区块登记管理办法》《矿产资源开采登记管理办法》《矿业权出让制度改革方案》为主的法律法规及其他规范性文件，构建了我国包括煤层气和煤炭资源在内的矿权管理体制。矿权管理包括对矿业权的审批、许可、出让、转让以及对矿业权市场的监管等。

在煤层气和煤炭矿业权重叠问题的解决机制中，矿权管理是最重要的源头控制制度（曹霞等，2022）。为了避免出现新的重叠现象，我国采取的主要措施包括：首先，根据煤层气和煤炭资源的赋存状况、划定的不同区域和开发时限，通过合理避让的方法来设置矿业权；其次，通过国务院地质矿产主管部门授权省级人民政府地质矿产主管部门审批发证的方式避免矿业权重叠；最后，通过建立矿业权转让市场的方法，解决煤层气和煤炭矿业权重叠问题。

根据《国土资源部关于加强煤炭和煤层气资源综合勘查开采管理的通知》（国土资发〔2007〕96号），"国土资源部根据国家矿产资源规划，综合考虑煤层气、煤炭资源赋存状况和煤炭矿业权设置方案，在煤层气富集地区，划定并公告特定的煤层气勘查、开采区域。煤层气勘查、开采结束前，不设置煤炭矿业权"；《煤层气（煤矿瓦斯）开发利用"十二五"规划》要求在煤炭资源的不同区域采取不同的矿产配置方式、开采时序方案等合理的避让措施，规定"煤炭远景开发区实行'先采气后采煤'，新设煤层气矿业权优先配置给有实力的企业。煤矿生产区（煤炭采矿权范围内）实行'先抽后采'、'采煤采气一体化'。已设置煤层气矿业权但未设置煤炭矿业权，根据煤炭建设规划五年内需要建设的，按照煤层气开发服务于煤炭开发的原则，调整煤层气矿业权范围，保证煤炭开采需要"；《国务院办公厅关于进一步加快煤层气（煤矿瓦斯）抽采利用的意见》（国办发〔2013〕93号）再次重申合作与避让制度，规定"对煤炭规划5年内开始建井开采的区域，按照煤层气开发服务于煤炭开发的原则，采取合作或调整煤层气矿业权范围等方式，优先保证煤炭资源开发需要，并有效开发利用煤层气资源；对煤炭规划5年后开始建井开采的区域，应坚持'先采气、后采煤'，做好采气采煤施工衔接"。

在国务院地质矿产主管部门授权省级人民政府地质矿产主管部门审批发证方面，煤炭矿业权的审批先是根据《国土资源部关于开展煤炭矿业权审批管理改革试点的通知》（国土资发〔2010〕143号）、《国土资源部关于煤炭矿业权审批管理改革试点有关问题的通知》（国土资规〔2015〕4号），在黑龙江、贵州和陕西三省进行试点；后根据《矿业权出让制度改革方案》（厅字〔2017〕12号），要求除资源储量规模10亿吨以上的煤的采矿权审批仍由国土资源部负责外，其他原由国土资源部审批的全部下放至6个省（区）（山西、福建、江西、湖北、贵州、新疆）国土资源主管部门。这意味着，煤炭探矿权全部下放到开展试点的国土资源主管部门，不再实施部、省两级审批。

煤层气的勘查开采审批登记也于2016年在山西进行了试点。2017年6月，矿业权委托审批制度改革试点从山西进一步扩大到包括山西、福建、江西、湖北、贵州、新疆在内的6个省（区）。根据中共中央办公厅、国务院办公厅印发的《矿业权出让制度改革方案》（厅字〔2017〕12号），煤层气的矿业权审批权限得到了下放，长期以来规定的由部一级负责的煤成（层）气的探矿权交由省级负责，采矿权则调整为部省两级分级审批。2020年发布的《自然资源部关于申请办理矿业权登记有关事项的公告》进一步明确，我国开始实行同一矿种探矿权、采矿权登记同级管理制度，包括煤层气在内的11种矿产资源的后续登记事项由省一级自然资源主管部门办理。

煤层气矿业权出让方面，《矿业权出让制度改革方案》（厅字〔2017〕12号）主要是要求以招标拍卖挂牌方式为主，全面推进矿业权竞争出让，并强调要创新矿业权经济调节机制，全面调整探矿权占用费收取标准，建立累进动态调整机制，有效遏制"圈而不探"现象，以化解煤层气和煤炭资源矿业权重叠问题。

二 综合勘查制度

"国家对矿产资源的勘查、开发实行统一规划、合理布局、综合勘查、合理开采和综合利用的方针"，这是1986年通过的《中华人民共和国矿产资源法》确定的基本制度。具体适用到煤层气和煤炭两种资源，我国第一个专门对煤层气勘探开发进行管理的部门规范性文件——《煤层气勘探开发管理暂行规定》（煤规字〔1994〕第115号）规定，"煤炭工业部根据综合勘探开发、合理布局的原则，对煤层气的勘探开发与煤炭资源统一规划、综合勘探、综合评价、合理开发、监督管理"（第四条第二款）。2006年国家发展改革委编制的《煤层气（煤矿瓦斯）开发利用"十一五"规划》也要求："凡新设探矿权，必须对煤炭、煤层气资源综合勘查、评价和储量认定。凡煤层气含量高于国家规定标准并具备地面开发条件的，必须统一编制煤炭和煤层气开发利用方案。"《煤层气（煤矿瓦斯）开发利用"十二五"规划》（发改能源〔2011〕3041号）、《煤层气产业政策》（国家能源局公告2013年第2号）和《煤层气勘探开发行动计划》（国能煤炭〔2015〕34号）也都做了类似规定。

2007年4月17日国土资源部下发的《国土资源部关于加强煤炭和煤层气资源综合勘查开采管理的通知》（国土资发〔2007〕96号），则是矿政管理部门第一次把"综合勘查开采"体现到一项管理制度上，并通过四个关键环节的安排，对该制度进行了细化和落实。一是投资人申请煤炭探矿权，应提交煤炭和煤层气综合勘查实施方案。二是煤炭探矿权人完成勘查工作，应提交综合勘查报告，并按规定的程序进行储量评审（估）、备案，符合规定情形的，探矿权人可直接申请煤炭采矿权。三是煤层中吨煤瓦斯含量高于国家规定标准的大、中型煤炭矿产地，在进行小井网抽采煤层气试验的基础上，提交煤炭和煤层气综合勘查报告，并按规定的程序进行储量评审（估）、备案。具备规模化地面抽采条件的，煤炭探矿权人应按照"先采气、后采煤"的原则，统一编制煤炭和煤层气开发利用方案，依法向国土资源部申请煤层气采矿权。①四是经地面抽采，残留煤层气降至国家规定标准以下的开采范围，原煤炭矿业权人可依据煤炭和煤层气综合开发利用方案及划定的矿区范围提出煤炭采矿权申请，按法定程序领取采矿许可证，并申请注销原煤层气采矿权。

2023年5月6日发布的《自然资源部关于进一步完善矿产资源勘查开采登记管理的通知》（自然资规〔2023〕4号）要求，"同一矿区范围内涉及多个矿种的，应当按经评审备案的矿产资源储量报告的主矿种和共伴生矿种确定申请采矿权的矿区范围，并对共伴生资源进行综合利用；对共伴生资源综合利用有特殊要求的，按有关规定办理"。

煤炭和煤层气资源进行综合勘查开采具有非常重要的意义，它不仅有利于煤矿安全生产、节约资源、保护生态环境，也是以人为本科学发展、建设资源节约型社会的体现。②

三 资料共享制度

资料共享是指煤层气和煤炭企业对两种资源的勘探开发相关资料（商业或技术秘密除外）通过报送相关部门或相互报告等方式进行共享（曹霞等，2022）。资料共享制度要求煤层气和煤炭企业对地质勘查及工程建设等资料进行妥善保存并向有关部门报备，对开发方案及项目进展情况进行互审沟通，以相互衔接。其中，煤层气和煤炭企业有共享的义务、有查阅知悉的权利，政府部门有接受报备的权利和公开信息的义务。

《煤层气勘探开发管理暂行规定》（煤规字〔1994〕第115号）要求

---

① 2010年5月20日，经国土资源部批准，晋煤集团获得成庄和寺河（东区）区块煤层气采矿许可证，成为首个从国土资源部获得采气权的煤炭企业。此前，根据国土资源部有关规定，煤炭企业只有进行井下煤层气回收利用时，可以进行煤层气抽采，但不能进行煤层气的地面开采。晋煤集团首获煤层气采矿权是国家"支持和鼓励煤炭矿业权人综合勘查开采煤层气资源"的有力体现。

② 参阅《国土资源部就综合勘查开采煤炭煤层气资源答问》，中国政府网，2007年5月9日，https://www.gov.cn/gzdt/2007-05/09/content_608907.htm，最后访问日期：2023年12月1日。

同一区域内的煤炭企业和煤层气企业"应当相互交换开发计划和必要的图纸"(第二十八条);《煤层气地面开采安全规程(试行)》(国家安全生产监督管理总局令第 46 号)规定"煤层气地面开采区域存在煤矿矿井的,煤层气企业应当与煤矿企业进行沟通,统筹考虑煤层气地面开采项目方案和煤矿开采计划,共享有关地质资料和工程资料,确保煤层气地面开采安全和煤矿井下安全"(第九条);《国土资源部关于加强煤炭和煤层气资源综合勘查开采管理的通知》(国土资发〔2007〕96 号)要求从事煤炭和煤层气勘查、开采的矿业权人,"应按照勘查实施方案和开发利用方案开展工作,履行法定义务,报送勘查、开采年度报告;开展井下回收利用煤层气的,应在向国土资源管理部门报送煤炭开采利用情况年度报告的同时,将煤层气回收利用情况一并报告";《煤层气(煤矿瓦斯)开发利用"十二五"规划》(发改能源〔2011〕3041 号)、《煤层气产业政策》(国家能源局公告 2013 年第 2 号)和《煤层气(煤矿瓦斯)开发利用"十三五"规划》(国能煤炭〔2016〕334 号)都强调煤炭企业和煤层气企业要加强协作,建立开发方案互审、项目进展通报、地质资料共享的协调开发机制,《煤层气产业政策》还要求"煤层气、煤炭生产企业应妥善保存地质和工程资料,按规定报送有关部门"(第二十一条)。

为了促进资料共享,更好地应用信息化手段推进矿业权管理工作的规范化,国土资源部还于 2007 年 6 月 7 日下发《国土资源部关于加强矿业权管理信息化建设工作的通知》(国土资发〔2007〕137 号),要求通过各级"金土工程"和"数字国土工程"的实施来加强矿业权管理信息化建设。两项工程的建设成果是,全国矿业权统一配号与信息发布系统在全国各级矿业权登记管理机构实现了全覆盖应用,实现了全国范围的政务信息公开与信息共享。2020 年 6 月,自然资源部发布《矿业权登记信息管理办法》,开始在门户网站上提供全国矿业权出让、转让、抵押、查封以及编码相关信息等信息查询服务,全国矿业权基本信息查验服务,全国矿业权设置情况查重服务及其他与矿业权信息相关的服务。自然资源部通过该登记信息系统向地方各级自然资源主管部门提供本行政区内登记的实时矿业权数据统计和下载服务,同时要求各级自然资源主管部门分别负责同级政府部门间矿业权数据信息共享工作。《矿业权登记信息管理办法》大大提升了信息化管理水平,促进了相关主体之间的信息共享。

四　合作开发制度

煤层气和煤炭企业合作开发指的是同一区域内的两种资源开发主体在采煤和采气过程中密切协作，采取技术合作或资源合作等方式，共同开发煤层气和煤炭资源。

《煤层气勘探开发管理暂行规定》（煤规字〔1994〕第115号）提出，"同一区域内的煤炭企业和煤层气企业应当密切协作"（第二十八条）。《国土资源部关于加强煤炭和煤层气资源综合勘查开采管理的通知》（国土资发〔2007〕96号）规定，"煤炭、煤层气企业已经以协议方式，在相同区块范围分别持煤炭、煤层气勘查许可证或采矿许可证进行煤炭、煤层气勘查开采的，双方应严格遵守协议，加强合作，实现煤炭、煤层气资源的综合勘查、评价和回收利用……煤炭和煤层气探矿权、采矿权发生重叠且未签订协议的，由双方协商开展合作或签订安全生产协议，按照'先采气，后采煤'的原则，对煤炭、煤层气进行综合勘查、开采"。《煤层气（煤矿瓦斯）开发利用"十二五"规划》（发改能源〔2011〕3041号）要求"不具备地面开发能力的煤炭矿业权人，须采取合作方式进行开发"。《煤层气勘探开发行动计划》（国能煤炭〔2015〕34号）则提出要"督促指导煤层气和煤炭企业加强合作，建立开发方案互审、项目进展通报、地质资料共享的协调开发机制"。《煤层气（煤矿瓦斯）开发利用"十三五"规划》（国能煤炭〔2016〕334号）也提出，应"采取合作或调整煤层气矿业权范围等方式，妥善解决矿业权重叠范围内资源协调开发问题"。

上述规定，意在规范、督促、指导煤层气和煤炭矿业权人合作开发煤层气，化解矿业权重叠引发的气煤冲突。

五　勘查开发约束及区块退出制度

本书第二章第三节第一部分已对煤层气矿业权退出机制进行过初步阐释。这里进一步把我国政府关于煤层气勘查开发约束及区块退出的相关规定统称为退出约束制度，意指政府有关部门对煤层气企业进行开发监管，依法设定最低勘查开发投入标准，在勘查结束后或产能建设期限内审查企业的勘查开发状况，对不符合规定要求的企业采取核减矿权面积、终止合同等相应措施的制度。

根据《国土资源部关于加强煤炭和煤层气资源综合勘查开采管理的通知》（国土资发〔2007〕96 号），对未达到最低勘查投入的煤层气探矿权企业，国土资源部将依法缩减勘查区块面积或不予延续探矿权。情节严重的，依法吊销勘查许可证。对于已设置矿业权的区块，勘探投入不足或不能及时开发的，《煤层气产业政策》（国家能源局公告 2013 年第 2 号）要求依据有关规定核减其矿业权面积。对新设探矿权有效期以及新设探矿权和通知下发前已设立的探矿权能否延期、延期年限、延期需缩减相应勘查面积等问题，《国土资源部关于进一步规范探矿权管理有关问题的通知》（国土资发〔2009〕200 号）进行了规定，由此我国探矿权可无限期延续的历史得以终结。对不按合同实施勘查开发的对外合作项目，国务院办公厅印发的《关于进一步加快煤层气（煤矿瓦斯）抽采利用的意见》（国办发〔2013〕93 号）规定将依法终止合同。

煤层气勘查开发约束制度的建立，有助于督促矿业权人依法依规履行合同，按期完成不同阶段的资源勘查开采任务，确保资源的有效利用，同时也有助于缓解由煤层气和煤炭矿业权重叠引发的气煤冲突问题。

六　纠纷解决制度

根据《中华人民共和国矿产资源法》（1986 年通过，1996 年和 2009 年两次修正）第四十九条，"矿山企业之间的矿区范围的争议，由当事人协商解决，协商不成的，由有关县级以上地方人民政府根据依法核定的矿区范围处理；跨省、自治区、直辖市的矿区范围的争议，由有关省、自治区、直辖市人民政府协商解决，协商不成的，由国务院处理"。《中华人民共和国矿产资源法实施细则》（中华人民共和国国务院令第 152 号）对探矿权人和采矿权人之间的争议也做了类似规定，并明确探矿权人之间的争议"协商不成的，由国务院地质矿产主管部门裁决。特定矿种的勘查范围争议，当事人协商不成的，由国务院授权的有关主管部门裁决"（第二十三条）；采矿权人之间的争议"协商不成的，由国务院地质矿产主管部门提出处理意见，报国务院决定"（第三十六条）。

依据我国现行有关法律法规及煤层气相关规范性文件，煤层气和煤炭矿业权人之间的争议解决方式也是遵循"先协商后裁决"原则。根据

《煤层气勘探开发管理暂行规定》（煤规字〔1994〕第115号）第六条，"对煤层气勘探、开发与煤炭勘探、开发有争议的，由煤炭工业部与有关部门或省、自治区、直辖市人民政府协商解决；协商无效的，报国务院综合计划主管部门裁决"。若因煤炭和煤层气探矿权、采矿权重叠产生争议，煤炭、煤层气企业已经以协议方式，在相同区块范围分别持煤炭、煤层气勘查许可证或采矿许可证进行煤炭、煤层气勘查开采的，根据《国土资源部关于加强煤炭和煤层气资源综合勘查开采管理的通知》（国土资发〔2007〕96号）的规定，"双方应严格遵守协议……未签订协议的，由双方协商开展合作或签订安全生产协议，按照'先采气，后采煤'的原则，对煤炭、煤层气进行综合勘查、开采"。如果该通知下发后6个月内，双方无法签订合作协议的，国土资源管理部门按照有关规定和勘查开采实物工作量已投入等情况进行调解。同意调解的，扣除重叠部分的区块，并由当事人一方对被扣除区块一方已投入部分进行补偿。调解不成的，由国土资源管理部门依据《国务院办公厅转发国土资源部等部门对矿产资源开发进行整合意见的通知》（国办发〔2006〕108号）精神，按照采煤采气一体化、采气采煤相互兼顾的原则，支持煤炭国家规划矿区内的煤炭生产企业综合勘查开采煤层气资源。

根据上述规定，我们可以发现三种煤层气和煤炭矿业权纠纷的解决办法：自主协商、行政调解和行政裁决。目前，这三种办法是国家规定的处理气煤纠纷的常用办法。

第三节 煤层气和煤炭资源协调开发机制存在的问题及原因

现行法律法规、规章条例和各类规范性文件的颁布实施，为解决我国煤层气和煤炭矿业权重叠下两种资源的协调开发问题奠定了制度基础。但从我国煤层气和煤炭资源协调开发机制运行的实际效果来看，这些处于纸面和文本状态的矿权管理、综合勘查、资料共享、合作开发、勘查开发约束及区块退出、纠纷解决等制度，存在被虚置的风险。

一 问题分析

30余年的煤层气和煤炭资源开发实践表明，我国两种资源协调开发仍存在矿业权管理体制不健全、综合勘查开采难度大、资料共享制度不健全、气煤企业合作开发不顺畅、勘查开发与退出约束不强、纠纷解决机制不能很好保护矿业权等诸多问题。

（一）矿业权管理体制不健全

尽管我国一直在进行矿业权管理体制的改革，煤层气和煤炭矿业权的审批也从之前的"煤炭探矿权实行部省两级管理，煤炭采矿权实行部省及以下政府多级管理，煤层气探矿权、采矿权均由国土资源部一级管理"，逐步演变为"煤炭探矿权实行省级管理〔限山西等6个试点省（区）〕，煤炭采矿权实行部省及以下政府多级管理（资源储量规模10亿吨以上的煤的采矿权审批由国土资源部负责），煤层气探矿权交由省级负责，采矿权调整为部省两级分级审批〔限山西等试点省（区）〕"，但现行的煤层气和煤炭资源矿业权管理体制仍然不健全。

改革过程中，尽管确立了"先采气、后采煤，采煤采气一体化"原则和"分条件、分类别、分步骤开发"原则，且在赋权过程中实施"合理避让"制度来避免矿业权重叠问题，但是由于我国现行的矿业权管理体制仍然是一个审批发证体制复杂、审批标准[①]多元、审批依据分立的管理体制[②]，所以不仅无法保证矿业权设立不交叉、不重叠，而且，这种分散、多元的审批发证体制还会导致中央政府与地方政府、中央企业与地方国企之间产生管理权限和经济利益方面的分歧与矛盾（王克稳，2021）。

（二）综合勘查开采难度大

尽管《煤层气勘探开发管理暂行规定》（煤规字〔1994〕第115号）就确立了煤层气和煤炭两种资源综合勘查开采的基本制度，而且，《国土资源部关于加强煤炭和煤层气资源综合勘查开采管理的通知》（国土资

[①] 审批标准包括矿产资源的价值标准、矿产储量标准、矿种标准、矿区区位标准、投资主体标准等。

[②] "我国矿业权由国务院地质矿产主管部门和省级人民政府地质矿产部门分别审批发证，采矿权由国务院地质矿产主管部门，省级、市级人民政府地质矿产主管部门和县级以上地方人民政府地质矿产管理部门分别审批发证，而中央与地方关于审批发证权限的划分标准是多元的。除法定的审批权限外，省级人民政府地质矿产主管部门审批发证范围还包括国务院地质矿产主管部门授权其审批发证的情形；在审批发证的依据上，县级以上地方人民政府地质矿产管理部门审批发证的依据是省级人民代表大会常务委员会制定的管理办法。"（王克稳，2021）

发〔2007〕96号）等文件也对综合勘查开采制度进行了细化，但目前我国煤层气和煤炭两种资源矿业权之间仍然缺乏统一协调机制，综合勘查开采政策实施难度较大。

究其原因，主要包括两个方面。

一个是技术层面的原因。目前，在煤层气和煤炭开采接替时空配置关系方面缺乏科学确定方法，不能合理确定能够保证煤矿瓦斯安全的煤层气预抽率以及相应的预抽时限，也不能根据矿区煤炭开发规划及预抽时限综合确定保证煤炭开采正常接替所需要的空间范围（刘志逊等，2018）。同时缺乏一个研究机构专门研究煤层气和煤炭资源的协调发展规划，做好国家能源发展规划、煤炭生产规划、地面煤层气生产规划和井下瓦斯抽排利用规划。

另一个是制度层面的原因。在现行矿业权管理体制下，我国煤炭和煤层气矿业权分属不同性质的企业。不同性质的企业各自从自己的利益出发采取行动。在经营目的、投资与生产周期、生产各环节、纳税方向、矿业权管理部门等各不相同的情况下，要让煤层气和煤炭企业进行统筹规划难度特别大。而且，另一个值得重视的问题是，我国大部分煤层气和煤炭矿业权人事实上处在一种垄断地位，比如在煤层气大省山西，在煤层气矿业权方面，中石油、中联公司和中石化三个中央企业合计拥有82.6%的矿业权，具有绝对控制权，山西省地方企业只有6个，占17.14%。而在煤炭矿业权方面，山西省地方企业拥有约99%的煤炭探矿权、100%的煤炭采矿权[1]（杨德栋，2015）。要让两类事实上处于垄断地位的企业开展合作、落实合作协议，难度很大，交易成本特别高。

（三）气煤企业综合勘探开发资料共享制度不健全

全国矿业权统一配号与信息发布系统在全国各级矿业权登记管理机构的运行，以及自然资源部门户网站提供的全国矿业权出让、转让、抵押、查封以及编码相关信息等信息查询服务，全国矿业权基本信息查验服务，全国矿业权设置情况查重服务及其他与矿业权信息相关的服务，大大提升了我国矿业管理的信息化水平，促进了相关主体之间的信息共享。

---

[1] 该数据为2012年的数据。

尽管在气煤企业综合勘探开发资料共享方面，《煤层气勘探开发管理暂行规定》(煤规字〔1994〕第115号)、《煤层气地面开采安全规程(试行)》(国家安全生产监督管理总局令第46号)、《国土资源部关于加强煤炭和煤层气资源综合勘查开采管理的通知》(国土资发〔2007〕96号)、《煤层气(煤矿瓦斯)开发利用"十二五"规划》(发改能源〔2011〕3041号)、《煤层气产业政策》(国家能源局公告2013年第2号)和《煤层气(煤矿瓦斯)开发利用"十三五"规划》(国能煤炭〔2016〕334号)等都分别规定了同一区域内的煤炭企业和煤层气企业应当相互交换开发计划和必要的图纸、共享有关地质资料和工程资料、开发方案互审、项目进展通报、相关地质和工程资料按规定报送有关部门，但它们并没有给气煤企业提供可操作的共享细节。具体问题如下。

（1）煤层气和煤炭企业应该共享的地质资料和工程资料究竟包括哪些内容？

（2）应当在什么时间节点相互交换开发计划和必要的图纸？什么时候进行开发方案互审？以什么形式进行项目进展通报？

（3）采气与采煤的衔接究竟该如何进行？

（4）在那些已经设置煤炭矿业权但尚未设置煤层气矿业权的区域，经规划部门论证需要单独设置煤层气矿业权的，煤炭企业以何种方式、何时将地质和工程等资料移交给煤层气公司？

（5）秉着"先采气、后采煤"的原则，进行地面抽采的煤层气公司应该在什么时间节点、将哪些资料移交给煤炭企业，以便其开展采煤方案的编制和健康、安全、环境（HSE）方案的编制？

上述问题，对进行顶层设计的政府而言，不可能也没有必要考虑得面面俱到。但对从事实务工作的基层而言，为了确保煤层气和煤炭两种资源可以协调开发，又的确需要某种可操作的细化规则来保障彼此之间的信息共享。基于此，地方政府有没有可能采取某种适应性管理即"边干边学"的方法，在及时观察和总结煤层气和煤炭资源协调开发规律的基础上，制定某种细化规则，以便实现信息共享呢？

（四）气煤企业合作开发不顺畅

从现行鼓励合作开发的政策文件来看，国家层面只是提出煤层气和煤炭企业之间应加强协作和合作，但是有几个问题没有得到明确。

第一，煤层气企业和煤炭企业究竟以什么方式进行合作？气煤企业合作是通过技术合作（由煤层气企业提供地面开发技术，帮助煤炭企业开展地面煤层气开发，降低吨煤瓦斯含量，减少煤炭开采中的瓦斯事故），还是通过资源合作（由煤层气企业提供甲烷纯度高的优质煤层气、煤炭企业提供低浓度的瓦斯气，混合后用于民用或者发电）的方式进行？是煤炭矿业权人承包煤层气开发，还是煤层气矿业权人合理作价流转给煤炭矿业权人？是气煤企业以合资或参股等方式成立合资公司，还是气煤企业合并或矿业权全部或部分置换以方便权利的行使？

第二，合作是基于自愿，还是基于政府协助，抑或强制（法定）？根据法经济学的斯密定理，自愿自由的交易对交易双方是互利的。因此，基于煤层气和煤炭矿业权人之间的自愿协商达成合作协议最有效率，是实现煤层气和煤炭协调开发的最优方式。但如果气煤双方不能自愿达成合作，有无在政府行政指导之下促成合作的可能？或者说，如果气煤双方无法达成合作，有没有相应法定程序由某个专门委员会确认后纳入强制合作？

第三，煤层气与煤炭企业之间是否应该或必须建立常态化的沟通合作机制？如何建立？资源地政府是否应该或如何通过牵线搭桥、搭建平台、主持维护等方式来促进气煤企业之间的沟通？

（五）勘查开发与退出约束不强

为了解决煤层气勘查开发实践中普遍存在的"圈而不探""占而不采"导致的行业活力不足和资源动用率长期偏低问题，国家通过《煤层气（煤矿瓦斯）开发利用"十一五"规划》、《国土资源部关于加强煤炭和煤层气资源综合勘查开采管理的通知》（国土资发〔2007〕96号）、《煤层气产业政策》（国家能源局公告2013年第2号）、《国务院办公厅关于进一步加快煤层气（煤矿瓦斯）抽采利用的意见》（国办发〔2013〕93号）、《关于深化石油天然气体制改革的若干意见》、《国务院关于印发矿产资源权益金制度改革方案的通知》（国发〔2017〕29号）、《国务院关于促进天然气协调稳定发展的若干意见》（国发〔2018〕31号）和《国家发展改革委 国家能源局关于印发〈"十四五"现代能源体系规划〉的通知》（发改能源〔2022〕210号）等一系列政策法规和规范性文件建立了煤层气勘查开发约束及区块退出机制，并于2003年开始施行油气勘查开采监管,① 但由于规则比较模糊、矿业权持有成本低、违法成本小等因素,该机制的实际约束力比较弱,实施效果比较差。

就规则模糊而言,譬如上述政策法规和规范性文件中经常出现的最低勘查投入、依法缩减、情节严重、限期开发、长期、不及时等并无清晰的具体说明或统一标准,导致执法部门在理解上产生分歧,不利于机制的实施。

就规制约束力弱而言,一方面,由于我国对煤层气探矿权和采矿权实施减免优惠政策,所以矿业权持有成本很低。对于煤层气矿业权持有人而言,持有成本太低起不到督促其尽快进行勘查开发的目的(阴秀琦、范小强,2018),所以在目前煤层气勘查开发普遍不能赢利的情况下,煤层气矿业权人在完成最低勘查投入的前提下,更愿意"圈而不探""占而不采",而不是主动退出。另一方面,由于违法处罚力度小,被强制退出的可能性不高,所以退出机制实施效果比较差。曹霞等(2022)发现,2016年,山西省人民政府办公厅根据《国务院办公厅关于进一步加快煤层气(煤矿瓦斯)抽采利用的意见》及《国土资源部关于委托山西省国土资源厅在山西省行政区域内实施部分煤层气勘查开采审批登记的决定》出台了《关于煤层气矿业权审批和监管的实施意见》(以下简称《实施意见》),并规定,"煤层气探矿权人要严格执行勘查实施方案,按照合同约定,在承诺期限内完成勘查活动,提交地质报告。煤层气探矿权人未按合同约定完成地质勘查工作的,依照合同作出处理;未履行勘查承诺的,按照承诺作出处理,未完成投资比例的核减同比例的矿区面积",但上述《实施意见》出台后,尚无依据退出机制实现实质性矿业权退出的实例。

(六)纠纷解决机制不能很好保护矿业权

根据《中华人民共和国矿产资源法》(1986年通过,1996年和2009年两次修正)、《中华人民共和国矿产资源法实施细则》(1994年)、《矿产资源开采登记管理办法》(1998年)及《矿产资源监督管理暂行办

---

① 参阅《关于印发〈矿产勘查及油气开采督察员工作制度〉的通知》,中国政府网,2003年4月7日, https://www.gov.cn/gongbao/content/2003/content_62356.htm,最后访问日期:2023年12月10日。

法》(1987年)等的规定,对矿山企业就矿区范围的争议,都采用当事人协商和地方政府处理、协商直至国务院处理的办法。如《中华人民共和国矿产资源法实施细则》(1994年)就规定"探矿权人之间对勘查范围发生争议时,由当事人协商解决;协商不成的,由勘查作业区所在地的省、自治区、直辖市人民政府地质矿产主管部门裁决;跨省、自治区、直辖市的勘查范围争议,当事人协商不成的,由有关省、自治区、直辖市人民政府协商解决;协商不成的,由国务院地质矿产主管部门裁决。特定矿种的勘查范围争议,当事人协商不成的,由国务院授权的有关主管部门裁决"(第二十三条)。可见,目前我国法律法规确定的处理煤层气和煤炭矿业权纠纷的通常办法主要是自主协商、行政调解和行政裁决。那么,在中国煤层气和煤炭资源的开发利用过程中,能否通过前述三种纠纷调解机制让矿业权得到更好的保护?

1. 自主协商不易达成

自主协商意味着煤层气和煤炭企业之间自愿就煤层气或煤炭矿业权的让渡(或勘探开发合作)达成交易。自主协商类似于法经济学家Calabresi 和 Melamed(1972)所说的"财产规则"。当一种产权被"财产规则"保护时,除非产权持有者(holder)自愿转让,否则不得强制转让,即非产权持有者要想获得产权,必须获得持有者的许可,以买者的身份向产权持有者(卖方)支付双方协商确定的价格,才能获得产权。

就财产规则而言,在矿业权重置的区域内,如果煤层气企业没有先期对煤层气进行开采,根据"先采气、后采煤"原则,煤炭企业若要行使对煤炭资源的权利,就必须首先征得煤层气企业的许可。如果煤层气企业不同意,煤炭企业会退而求其次,向煤层气企业购买煤层气矿业权,以便自己能够顺利开采煤炭。在财产规则下,自愿自由的交易可以使自己的权利得到保护(让渡所有权,获得对价)。法经济学的谈判理论也证明,当人们对某一资源估价不同时,可以通过讨价还价,让资源从估价低的人手中转移到估价高的人手中。这意味着,如果交易费用不高,那么煤炭企业和煤层气企业将会通过谈判和协商获得有效率的结果。但在现实的煤层气矿业权交易中,交易成本非常高以至于自愿自由的交易难以进行。

黄立君(2014)认为,导致矿业权交易成本高昂的主要原因有三个：其一，作为用益物权的采气权，《中华人民共和国矿产资源法》（1996年修正）第六条对其流转作了较严格的限制；其二，通过谈判来确定一个初始法授权利——煤层气矿业权——的价值，其费用常常非常之大，以至于即使一次法授权利的转让会对所有关系人都有益，这一转让也不会发生；其三，一旦煤炭企业提出购买矿权，它所面对的就是一个具有垄断地位的卖方，煤炭企业可能没有议价能力。

如果一定要通过合法手段开采煤炭，煤炭企业别无选择，只能高价购买矿业权（我国煤层气企业和煤炭企业大多处于事实上的垄断地位）。山西潞安矿业集团屯留矿为获得22平方千米的煤炭开采权，不得不向一家中央煤层气企业支付每平方千米6万元，总计120多万元的"矿权转让费"；晋城市兰花集团的煤矿井田有约100平方千米与中央一家煤层气企业重合，考虑到安全生产对瓦斯抽采的必须要求，不得不以吨煤15元的标准为资源费交付给气权单位以取得瓦斯抽采权。[①] 显而易见，卖方垄断下订立的买卖合同是一种"不完备合同"。这种"不完备合同"既不能保护煤炭企业的合法权利，也无助于资源的优化配置。

2. 行政调解和行政裁决不能很好保护矿业权人的权利

在我国旷日持久的气煤之争中，面对煤炭企业"未取得采矿许可证擅自采矿"这种"侵权"行为，煤层气企业很难通过行政调解和行政裁决的方式保护自己的矿业权。关于这一点，可以从新闻媒体的公开报道窥其一斑。

2014年4月21日，《第一财经日报》报道了中海油旗下的中联煤层气有限责任公司和山西兰花集团旗下的山西兰花煤层气有限公司（以下简称"兰花公司"）矿业权之争。[②] 李良在2013年10月7日发表在《中国能源报》的文章中也专门对此事件进行过讨论。他认为兰花公司的行为"属恶性违法违规行为，应进行严厉打击"（李良，2013）。中联公司维权的曲折经历表明，被侵权人很难通过行政调解来维护属于自己的矿业权。

也有当事人试图通过提起行政诉讼的方法来保护自己的财产。王克

[①] 《"开采权重叠"已成困局 煤层气开发进退两难》，央视网，2007年2月5日，https://news.cctv.com/financial/20070205/101254.shtml，最后访问日期：2025年5月17日。

[②] 《中联煤对阵兰花背后：山西煤层气开采乱局》，第一财经网，2014年4月21日，https://www.yicai.com/news/3725947.html，最后访问日期：2023年12月10日。

稳（2021）分析过一起典型的矿业权重叠纠纷案件——"红旗岭矿与饭垄堆矿重叠纠纷案"①。他发现该案"虽经行政复议、行政诉讼一审、二审和再审，但因再审结果是撤销复议决定，责令国土资源部重新作出复议决定，因此，历经5年多的复议与诉讼，案件又回到原点，至今未见最终的处理结果"。"红旗岭矿与饭垄堆矿重叠纠纷案"的处理反映出我国矿产资源立法在解决矿业权重叠问题方面规则的严重短缺。

尽管协商、行政调解和行政裁决目前已成为我国法律法规普遍确认并鼓励采用的气、煤矿业权争议问题解决的重要办法，但在曹霞等（2022）看来，它们大多属"原则性规定和建议，缺乏具体程序规定，协商主体调解和裁决主体均不好把握，不利于形成可复制、可推广的长效解决机制"。正因为如此，矿业权重叠下煤层气和煤炭矿业权人的产权保护才步履艰难。

3. 很少通过司法手段维护矿业权

司法手段维权也就是 Calabresi 和 Melamed（1972）所说的基于"责任规则"的产权保护方法。当一种产权被"责任规则"保护时，非产权持有者可以不经产权持有者的同意而"使用"其产权（侵权），但必须向产权持有者支付法院所规定的价款（赔偿金）。具体运用于煤层气和煤炭资源勘探开发实践，就是说，煤炭企业如果不经同意而非法开采法律上属于非煤炭企业的煤层气（煤矿瓦斯），或者煤层气企业对煤炭企业的财产造成损害，双方应该都可以通过向法院提起诉讼来对自己的权利进行保护。

但依据我国现行有关法律法规及煤层气相关规范性文件，煤层气和煤炭矿业权人之间的争议解决方式遵循"先协商，后裁决"原则。从新闻媒体报道的气煤争执解决办法来看，纠纷当事人的通常做法是在自主协商无果的情况下，寄望于相关行政主管部门，寻求它们的调解或裁决。由此，气煤争议被视为行政争议，从而排除了司法介入的可能（汤道路、杨光远，2007）。

当不能通过合法途径来消解纷争、保护权利时，煤层气和煤炭企业就可能选择"丛林法则"来解决彼此之间的冲突。贝克尔（1995）曾经

---

① 详细案情参阅最高人民法院（2018）最高法行再6号行政判决书。

说过,"法律并不必然被遵守。当某人从事违法行为的预期效用超过将时间及另外的资源用于从事其他活动所带来的效用时,此人便会从事违法"。这或许能解释目前煤层气和煤炭开发过程中普遍存在的气煤冲突。如果煤炭企业预期侵权采气成本低廉,那么它们就会选择侵权。

二 原因分析

我国矿业权重叠情境下的气煤冲突,用波斯纳(1997)的话来说,是产权的不相容使用;从机制设计的视角看,是没有实现上下同欲、激励相容。简单而言,气煤冲突体现的是中央和地方政府、煤层气和煤炭企业之间的利益之争。为了解决这些问题,国家从顶层设计的层面,制定了矿权管理、综合勘查、资料共享、合作开发、勘查开发约束及区块退出、纠纷解决等制度,以促进两种资源协调开发,缓解相关主体之间的利益冲突。不过,现实中,这些纸面和文本意义上的规范性制度没能很好地成为"行动中的制度",究其原因,笔者认为最重要的莫过于以下两个方面。

(一)煤层气和煤炭资源协调开发"顶层设计"和"实践探索"没有实现有机结合

顶层设计作为一个工程学概念,指的是自上而下的设计,通常是先设计总体,再设计局部,最后再设计细节,体现为"从总到分、从粗到细"的设计过程。运用到党的报告、政策性文件中,顶层设计不再包括局部和细节的设计,而是专指"设计总体框架",所以,顶层设计是一个自上而下的系统谋划,起到指导和引领实践的作用。实践探索则是指基层的具体行动。"它强调一切从实际出发,目的是通过具体行动发现和总结规律,找到有效解决矛盾和问题的思路和办法,创造可复制、可推广的经验,并自下而上完善顶层设计,使之更科学合理"(秦宣,2023)。总体而言,顶层设计的最显著特征通常是具有很强的宏观性、前瞻性和指导性,缺陷是可操作性较弱,相关主体较难直接运用,往往需要通过基层实践探索和发现规律后方能细化和具体化为"行动中的制度"。

我国煤层气和煤炭资源协调开发机制的构建也是一个自上而下的顶层设计过程。经过30多年的探索,国家层面已经形成了一系列促进两种资源协调开发的、具有引领和指导意义的制度安排。这些制度安排为走出矿业权重叠困境、实现煤层气和煤炭资源协调开发指明了方向。但同样，现实中数量众多的煤层气和煤炭资源协调开发相关制度存在的主要问题也是鼓励性、指导性、原则性有余，具体可操作性、刚性约束力不足。甚至，这些顶层设计的制度本身还存在许多需要完善的地方。而且，我国煤层气勘探、开发、运输、加工、利用等环节的配套立法不足，目前还远未形成一个系统、完备的顶层设计规划体系来为两种资源的协调开发和煤层气产业的发展提供保障与支撑。

至于煤层气和煤炭资源协调开发的实践探索，我国已在山西等6个省（区）设立改革试点。有关两种资源的协调开发问题，地方政府（比如山西）出台了不少试点政策，尝试对国家层面制定的矿权管理、综合勘查、资料共享、合作开发、勘查开发约束及区块退出、纠纷解决等制度进行细化和可操作化。目前，这些试点政策有的如主动退出、裁决退出、安全互保协议、"探-转-还"①，虽然已经产生了一定的规制效果，但带有某种权宜性，不够稳定，也缺乏长效性；有的如矿业权竞争出让和协议出让，虽然的确推动了煤层气和煤炭矿业权重叠问题的解决，但矿业权人因政策因素退出要如何补偿、退出矿业权人的选择标准问题还需要进一步解决；有的如《山西省煤层气勘查开采管理办法》（山西省人民政府令第273号），虽然在地方层面实施过程中已形成比较成熟且具有示范效应和可复制的经验和做法，但目前还没能很好地融入国家层面的煤层气和煤炭资源协调开发顶层设计，并上升为法律法规（曹霞等，2022）。当然，也还有像气煤冲突、违法采气这样的顽疾，一直存在，难以化解，还需继续在实践中获得灵感，找到具有创造性的可行办法。

（二）煤层气和煤炭企业之间、中央政府和地方政府之间没有很好实现激励相容

机制设计理论假设，每个经济主体都是理性的"经济人"，它们追求的目标是效用的最大化或利润的最大化。如果在某个或某些规则之下，

---

① "探-转-还"指的是矿业权重叠区域的相关主体通过协商，一方承诺在一定年限内，在重叠区进行勘探开发，并逐步缩小矿业权范围。当探矿权转为采矿权时，开发生产集中在较小的区块进行。到承诺期限时承诺方完全退出重叠区域，将重叠区交还给另一方进行勘探开发。该方案适合生产开发时布局集中在较小范围，且先开发利用对后开发的矿种的开采生产不会产生重大影响的矿种（罗世兴、沙景华，2011）。

每个人都按个人的效用或利润"最大化"要求行动，但结果正好实现了某个社会目标，那就实现了私人目标与社会目标之间的"激励相容"（incentive compatibility）。

围绕"煤层气与煤炭资源协调开发"有着许多相关主体：煤层气和煤炭企业（或者煤层气和煤炭矿业权人）、中央政府和地方政府、国家地质矿产主管部门和地方地质矿产主管部门以及国家为煤层气和煤炭资源协调开发而成立的专门机构（煤矿瓦斯防治部际协调领导小组及各省市成立的领导小组等）。

在新制度经济学家视野中，煤层气和煤炭企业（或者煤层气和煤炭矿业权人）都是典型的新古典意义的"经济人"，他们的私人目标是实现利润的最大化（不排除央企、国企在特定时候要承担社会责任）。在矿业权重叠区域，煤层气和煤炭资源矿业权分属于利益点不同的煤层气和煤炭企业。它们在同一个矿区内分别采煤和采气，"煤炭企业出于安全生产的考虑，采煤前必须采气，不论地质条件好坏，采用一切可以采取的措施手段，在采煤前尽快地把煤层和围岩中煤层气含量降下来，防治瓦斯灾害，保障煤矿安全高效生产，实现综合效益。煤层气企业以能源开发为首要目的，即通过勘探，找到煤储层条件较好、资源量丰富、产量高的有利区块，进行大规模长时间开采，建成商业化供气基地，通过售气获取直接经济效益"（申宝宏、陈贵锋，2013）。而且，在既定的政策约束条件下，气煤企业从各自利益出发采取行动，如果"侵权"——煤炭企业的违法采气或煤层气企业的地面开发对煤炭企业产生负的外部性[①]——有助于自己的利润最大化，那么煤炭企业就会违法采气，煤层气企业就会罔顾煤炭企业的利益恣意行动（采取"圈而不探、圈而不采"这样的非生产性活动）。

中央政府和地方政府，在新制度经济学家道格拉斯·C.诺思

---

① 中国人民政治协商会议太原市委员会官方网站《关于推进煤层气开采行业健康发展的建议》指出，"由于分属不同主体，为增加收益，降低成本，在开采煤层气时不会考虑煤炭开采方的安全、便利，原本先开采煤层气可以减少瓦斯事故的设想，变成煤层气开采后煤炭开采存在更多安全隐患"。参阅《关于推进煤层气开采行业健康发展的建议》，中国人民政治协商会议太原市委员会网，2017年12月18日，http://www.tyzx.gov.cn/newsdetail.html?type=%E9%80%89%E7%99%BB%E6%8F%90%E6%A1%88&id=ba53523b-193e-4333-8f08-033715648498，最后访问日期：2023年12月30日。

(1994)眼里,也是新古典意义上的"经济人",它们也有自己的目标追求。一方面,它们要促进"社会产出最大化",也就是两级政府要通过制定和实施系列制度安排解决矿业权重叠区的煤层气和煤炭资源协调开发问题进而促进煤层气产业的发展(社会目标);另一方面,它们也追求"自己收入的最大化",比如矿产资源利益最大化、政绩、职务晋升等(私人目标)。

申宝宏和陈贵锋(2013)、李良(2014a)、杨德栋(2015)、牛冲槐和张永胜(2016)、穆福元等(2017)、刘志逊等(2018)和王克稳(2021)等,都认为在现行矿业权管理体制下,地方政府与中央政府在矿产资源利益上存在明显冲突。由于目前我国的煤层气矿业权人绝大多数属于中央企业,税收上缴给国家,因此煤层气开采对地方财政税收贡献不大——利益常常不在资源所在地,但对地方生态环境、地方产业布局等却造成影响;煤炭矿业权人则绝大部分属于地方性国企,税收上缴给地方政府,而且很多煤炭企业是资源所在地的税收大户。中央企业对地方留利较少,资源开发区利益没有得到很好的保障,致使某些地方政府不愿对中央企业开发煤层气提供支持(王克稳,2021),发生在陕西的中石油长庆油田与陕西省延长石油之间的油气矿业权之争便是典型的例证。[①]

可见,在现有制度确立的约束条件下,煤层气和煤炭资源开发相关主体之间并不能很好地实现激励相容。有必要改进甚至重构两种资源的协调开发机制以扭转激励的方向,并尽可能避免不相容激励(incompatible incentives)制度的出现(诺思,2008)。

[①] 国土资源部把位于陕西省榆林市绥德县枣林坪镇中山村区域的油气探矿权授予了中石油长庆油田,而陕西省地方政府则将同一区域土地的临时使用权批给了陕西延长石油。这样,在矿权属于长庆油田的矿区,延长石油取得了临时土地使用权,拿到了天然气勘探施工临时用地手续。延长石油在没有取得探矿权的情况下就开始了钻探,拥有探矿权的长庆油田当然不能接受,两家的冲突就此开始,而且冲突已经延续了10多年。详情参阅《陕北:矿权与地权分置 央企与地方争利》,搜狐网,2018年9月4日,https://www.sohu.com/a/251856413_210883,最后访问日期:2023年12月5日。

第五章 煤层气和煤炭资源协调开发机制构成要素、影响因素和运行机理

基于前面章节关于我国煤层气和煤炭资源协调开发机制现状、主要内容、问题及原因的分析，本章对两种资源协调开发机制的构成要素、影响因素和运行机理进行研究，以便为后续煤层气和煤炭资源协调开发机制的优化设计奠定基础。

第一节 煤层气和煤炭资源协调开发机制构成要素

从煤层气和煤炭资源协调开发机制的定义出发，机制构成要素包含煤层气和煤炭资源协调开发目的及目标、相关主体、应遵守的基本原则等几个方面。

一 煤层气和煤炭资源协调开发目的及目标

矿业权重叠业已成为制约煤层气和煤炭资源综合勘探开发和综合利用的重要障碍，所以，煤层气和煤炭资源协调开发的直接目的是化解矿业权重叠引发的气煤冲突，最终要实现的目标则是通过两种资源的协调开发，促进煤层气和煤炭两个产业的有序、健康和持续发展，进而通过煤层气的规模化产业化发展，促进我国能源革命和能源转型以及"双碳"目标的实现。

二 煤层气和煤炭资源协调开发相关主体

从《中华人民共和国矿产资源法》《煤层气勘探开发管理暂行规定》《煤层气（煤矿瓦斯）开发利用"十一五"规划》等一系列法律法规和规范性文件可以看出，煤层气和煤炭资源协调开发关系到两类主体：一类是制度的制定者、实施者和政府部门中煤层气和煤炭资源勘探开发的管理者；另一类是被制度规制的对象。

就第一类而言，根据《中华人民共和国矿产资源法》（1986年通过，1996年和2009年修正）第十一条，[①] 国务院和各省（区、市）地质矿产主管部门以及各级政府主管部门，是煤层气和煤炭资源勘探开发制度的制定者、实施者和管理者。2005年，我国还成立了以国家发展改革委为组长单位（成员包括安全监管总局、科技部、财政部、劳动保障部、国土资源部、人民银行、国资委、环保总局、中国工程院、国家开发银行、中国煤炭工业协会）的专门机构——煤矿瓦斯防治部际协调领导小组。同时，26个产煤省（区、市）也相应成立了领导小组。煤矿瓦斯防治部际协调领导小组负责综合协调、督促落实、统筹煤层气产业发展规划，推动落实行业重大政策措施，健全法律法规体系，制定煤层气开发利用管理办法，规范指导煤层气产业发展。所以，为协调煤层气和煤炭资源协调开发成立的专门机构，也是煤层气和煤炭资源勘探开发制度的制定者、实施者和管理者。

第二类被制度规制的对象则包括所有煤层气和煤炭矿业权人（煤层气和煤炭企业）。

三 煤层气和煤炭资源协调开发应遵守的基本原则

通过梳理相关政策法规发现，我国煤层气和煤炭资源开发需遵守以下几个基本原则。

（一）"先采气、后采煤""采煤采气一体化"原则

《煤矿瓦斯治理与利用总体方案》（发改能源〔2005〕1137号）强调以人为本，关爱矿工生命，要求煤矿企业在开采煤炭过程中必须遵守"先抽（瓦斯）后采（煤）"原则，做好煤矿瓦斯治理；同时"坚持采煤采气一体化、地面与井下抽采相结合，通过瓦斯治理与利用，解放生产力，保护生命，保护资源，保护环境"。可以看出，《煤矿瓦斯治理与

[①] 《中华人民共和国矿产资源法》第十一条规定，"国务院地质矿产主管部门主管全国矿产资源勘查、开采的监督管理工作。国务院有关主管部门协助国务院地质矿产主管部门进行矿产资源勘查、开采的监督管理工作。省、自治区、直辖市人民政府地质矿产主管部门主管本行政区域内矿产资源勘查、开采的监督管理工作。省、自治区、直辖市人民政府有关主管部门协助同级地质矿产主管部门进行矿产资源勘查、开采的监督管理工作"。

利用总体方案》的重点是煤矿瓦斯治理。而《煤层气（煤矿瓦斯）开发利用"十一五"规划》的重点则是促进煤层气产业的发展。它在"保障措施"部分要求具备地面抽采条件的，应尽快"先采气、后采煤"，而且要通过"采煤采气一体化"来促进煤层气和煤炭资源的协调开发。

《煤层气（煤矿瓦斯）开发利用"十一五"规划》确立的煤层气开发基本原则，在后续的《煤层气（煤矿瓦斯）开发利用"十二五"规划》（发改能源〔2011〕3041号）、《煤层气产业政策》（国家能源局公告2013年第2号）、《国务院办公厅关于进一步加快煤层气（煤矿瓦斯）抽采利用的意见》（国办发〔2013〕93号）、《煤层气勘探开发行动计划》（国能煤炭〔2015〕34号）、《煤层气（煤矿瓦斯）开发利用"十三五"规划》（国能煤炭〔2016〕334号）等政策文件中都得到了体现。

（二）分条件、分类别、分步骤开发原则

煤层气勘探开发需遵守的另一个原则是分条件、分类别、分步骤开发。

"分条件"是看是否具备地面开发条件。《煤层气（煤矿瓦斯）开发利用"十一五"规划》要求，凡煤层气含量高于国家规定标准并具备地面开发条件的，"优先在煤与瓦斯突出区域、煤矿安全生产接续区域和开发条件好的煤层气资源富集区域进行地面抽采"；《煤层气产业政策》（国家能源局公告2013年第2号）也规定，"在已设置煤炭矿业权但尚未设置煤层气矿业权的区域，经勘查具备煤层气地面规模化开发条件的，应依法办理煤层气勘查或开采许可证手续，由煤炭矿业权人自行或采取合作等方式进行煤层气开发"（第二十条）。

"分类别"指的是区别煤炭远景开发区和煤矿生产区，不同类别矿区遵循不同开发原则。根据《煤层气（煤矿瓦斯）开发利用"十二五"规划》（发改能源〔2011〕3041号），"煤炭远景开发区实行'先采气后采煤'，新设煤层气矿业权优先配置给有实力的企业。煤矿生产区（煤炭采矿权范围内）实行'先抽后采、采煤采气一体化'"。《煤层气产业政策》（国家能源局公告2013年第2号）第十八条也规定，"煤炭远景区实施'先采气、后采煤'，优先进行煤层气地面开发。煤炭规划生产区实施'先抽后采'、'采煤采气一体化'，鼓励地面、井下联合抽采煤层气资源，煤层瓦斯含量降低到规定标准以下，方可开采煤炭资源"。

第五章　煤层气和煤炭资源协调开发机制构成要素、影响因素和运行机理　　157

"分步骤"指的是以5年为界，统筹协调煤层气和煤炭资源开采布局和时序，分步骤开发两种资源。根据《煤层气（煤矿瓦斯）开发利用"十二五"规划》（发改能源〔2011〕3041号），对那些已设置煤层气矿业权但未设置煤炭矿业权的区块，如果根据煤炭建设规划5年内需要建设的，"按照煤层气开发服务于煤炭开发的原则，调整煤层气矿业权范围，保证煤炭开采需要"。《煤层气产业政策》（国家能源局公告2013年第2号）也做了类似规定，要求"采取合作或调整煤层气矿业权范围等方式，保证煤炭资源开发需要，并有效开发利用煤层气资源"（第二十条）。《国务院办公厅关于进一步加快煤层气（煤矿瓦斯）抽采利用的意见》（国办发〔2013〕93号）、《煤层气勘探开发行动计划》（国能煤炭〔2015〕34号）也都以5年为界，统筹协调煤层气和煤炭资源开采布局和时序，对煤炭规划5年内建产的区域，优先保证煤炭开发；对5年后建产的区域，坚持"先采气、后采煤"。

（三）气煤企业互让互谅原则

《煤层气勘探开发管理暂行规定》（煤规字〔1994〕第115号）提出，"同一区域内的煤炭企业和煤层气企业应当密切协作，遵循互让互谅的原则，正确处理煤炭开采和煤层气开发的关系"（第二十八条）。

第二节　煤层气和煤炭资源协调开发机制影响因素

关于煤层气和煤炭资源开发，第一次提出要"创新协调开发机制"的是《煤层气（煤矿瓦斯）开发利用"十二五"规划》（发改能源〔2011〕3041号）；2016年发布的《国务院关于煤炭行业化解过剩产能实现脱困发展的意见》（国发〔2016〕7号）仍在提"建立煤层气、煤炭协调开发机制，处理好煤炭、煤层气矿业权重叠地区资源开发利用问题"。同一年发布的《煤层气（煤矿瓦斯）开发利用"十三五"规划》（国能煤炭〔2016〕334号）也指出"煤层气与煤炭、石油天然气等资源协调开发机制不健全"，要求"健全资源协调开发机制"；之后，2023年5月下发的《自然资源部关于进一步完善矿产资源勘查开采登记管理的通知》（自然资规〔2023〕4号）还提出"各级自然资源主管部门应当根据工作需要，建立油气矿业权人、非油气矿业权人、自然资源主管部门三方工作协调机制,对涉及油气与非油气矿业权重叠相关问题进行交流沟通、协调推进工作,妥善解决有关问题";2023年7月,《自然资源部关于深化矿产资源管理改革若干事项的意见》(自然资规〔2023〕6号)又推出实行同一矿种探矿权采矿权出让登记同级管理、实行油气探采合一制度、调整探矿权期限、全面推进矿业权竞争性出让、严格控制矿业权协议出让等制度安排。这些政策措施制定的目的之一无疑也是通过矿产资源管理改革推动资源的协调开发。

上述事实说明,从2011年国家把煤层气和煤炭资源"矿业权重叠"写进正式文件并提出要建立和创新协调开发机制,到2023年5月和7月自然资源部先后发布两个部门规范性文件,我国的煤层气和煤炭资源协调开发机制仍不健全,运行效果不佳。那么,究竟是什么影响了两种资源协调开发机制的运行效果?根据国内已有研究成果和经验观察,能源需求和环境约束、煤层气勘探开发技术、煤层气企业赢利状况以及煤层气开发利用的其他机制等,都会对气煤资源协调开发机制的运行产生影响。

一 能源需求和环境约束

(一)能源需求变化的影响

先看能源需求变化如何影响气煤冲突进而影响煤层气和煤炭资源的协调开发。

煤层气和煤炭资源之间的开发矛盾源于矿业权重叠。而矿业权重叠源自《矿产资源开采登记管理办法》(中华人民共和国国务院令第241号)把"煤层气"列入国务院地质矿产主管部门审批发证矿种目录,同年成立的国土资源部从1998年开始对煤层气的勘探和开发实行登记制。所以,1998年是一个重要的时间节点。

1997~1998年,受亚洲金融危机影响尚处于萧条之中的煤炭企业大多"经营困难、缺乏采气技术、宏观战略意识不强,尤其是地方煤企并未意识到及时对煤炭矿业权区块内的煤层气矿业权进行申请登记的重要性,于是资源规模大、煤层气成藏条件好的区块由油气央企捷足先登申请登记"(曹霞等,2022),由此造成后来严重影响煤层气产业发展的矿业权重叠现象。

那么,矿业权重叠是否必然引发煤层气和煤炭企业之间的冲突?答案是不一定。比如，尽管自1998年开始就已经出现气煤矿业权重叠，但在2003年以前，由于受东南亚金融危机影响，经济发展放缓，能源需求下降，因此煤炭价格低迷。这一时期，"煤炭和煤层气勘查开采各有各的空间，气煤矛盾并不突出"（刘志逊等，2018）。

不过，2003~2010年，除2008年和2009年受国际金融危机影响经济增速稍稍减缓（但也都在9.0%以上）外，我国GDP均以高于10%的速度增长。经济快速发展带动煤炭消费量大幅上升，由此煤炭价格大幅度上涨，煤炭出现社会投资热，迫切需要增设新的煤炭矿业权。为了支持煤炭工业发展，地方政府在煤层气矿业权已登记区域授予煤炭矿业权，造成新的矿业权重叠问题。这一阶段，国家制定并实施了《煤层气（煤矿瓦斯）开发利用"十一五"规划》，并对煤层气企业施行税收优惠与减免、矿业权使用费减免、财政补贴等激励性政策。不过由于煤层气开采技术比较落后、政府扶持力度不够等因素，绝大部分煤层气企业处于亏损状态，缺少采气的积极性。在经济飞速发展，煤炭消费旺盛的情形下，煤炭企业不断扩大生产，急于采煤，而煤层气企业却"圈而不探、圈而不采"。在"先采气、后采煤"的制度约束条件下，矿业权重叠区的煤炭企业和煤层气企业冲突日益加剧，并且持续。

2014年开始，我国经济增长进入新常态，转为以中高速度增长。受经济增速放缓、能源结构调整等因素影响，煤炭需求大幅下降，供给能力持续过剩，所以2015年12月，国家推出"三去一补"政策以去产能、去库存、去杠杆，补短板。2016年，国务院下发《国务院关于煤炭行业化解过剩产能实现脱困发展的意见》（国发〔2016〕7号），开始严格控制新增产能，规定从2016年起，3年内原则上停止审批新建煤矿项目、新增产能的技术改造项目和产能核增项目；加快淘汰落后产能和其他不符合产业政策的产能，并有序退出过剩产能。煤炭行业的去产能、去库存，客观上缓解了之前因矿业权重叠屡屡发生的气煤冲突。所以，我们可以发现，2018年气煤冲突的新闻还能见诸报端，之后虽然依然存在，但已有所缓解。

（二）环境约束的影响

改革开放40余年经济的持续快速增长让8亿多人摆脱绝对贫困，实现小康，由此被誉为"中国奇迹"。但我国长期以来基于要素驱动的粗放式增长也给生态环境造成巨大破坏。尽管近些年来生态环境逐步向好，但"2020年，我国温室气体排放总量仍高达139亿吨二氧化碳当量，占全球排放总量的27%；二氧化碳排放总量达116亿吨，占到全球能源活动排放量的30%左右；人均温室气体排放量已达10吨，是全球人均水平的约1.4倍；人均二氧化碳排放量已大于7吨，也是全球人均平均水平的1.4倍"（杜祥琬，2022）。

2020年9月22日，国家主席习近平在第七十五届联合国大会郑重承诺，中国二氧化碳排放力争于2030年前达到峰值，努力争取2060年前实现碳中和。"双碳"目标面临的减排压力非常大，不过生态环境保护压力也可能转化为煤层气产业发展的动力。国家层面如能更加科学地定位煤层气产业发展地位，更好地设计激励机制，加大对煤层气全产业链的扶持力度，就能进一步促进煤层气和煤炭资源的协调开发。

二 煤层气勘探开发技术

先进且适配度高的煤层气勘探开发技术可以大大降低煤层气的生产成本，提高煤层气企业的赢利水平。在有利可图的情形下，煤层气企业更有动力加快煤层气开采步伐，这样不仅可以缩短煤炭企业因遵循"先采气、后采煤"原则而必须等待的时间，也有利于煤炭企业的安全生产，从而可以更好地促进煤层气和煤炭资源的协调开发。

我国煤层气贮存地质条件复杂。"成煤条件的多样性、成煤时代的多期性、煤变质作用的叠加性、构造变动的多幕性，造成了我国煤层气成藏作用的复杂性和气藏类型的多样性。"（穆福元等，2017）而且，中国煤层气田总体上具有低压力、低渗透率、低饱和度、煤储层含气非均质性高等特点，不同地区煤层气赋存条件差别大，有些甚至同一区块内部相邻的井在含气量、渗透率和产气量、产水量上都表现出极大的非均值性（门相勇等，2018）。

《煤层气（煤矿瓦斯）开发利用"十三五"规划》指出，"现有技术难以支撑产业快速发展"。技术上的瓶颈导致我国已开发煤层气区域工程成功率低、开发成本高（明显高于常规天然气和其他非常规天然气）、单井产量低。"目前中国煤层气井的产量仅仅是外国煤层气井平均产量的1/5~1/3，煤层气井产量低，煤层气的投入和产出不成比例。"（杨陆武，

2016)在矿业权重叠区，若煤层气企业地面开发得不到强有力的技术支持，而煤炭企业又急于采煤，则二者势必发生冲突，不利于两种资源的协调开发。

三 煤层气企业赢利状况

煤层气企业盈利状况也会对煤层气和煤炭资源协调开发产生影响。煤层气企业在赢利情况下会进一步扩大生产规模，加快煤层气开采速度，从而减少"先采气、后采煤"原则给煤炭企业形成的约束。如果不能赢利，煤层气企业基于经济效益考虑，会削减投资规模，减少勘探和工程量，甚至采取"圈而不探、圈而不采"之策。此时，若煤炭企业也不急于采煤，则二者相安无事。反之，就可能出现煤炭企业违反"先抽后采"原则的情况，从而引发气煤冲突。

从宏观层面看，煤层气开发对面临能源和环境约束的中国来说具有重要的战略意义，因而颇受政府重视。但具体到每一个煤层气企业，它首要关注和追求的是经济效益，是利润最大化，是要通过赢利来保证生存或更好生存。众所周知，煤层气地面开采项目具有"初期投入大、产出周期长、投资回收慢"[①]的特点，而且，开采技术上的不足导致我国已开发煤层气区域工程成功率低、开发成本高、单井产量低。这样，我国煤层气开发项目的直接效益往往非常低。从全行业看，只有极少数企业赢利，绝大部分煤层气企业处于亏损状态。孙茂远曾表示，"我国的煤层气资源地质条件很复杂，难采煤层气约占整体资源量的70%，常规油气技术和国外煤层气开发技术无法适应我国的煤层气开采，导致单井产量很低，平均只有400~600立方米，企业效益自然就差"[②]。

产业政策含金量不足、扶持力度不够，是影响煤层气企业赢利能力

[①] 中国工程院袁亮院士曾对沁水盆地和鄂尔多斯盆地东缘进行过大量调查研究，发现"煤层气直井单井工程成本一般为200万~300万元，水平羽状井为1200万~1500万元，产能建设成本为4亿~5亿元/$10^8 m^3$。在内部收益率20%~25%的情况下，煤层气项目动态投资回收期一般为6~9年。如果采用水平羽状井技术，投资回收期可缩短至3~5年，但投资风险更大"（穆福元等，2017）。

[②] 参阅《煤层气发展需技术创新和市场机制》，中国新闻网，2015年5月19日，https://www.chinanews.com.cn/ny/2015/05-19/7286248.shtml，最后访问日期：2024年1月3日。

的重要原因。尽管"从 1997 年开始国务院办公厅、财政部、科技部、自然资源部及山西、贵州等各级地方政府,陆续颁布各种财税支持政策,近 30 年来累计直接和间接为行业补贴和税收优惠初步估算超过数百亿元人民币"(杨陆武等,2021),但企业赢利情况仍然不佳,地面煤层气开发规模停滞不前。这种状况显然不利于气煤两种资源的协调开发。

四 煤层气开发利用的其他机制

在我国煤层气产业发展历程中,国家层面出台的与煤层气开发相关的法律法规、部门规章及各类规范性文件有 100 多个。它们共同构建了我国包括市场准入、价格形成、激励、对外合作、环境监管以及煤层气和煤炭资源协调开发在内的煤层气总体开发利用机制。第二章已分别对它们进行过阐述。尽管本书的重点是煤层气和煤炭资源协调开发机制,但事实上,煤层气开发利用的其他几个机制的运行效果也会对这两种资源的协调开发产生影响。总体而言,其他机制运行效果越好,煤层气和煤炭资源越能协调开发;反之亦然。

运行良好的煤层气市场准入机制,可以支持各类市场主体依法平等进入煤层气市场,激发市场活力,防止产生垄断,降低气煤企业之间的交易成本;运行良好的煤层气价格形成机制,可以帮助煤层气企业形成有竞争力的价格,促进煤层气的市场开发;运行良好的激励机制,可以帮助煤层气企业增强赢利能力,促进企业的可持续发展;运行良好的对外合作机制,可以帮助煤层气企业获得更先进的煤层气开采技术或者提高自身的开采技术;运行良好的环境监管机制,可以让煤层气企业更好地关注地面开发行为对煤炭企业和资源所在地产生的负外部性,进而减少彼此之间的利益冲突,更好地促进气煤资源协调开发。然而,在我国的煤层气开发实践过程中,市场准入、价格形成、激励、对外合作、环境监管等机制目前在运行过程中都还存在缺陷。比如市场准入方面,由于历史因素,我国煤层气勘探开发目前仍集中于少数中央企业,其他社会资本进入较少;价格形成方面,我国仍缺乏符合自身特征的煤层气价格形成机制与政策体系,缺乏竞争力;对外合作方面,鉴于中国煤层气资源的低品质、经济政策及勘探开发煤层气的经济性,以及国外技术与中国资源的适配性问题,国外大公司几乎全部撤离,外方合作者目前以中小企业为主，资金、技术和管理与前者不可同日而语；环境监管方面，如何对资源所在地进行补偿以弥合煤层气企业和资源所在地之间的利益分歧还没有得到充分重视。这些不足如果不能得到改善，将无助于煤层气和煤炭资源协调开发机制的更好运行。

第三节　煤层气和煤炭资源协调开发机制运行机理

机制是一个作用过程（李松林，2019）。我国的煤层气和煤炭资源协调开发机制包含一个由国家层面出台相关法律法规、政策规章及各类规范性文件确立的制度组合，该制度组合为特定约束条件下的相关主体设定目标和应该遵循的原则，然后通过利益诱导、政府推动、资源约束、市场驱动来推动煤层气和煤炭资源的协调开发，进而促进煤层气的产业化发展。

一　煤层气和煤炭资源协调开发机制的基本结构

（一）各相关主体角色及相互关系

要回答煤层气和煤炭资源协调开发机制是如何运作的这个问题，首先要明确各个参与者及其各自的功能以及彼此之间的关系。

前文已把煤层气和煤炭资源协调开发相关主体划分为两类：一类是作为制度制定者和实施者的政府及负责煤层气和煤炭资源勘探开发的管理者；一类是被制度规制的对象——煤层气和煤炭矿业权人或煤层气和煤炭企业。

在上述参与者中，《中华人民共和国矿产资源法》规定，国务院地质矿产主管部门是全国矿产资源勘查、开采的监督管理者，确定煤层气和煤炭资源协调开发的目的和目标，同时遵循煤层气和煤炭开采基本规律，确定两种资源协调开发过程中必须遵守的基本原则（"先采气、后采煤""采煤采气一体化""互让互谅"）及具体制度安排。然后各级地质矿产主管部门按我国矿业权管理体制确定的权限负责本级煤层气和煤炭资源的矿业权管理（审批、出让、矿业权交易市场监管、标准制定等）。煤层气和煤炭矿业权人是两种资源协调开发机制的规制对象，它们在既定的约束条件（制度约束和自身资源条件的约束）下从自己的利益出发采取行动。

（二）明确制度目的，确定气煤资源协调开发目标

在煤层气和煤炭资源协调开发机制的运行过程中，明确各种制度安排的目的（化解矿业权重叠引发的气煤冲突，促进两种资源的协调开发）及制度安排最终要实现的目标（实现煤层气和煤炭产业的有序、健康和持续发展，进而通过加快煤层气开发的规模化产业化发展，促进我国能源革命和能源转型，助力"双碳"目标更好实现）是要解决的首要问题，因为目的和目标的确立，可以让各相关主体确定行动方向，而包括矿权管理、综合勘查、资料共享、合作开发、勘查开发约束及区块退出、纠纷解决等在内的各项具体煤层气和煤炭资源协调开发制度的制定，则让煤层气和煤炭资源协调开发机制得以标准化，并保持一定的稳定性，从而更好地促成最终目标实现。

同时，煤层气和煤炭资源协调开发责任主体——煤层气和煤炭矿业权人——的选择或行动的合理性，对于顺利实现两种资源的协调开发也至关重要。煤层气和煤炭矿业权人是两种资源开发过程中协调任务的主要执行者。如果它们能在现行的制度约束条件下采取一致行动，互让互谅，尽可能减少相互之间的掣肘，充分合作，力争共赢，则矿业权重叠引发的矛盾与冲突可化为无形。

二 煤层气和煤炭资源协调开发机制运行的动力机制

煤层气和煤炭资源协调开发机制运行的动力机制既有来自企业内在需求的利益诱导，又有来自企业外部环境要求的政府推动、资源约束和市场驱动（董树功、艾甜，2020）。

（一）利益诱导机制

《史记·货殖列传》云："天下熙熙，皆为利来；天下攘攘，皆为利往。"煤层气和煤炭资源协调开发的内部动力主要源于企业利润最大化。利益是推动气煤企业进行协调开发的最主要力量。

黄立君和陈焕远（2012）曾基于动态重复博弈模型对矿业权重叠情境下煤层气和煤炭企业的行动策略、不同策略所能获得的收益进行研究，发现如果合作能给双方带来好处，则煤层气和煤炭企业选择合作，两种资源可以实现协调开发；若侵权（煤炭企业不顾"先采气、后采煤"原则违法采气）产生的成本小于侵权产生的收益，则气煤企业选择侵权，从而引发气煤冲突。可见，矿业权重叠情境下煤层气和煤炭资源能否协调开发，取决于两种行动策略是给矿业权人带来好处还是损失。气煤开发过程中出现的侵权行为或合作行为，都是矿业权人基于成本收益计算后产生的结果。

（二）政府推动机制

从我国煤层气和煤炭协调开发实践看，自1994年4月4日煤炭工业部发布《煤层气勘探开发管理暂行规定》（煤规字〔1994〕第115号）至今，我国先后出台了包括《煤矿瓦斯治理与利用总体方案》（发改能源〔2005〕1137号）、《国务院办公厅关于加快煤层气（煤矿瓦斯）抽采利用的若干意见》（国办发〔2006〕47号）、《煤层气（煤矿瓦斯）开发利用"十一五"规划》在内的10余项政策法规，从不同层面对煤层气和煤炭资源的协调开发进行了顶层设计。国家为两种资源协调开发确定了管理机构、设定了目的和目标、确立了应遵循的基本原则、制定了安全生产标准，以及具体的煤层气和煤炭资源协调开发各项制度安排并加以实施。可见，政府推动着各相关主体履行协调开发职责，并从制度上提供强大推动力。

（三）资源约束机制

从煤层气和煤炭资源协调开发责任主体——煤层气和煤炭矿业权人——角度看，它们在行动过程中会受到各种资源方面的约束，包括煤层气和煤炭开采技术不成熟、煤层气和煤炭专业化施工人才和高级管理人才不充沛、勘探开发投入资金短缺、管网及配套基础设施薄弱等。这些不足会增加企业生产成本，降低企业经济效益，不利于气煤企业扩大生产规模，也会影响煤层气和煤炭资源的协调开发。

（四）市场驱动机制

除了利益诱导、政府推动，煤层气和煤炭资源的协调开发还需要通过市场机制来驱动。在"先采气、后采煤"的制度约束条件下，如能通过市场竞争与合作来加快煤层气产业发展，无疑可以推动矿业权重叠区气煤资源的协调开发。

2011年国家发展改革委、国家能源局制定的《煤层气（煤矿瓦斯）开发利用"十二五"规划》首次提出要"坚持市场引导与政策扶持相结合，促进产业又好又快发展"；《能源发展"十二五"规划》（国发〔2013〕2号）也提出要"充分发挥市场机制作用"；《煤层气产业政策》（国家能源局公告2013年第2号）提出"坚持市场引导"原则，"鼓励具备条件的各类所有制企业参与煤层气勘探开发利用"。《国务院办公厅关于印发能源发展战略行动计划（2014—2020年）的通知》（国办发〔2014〕31号）首提要"充分发挥市场在能源资源配置中的决定性作用"，之后包括《自然资源部关于深化矿产资源管理改革若干事项的意见》（自然资规〔2023〕6号）在内的多个煤层气相关文件都要求"充分发挥市场在资源配置中的决定性作用"。

毫无疑问，国家希望通过市场化的竞争与合作，在煤层气矿业权市场和产品市场引入多元化的主体，以此来激发市场活力，驱动煤层气产业的可持续发展。

第六章 煤层气与煤炭资源协调开发的中国探索：山西经验[①]

前两章关于我国煤层气和煤炭资源协调开发机制现状、主要内容、问题及原因、构成要素、影响因素以及运行机理等的研究表明，对现行气煤资源协调开发机制的改进，既要遵循煤层气和煤炭资源开发的基本规律，又要重视实践探索（国内国外）带来的有益经验。

山西省是我国的煤层气大省，也是我国煤层气与煤炭矿业权重置最为普遍的省份，煤层气企业和煤炭企业之间的冲突最为突出。为解决广为诟病的矿业权重置下的气煤矛盾，2013年10月，国土资源部同意以"部控省批"为原则，在山西省进行试点，将煤炭和煤层气矿业权审批事项授权给山西省。2016年10月14日，山西省人民政府办公厅同时发布《山西省人民政府办公厅关于煤层气矿业权审批和监管的实施意见》和《山西省煤层气和煤炭矿业权重叠区争议解决办法（试行）》，目的在于规范处理煤层气和煤炭矿业权重叠争议，促进煤层气与煤炭产业协调发展。

10余年来，根据国家顶层设计要求，山西省在煤层气和煤炭资源协调开发方面进行了许多实践探索，并形成了有益的、可资借鉴的经验。本章通过梳理山西省煤层气开发利用现状，阐释国家、地方政府、煤层气和煤炭企业四元主体如何联合创新煤层气和煤炭资源协调开发机制，并重点阐述山西省在气煤资源协调开发中形成的煤层气企业与多家中小煤炭企业自愿合作的"三交模式"、煤炭企业反哺煤层气开发的"华潞模式"和煤炭企业综合勘查开发煤炭煤层气资源的"晋煤模式"给其他省份带来的启示。

第一节 山西省煤层气开发利用现状

根据山西省人民政府办公厅公布的数据，"2015年，地面抽采煤层

[①] 本章第二、第三节内容笔者曾以论文形式公开发表。

气量达到 41.77 亿立方米、利用量 34.78 亿立方米，分别占全国的 94.93%、91.53%，利用率为 83.27%"[1]。另从公开报道可知，"2015 年至 2021 年底，煤层气探明地质储量由 0.58 万亿立方米增加到 1.12 万亿立方米，其中煤层气探明储量 7198 亿立方米，约占全国 90%；煤成气地面抽采量由 41.77 亿立方米增加到 94.13 亿立方米，其中，2021 年煤层气年产 61.27 亿立方米，占全国煤层气年产量的 80%"[2]。经过 30 多年的发展，山西省煤层气产业在国内全面领先。

一 山西省煤层气资源概况

山西是中国煤炭生产大省，是中国重要的能源供应基地。其得天独厚的煤炭资源中蕴藏着极其丰富的煤层气。山西全省埋深 2000 米以浅的含气面积为 3.59 万平方千米，预测资源量约 8.31 万亿立方米，占全国的 27.7%，居全国首位。根据《山西省煤层气资源勘查开发规划（2016—2020 年）》（以下简称《开发规划（2016—2020 年）》）的数据可知，"截至 2015 年底，山西全省累计探明煤层气地质储量 5784.01 亿立方米，约占全国的 88.0%"，[3] 主要分布在沁水盆地和鄂尔多斯盆地东缘（见图 6-1）。

图 6-1 显示，沁水煤田煤层气探明地质储量为 4341.18 亿立方米，约占全省的 75.1%；河东煤田煤层气探明地质储量为 1228.55 亿立方米，约占全省的 21.2%；西山煤田煤层气探明地质储量为 214.28 亿立方米，约占全省的 3.7%。沁水煤田和河东煤田是山西省煤层气开发利用的两大重点区域。

二 山西省煤层气及油气的矿业权设置

根据山西省人民政府办公厅 2021 年 12 月编制的《山西省煤层气资

---

[1] 《山西省煤层气资源勘查开发规划（2016—2020 年）》，山西省自然资源厅网，2017 年 11 月 23 日，https://zrzyt.shanxi.gov.cn/zwgk/zwgkjbml/ghjh/dzkcgh/202109/t20210903_1845599.shtml，最后访问日期：2025 年 4 月 30 日。

[2] 郎麒：《年产 61.27 亿方！山西 2021 年煤层气产量占全国 8 成》，央广网，2022 年 9 月 20 日，https://www.cnr.cn/sx/yw/20220920/t20220920_526014638.shtml，最后访问日期：2025 年 4 月 30 日。

[3] 截至 2021 年底，山西省煤层气探明地质储量由 0.58 万亿立方米增加到 1.12 万亿立方米，其中煤层气探明储量 7198 亿立方米，约占全国探明地质储量的 90%。

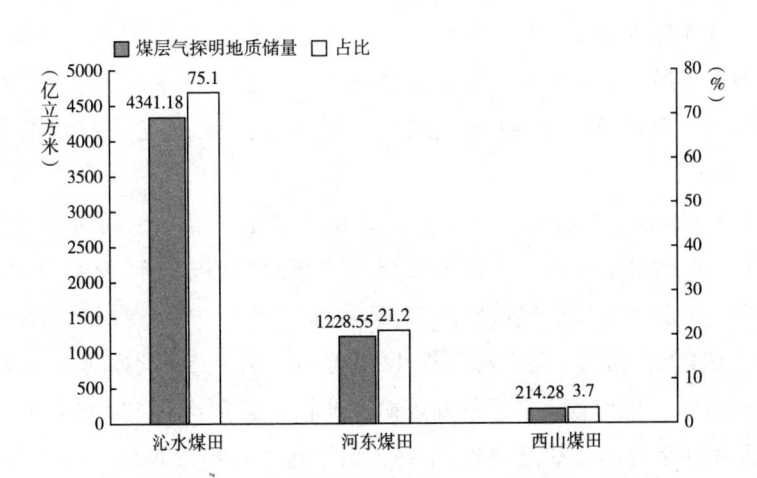

图 6-1 山西省三大聚气煤田煤层气探明地质储量分布情况

资料来源：山西省人民政府办公厅发布的《山西省煤层气资源勘查开发规划（2016—2020年）》。

源勘查开发规划（2021—2025年）》（以下简称《开发规划（2021—2025年）》），截至 2020 年底，山西省境内已设置的煤层气及油气矿业权由"十二五"末的 48 个增加到 89 个，登记面积 4.65 万平方千米。其中煤层气矿业权 82 个、登记面积 3.22 万平方千米，包括探矿权 66 个、面积 2.97 万平方千米，采矿权 16 个、面积 0.25 万平方千米，油气探矿权 7 个、面积 1.43 万平方千米。"十三五"期间共出让煤层气探矿权 35 个，其中以综合评标方式出让 23 个区块，中标企业承诺 3 年投资 47.11 亿元。在全国率先以网上竞价方式挂牌出让 2 个区块，实现出让收益 9.2 亿元，批准煤炭矿业权人增列煤层气矿业权 7 宗，在全国率先挂牌出让 3 个废弃矿井煤层气抽采试验区块。

三 山西省的煤层气资源开发利用

山西省对煤层气的勘查开发较早，煤层气行业在全国一直处于领先地位。早在 20 世纪 50 年代，山西省就开始了小规模井下瓦斯抽采。20 世纪 80 年代后期，进入地面抽采试验阶段。根据《开发规划（2016—2020年）》的数据，"十二五"期间，沁水盆地、鄂尔多斯盆地东缘两大产业化基地建设稳步推进。山西全省煤层气利用量达 250 亿立方米，相当于节约标准煤 3000 万吨，减少二氧化碳排放 3.75 亿吨。2015 年，地面抽采煤层气和煤矿瓦斯抽采总量达到 101 亿立方米。另据国家统计局的数据，2018 年，山西省煤层气产量占全国煤层气总产量的比例为 70.6%。[①]

《开发规划（2021—2025 年）》提供了"十三五"期间山西省煤层气开发利用的最新数据：山西省煤层气"新增探明地质储量 4848.12 亿立方米，地面抽采煤层气量增加 39.69 亿立方米""全省煤层气利用量达 350 亿立方米，相当于替代标准煤 4250 万吨，减少二氧化碳排放 4704 万吨。2020 年，地面抽采煤层气和煤矿瓦斯抽采总量达到 140 亿立方米"。地面勘探抽采方面，截至 2020 年底，山西省累计施工煤层气钻井 20312 口，在建及建成地面煤层气产能为每年 140.92 亿立方米。2020 年，地面抽采量达到 81.46 亿立方米（其中煤层气 56.58 亿立方米）、利用量 76.25 亿立方米，利用率为 93.60%；煤矿瓦斯抽采量 64.03 亿立方米、利用量 28.94 亿立方米，分别占全国的 50.04%、50.43%，利用率为 45.20%，高于全国平均水平 0.37 个百分点。煤层气资源利用方面，截至 2020 年，煤层气（煤矿瓦斯）发电装机容量超过 100 万千瓦，晋城市总装机容量 28.4 万千瓦，沁水县建成 5 个煤层气压缩站、4 个煤层气液化项目，具备每日液化 155 万立方米标准状态煤层气的能力，年利用近 6 亿立方米。输气管网建设方面，国家在山西省境内建成了陕京一线、陕京二线、陕京三线、榆济线、西气东输等东西向的过境管线；山西省投资建成连接 11 个设区市，111 个县（市、区）的省内管线，输气管道总长度已达 8610 千米，形成"贯穿东西、纵穿南北"的"三纵十一横、一核一圈多环"的输气管网系统，县级管网覆盖率达到 95%，输气能力达到每年 300 亿立方米。

[①] 参阅《能源生产稳中有升 清洁发展趋势明显——第四次全国经济普查系列报告之七》，国家统计局网，2019 年 12 月 9 日，http://www.stats.gov.cn/xxgk/sjfb/zxfb2020/201912/t20191209_1767563.html，最后访问日期：2025 年 4 月 30 日。

第二节 煤层气和煤炭资源协调开发的山西经验

一 山西省的煤层气和煤炭矿业权重叠

山西省煤层气、煤炭矿业权重叠问题突出。据史建儒和孙思磊（2016）的调查，在山西省设置的48个煤层气和油气矿业权中，有32个（4个采矿权和28个探矿权）与现有煤炭矿业权存在重叠的问题，重叠煤炭矿业权175个，重叠面积3910.81平方千米。其中，与现有煤炭采矿权重叠122个，重叠面积1905.83平方千米，占总重叠面积的48.7%。与煤炭探矿权重叠53个，重叠面积2004.98平方千米，占总重叠面积的51.3%。

另据刘志逊等（2018）的研究，截至2007年，山西省24个煤层气矿业权均与煤炭矿业权有不同程度的重叠，其中，探矿权重叠52个（61次），重叠面积为1398.57平方千米；采矿权重叠484个（519次），重叠面积为2126.199平方千米，二者加总，总重叠面积为3524.769平方千米。通过一系列的清理工作，重叠面积尽管有所减少，但截至2015年，仍有3221.34平方千米。

史建儒和孙思磊（2016）、刘志逊等（2018）的研究表明，山西省境内既有煤层气采矿权与煤炭采矿权之间的重叠，也有煤层气探矿权与煤炭采矿权的重叠、煤层气采矿权和煤炭探矿权的重叠，还有煤层气探矿权和煤炭探矿权的重叠。煤层气企业和煤炭企业之间因矿业权重置而产生利益冲突和产权纠葛。另据《山西省煤层气资源勘查开发规划（2016—2020年）》，山西省境内的煤层气和煤炭矿业权重叠区，面积大于10平方千米的有92处（见表6-1）。这些矿区的矿业权都需要进行重点协调。

表6-1 山西省煤层气和煤炭矿业权重叠类型及矿区情况

矿业权重叠类型	矿区名称
煤层气探矿权/煤炭采矿权	与河曲、保德等煤层气探矿权区块重叠的煤炭采矿权区块43处

续表

矿业权重叠类型	矿区名称
煤层气探矿权/煤炭探矿权	与古交、柳林等煤层气探矿权区块重叠的煤炭探矿权区块31处
煤层气采矿权/煤炭探矿权	与延川南、郑庄等煤层气采矿权区块重叠的煤炭探矿权区块11处
煤层气采矿权/煤炭采矿权	与郑庄、成庄等煤层气采矿权区块重叠的煤炭采矿权区块7处
合计	重叠区面积大于10平方千米的有92处

资料来源：《山西省煤层气资源勘查开发规划（2016—2020年）》（晋政办发〔2017〕90号），2017年8月7日。

表6-1显示，在煤层气探矿权/煤炭采矿权重叠方面，与河曲、保德等煤层气探矿权区块重叠的煤炭采矿权区块43处；在煤层气探矿权/煤炭探矿权重叠方面，与古交、柳林等煤层气探矿权区块重叠的煤炭探矿权区块31处；在煤层气采矿权/煤炭探矿权方面，与延川南、郑庄等煤层气采矿权区块重叠的煤炭探矿权区块11处；在煤层气采矿权/煤炭采矿权方面，与郑庄、成庄等煤层气采矿权区块重叠的煤炭采矿权区块7处。

二 国家层面对山西煤层气和煤炭资源协调开发的制度设计

山西省关于煤层气和煤炭资源协调开发的机制设计是在国家相关制度安排之下进行的，自1994年起，国家层面陆续制定了10余份规范性文件以解决煤层气和煤炭矿业权重置导致的不协调开发问题。

为了加快培育和发展煤层气产业，推动能源生产和消费革命，2015年2月3日，国家能源局组织印发了《煤层气勘探开发行动计划》。该行动计划首次提出要"推进山西省煤层气和煤炭资源管理试点工作"。

2016年4月6日，国土资源部部长姜大明签发《国土资源部关于委托山西省国土资源厅在山西省行政区域内实施部分煤层气勘查开采审批登记的决定》，明确将山西省境内部分煤层气探矿权、占用储量中型以下采矿权、煤层气试采审批权以及日常监管权，正式委托山西省国土资源厅行使，首次打破煤层气资源实行国家一级管理的惯例。

2016年11月，国家能源局编制印发了《煤层气（煤矿瓦斯）开发利用"十三五"规划》。"十三五"规划提出要"健全资源协调开发机制""采取合作或调整煤层气矿业权范围等方式，妥善解决矿业权重叠范围内资源协调开发问题。完善废弃矿井残存瓦斯开发政策",并提出要"总结推广采煤采气一体化的'晋城模式'、煤炭和煤层气企业合作共赢的'潞安模式'和先采气后采煤的'三交模式'"。

2017年6月7日,国土资源部部长姜大明签发《关于委托山西省等6个省级国土资源主管部门实施原由国土资源部实施的部分矿产资源勘查开采审批登记的决定》。国土资源部决定"委托山西、福建、江西、湖北、贵州、新疆6个省、自治区国土资源厅〔以下简称6省(区)国土资源厅〕,在本行政区域内实施原由国土资源部实施的部分矿产资源勘查、开采审批登记"。委托事项如下:"除石油、烃类天然气、页岩气、放射性矿产、钨、稀土6种矿产资源外,其他原由国土资源部实施的矿产资源勘查审批登记委托6省(区)国土资源厅在本行政区域内实施";"除石油、烃类天然气、页岩气、放射性矿产、钨、稀土、资源储量规模10亿吨以上的煤、资源储量规模大型以上的煤层气、金、铁、铜、铝、锡、锑、钼、磷、钾17种矿产资源外,其他原由国土资源部实施的矿产资源开采审批登记委托6省(区)国土资源厅在本行政区域内实施";"跨省、自治区、直辖市的矿产资源勘查、开采审批登记继续由国土资源部实施"。这样,矿业权委托审批制度改革试点从山西扩大到包括山西、福建、江西、湖北、贵州、新疆在内的6个省(区)(有效期为5年)。

2016年,国土资源部关于部分煤层气勘查、开采审批权的下放,打破了长期以来煤层气资源实行国家一级管理的惯例。试点省份可以部分避开"企业申请、行政授予、一级审批、一级处罚"的国家煤层气矿业权管理路径,根据所在省份的实际情况,开展委托事项的承接工作。这样,国家层面的顶层设计为地方政府制定更加符合本地实际情况的气煤协调开发制度指明了方向。

三 山西省政府层面对煤层气和煤炭资源协调开发的制度设计

在煤层气审批权下放之前,山西省就对煤层气和煤炭资源的协调开发进行过探索。2010年发布了《山西省人民政府办公厅关于加快推进我省"四气"产业一体化发展的若干意见》(晋政办发〔2010〕72号)。[①]

---

① 此件已于2017年7月31日宣布失效。

针对矿业权重叠问题,该意见提出"坚持先抽后采,实现采煤、采气一体化。我省大型煤炭企业集团要将煤层气开发与煤炭开采相结合,在煤炭现采区和后备区实现采煤、采气一体化……对煤炭资源开发的远景区和后备区,要积极推行'先抽气后采煤、采煤采气一体化'的开发方针。对煤炭矿权和煤层气矿权分置的矿区,矿权持有人要建立相互沟通机制,实现煤层气和煤炭两个行业之间的良性互作,互利共赢"。国土资源部于2016年4月6日下发的《国土资源部关于委托山西省国土资源厅在山西省行政区域内实施部分煤层气勘查开采审批登记的决定》所做的改革,也对山西省的煤层气产业化发展产生了积极影响。一方面,煤层气矿业权的委托大大降低了煤层气勘探开发企业的交易成本,由以前的进京报批变为省内申请,由此释放了改革红利;另一方面,有利于山西省统筹煤层气和煤炭两种资源的开发,打破条块分割,促进中央企业和省属企业之间的合作。为了做好煤层气审批权的承接以及更好地解决煤层气和煤炭矿业权重叠引发的气煤矛盾问题,山西省委、省政府出台了"一揽子"配套改革措施,以便两种资源协调开发机制可以更好地发挥作用。

(一)山西省出台的煤层气和煤炭资源协调开发相关法规文件

经过问题梳理、密集调研、政企互动、专家论证等过程,山西省政府先后出台了《山西省人民政府办公厅关于煤层气矿业权审批和监管的实施意见》《山西省人民政府办公厅关于完善煤层气试采审批管理工作的通知》《山西省煤层气和煤炭矿业权重叠区争议解决办法(试行)》等10余项配套制度安排(见表6-2),以便更好地解除产业发展的政策困境,促进煤层气产业的有序、健康发展。

表6-2 山西省关于煤层气和煤炭资源协调开发制度安排汇总

序号	文件名称	文号
1	《山西省人民政府办公厅关于加快推进我省"四气"产业一体化发展的若干意见》	晋政办发〔2010〕72号
2	《山西省人民政府办公厅关于煤层气矿业权审批和监管的实施意见》	晋政办发〔2016〕139号
3	《山西省人民政府办公厅关于完善煤层气试采审批管理工作的通知》	晋政办发〔2016〕140号

续表

序号	文件名称	文号
4	《山西省煤层气和煤炭矿业权重叠区争议解决办法（试行）》	晋政办发〔2016〕141号
5	《山西省国土资源厅关于煤炭矿业权人申请本矿区范围内煤层气矿业权有关事项的通知》	晋国土资规〔2017〕2号
6	《山西省国民经济和社会发展第十三个五年规划纲要》	晋政发〔2016〕12号
7	《山西省矿产资源总体规划（2016—2020年）》	晋政办发〔2017〕89号
8	《山西省煤层气资源勘查开发规划（2016—2020年）》	晋政办发〔2017〕90号
9	《中共山西省委办公厅山西省人民政府办公厅关于印发〈山西省矿业权出让制度改革试点工作方案〉的通知》	厅字〔2017〕48号
10	《山西省人民政府办公厅关于印发山西省深化煤层气（天然气）体制改革实施方案的通知》	晋政办发〔2018〕16号
11	《关于加快签订煤层气和煤炭矿业权重叠区资源利用安全互保协议书的通知》	晋自然资函〔2018〕91号
12	《山西省煤层气勘查开采管理办法》	山西省人民政府令第273号
13	《山西省煤层气资源勘查开发规划（2021—2025年）》	晋政办发〔2022〕107号
14	《山西省煤层气勘查开采管理办法》（2021年修正）	山西省人民政府令第288号
15	《山西省财政厅 山西省自然资源厅 国家税务总局山西省税务局 中国人民银行山西省分行关于印发〈煤层气矿业权占用费征收暂行办法〉的通知》	晋财规综〔2024〕1号

资料来源：笔者根据山西省公开发布的相关文件整理制作。

（二）山西省煤层气和煤炭资源协调开发的实践探索

1. 矿业权管理方面

得益于2016年发布的《国土资源部关于委托山西省国土资源厅在山西省行政区域内实施部分煤层气勘查开采审批登记的决定》和2017年发布的《关于委托山西省等6个省级国土资源主管部门实施原由国土资源部实施的部分矿产资源勘查开采审批登记的决定》，长期以来国家规定的由部一级负责的煤成（层）气的探矿权开始交由省级负责，采矿权则调整为部省两级分级审批。这样，除"资源储量规模10亿吨以上的煤和资源储量规模大型以上的煤层气"外，其余的矿业权审批都授权给了省级政府。国家层面矿业权审批制度的改革，使得山西省可以依托本省煤层气资源赋存情况和已有矿业权设置方面的信息优势，大大提高审批效率，降低管理成本。省政府层面，山西省也对煤层气矿业权出让进行了进一步探索。

根据《山西省人民政府办公厅关于煤层气矿业权审批和监管的实施意见》（晋政办发〔2016〕139号），煤层气矿业权主要采取"竞争出让"和"协议出让"两种方式进行。竞争出让方面，该实施意见规定"煤层气矿业权主要以招标方式出让，逐步采取拍卖、挂牌方式出让，单个矿区面积原则上不超过300平方公里"。对于国务院批准的重点建设项目、已设煤炭采矿权（平面范围不与油气矿业权重叠的）深部或者上部勘查开采煤层气资源项目、已设油气采矿权深部或者上部勘查开采煤层气资源项目，则按2020年3月出台的《山西省煤层气勘查开采管理办法》（山西省人民政府令第273号）规定，可以以协议方式出让。《山西省人民政府办公厅关于煤层气矿业权审批和监管的实施意见》的一个亮点是对煤层气矿业权出让实行勘查承诺制，要求"矿业权竞得人须对资金投入、实物工作量、勘查进度、综合勘查、储量提交、产能建设、区块退出、违约和失信责任等作出承诺，并明确违约责任及处理方式"。

2017年12月8日，《中共山西省委办公厅山西省人民政府办公厅关于印发〈山西省矿业权出让制度改革试点工作方案〉的通知》[1]进一步对煤层气矿业权出让条件和出让方式进行了规定。在出让条件方面，该改革试点工作方案坚持"单个矿区面积原则上不超过300平方公里"的原则；在出让方式方面，则要求"全面推进竞争性出让。除法律法规规定的可以协议出让的情形外，其他矿业权一律通过招标拍卖挂牌方式公开出让"。对"因国家重点建设项目确需出让已设煤层气矿业权范围内的煤炭矿业权"的，该改革试点工作方案强调对矿业权人的补偿问题，规定"登记管理机关应当依法变更或者撤回煤层气矿业权行政许可，并依法给予煤层气矿业权人补偿"。

---

[1] 见《山西省煤层气审批管理制度汇编（2018版）》，山西省自然资源厅网，2019年2月20日，https://zrzyt.shanxi.gov.cn/zwgk/zwgkjbml/zcfg/yqgll/flfg/202109/t20210903_1845939.shtml，最后访问日期：2025年5月8日。

2. 综合勘查方面

2017年8月27日，山西省人民政府办公厅印发的《山西省矿产资源总体规划（2016—2020年）》（以下简称《总体规划》）要求必须对煤层气、煤炭资源进行综合勘查、评价和储量评审备案；鼓励持有煤炭资源采矿权的企业申请煤层气矿业权。在已设置煤炭矿业权的区域，具备煤层气地面规模化开发条件的，允许变更增加煤层气矿种，支持鼓励煤炭矿业权人自行或采取合作等方式进行煤层气开发。《总体规划》还允许煤炭矿业权人独立申请、与相邻矿区矿业权人或者气体矿产勘查资质单位联合申请煤层气矿业权。同年10月9日下发的《山西省国土资源厅关于煤炭矿业权人申请本矿区范围内煤层气矿业权有关事项的通知》，则确立了煤炭矿业权人可以"申请本矿区范围内煤层气矿业权"的具体条件。[①]

2018年1月23日下发的《山西省人民政府办公厅关于印发山西省深化煤层气（天然气）体制改革实施方案的通知》，继续强调要"统筹协调煤层气与煤炭、页岩气、铝土矿等资源的勘查开采布局、时序、规模和结构，促进多种资源科学开发、有序开发。创新煤系地层多种气体资源开发机制，鼓励多气共采，实现综合开发"。同时，根据《山西省煤层气勘查开采管理办法》（2021年修正），政府还"鼓励煤层气矿业权人与煤炭矿业权人在重叠区共建共享煤层气（煤矿瓦斯）抽采利用设施"。2023年1月，山西省人民政府办公厅印发的《山西省煤层气资源勘查开发规划（2021—2025年）》提出，要"按照'空间划开、时序错开、急需先上、综合利用、合理避让'的原则，统筹协调煤层气与煤炭、常规油气、铝土矿、地热等资源的勘查开采布局、时序、规模和结构，促进多种资源的科学开发、有序开发和综合开发"。

3. 资料共享方面

在资料共享方面，《山西省人民政府办公厅关于煤层气矿业权审批和监管的实施意见》（晋政办发〔2016〕139号）明确要求煤炭、煤层气

---

① 具体要求是："矿业权无争议，矿业权人履行了法定义务；矿区范围不与已设置煤层气（油气）矿业权重叠，或者申请时避让了与煤层气（油气）矿业权重叠区；矿区范围不在禁采区，或者申请时避让了禁采区；未因去产能或其他原因被省政府列入关闭名单；申请的煤层气矿业权属于国土资源部第75号令委托山西省国土资源厅实施的勘查开采登记审批权限范围内。"

矿业权人"要建立日常生产技术资料交换制度，实现开发方案相互衔接、项目进展定期通报、相关资料留存共享、安全生产共同保障"。2017年，山西省国土资源厅创造性地制定并推行了《山西省煤层气与煤炭矿业权重叠区资源利用安全互保协议书示范文本》（以下简称《示范文本》），要求煤层气和煤炭矿业权人持续稳定开展资料共享和信息沟通。《示范文本》在第二条、第三条、第四条，对煤层气、煤炭矿业权人勘查开采过程中，双方确保安全生产、开发进度通报、资料共享制度等内容进行了详细的规范；在第九条对双方在签订协议时应提供的图件、坐标等附件进行了规范。曹霞等（2022）认为，《示范文本》具象化了资源协调开发机制的要求，成为解决既有气煤矿业权重叠矛盾的基础依据。

4. 勘查开发约束及区块退出方面

关于煤层气的勘查开发约束及区块退出，山西省采取了更严格、更具体和更可操作的办法。

2017年8月7日下发的《山西省煤层气资源勘查开发规划（2016—2020年）》规定，"对于探矿权人无继续投资意愿、矿区资源无开发利用价值、限期内无探明地质储量的'三无矿区'，引导或者责令探矿权人退出"。

2017年10月印发的《山西省国土资源厅关于煤炭矿业权人申请本矿区范围内煤层气矿业权有关事项的通知》（晋国土资规〔2017〕2号），规定"申请煤层气探矿权实行勘查承诺制，申请人应书面承诺三年内勘查工作实物工作量、勘查资金投入、违约责任追究等内容"。其中，特别对"勘查资金投入"做了注解，要求"每年度最低勘查投入不得低于法定标准，三年内平均每年度勘查投入不得低于5万元/平方公里"。

2018年1月23日印发的《山西省人民政府办公厅关于印发山西省深化煤层气（天然气）体制改革实施方案的通知》要求，"对长期勘查投入不足的，要核减其区块面积，情节严重的要收回区块；对具备开发条件的区块，限期完成产能建设；对已进入自然保护区等禁采区的矿权，要责令停止开采，并有序退出。根据国家统一部署，提高最低勘查投入标准和区块持有成本，建立更加严格的退出机制"。根据2020年公布的《山西省煤层气勘查开采管理办法》（山西省人民政府令第273号），煤层气探矿权人应当自勘查区块首次登记之日起，按照"第一个勘查年度至第五个勘查年度，每平方千米每年 3 万元；第六个勘查年度至第十个勘查年度，每平方千米每年 5 万元；第十一个勘查年度至第十五个勘查年度，每平方千米每年 8 万元；从第十六个勘查年度起，每平方千米每年 10 万元"（第十六条）的规定完成最低勘查投入。在区块持有成本方面，《山西省煤层气勘查开采管理办法》规定，煤层气矿业权人自首次登记之日起，探矿权使用费"第一个勘查年度至第五个勘查年度免缴；第六个勘查年度，每平方千米每年缴纳 100 元；从第七个勘查年度起，每平方千米每年增加 100 元，最高不得超过每平方千米每年 500 元"；采矿权使用费，"每平方千米每年缴纳 1000 元"（第三十三条）。

2024 年 1 月 5 日，山西省财政厅、山西省自然资源厅、国家税务总局山西省税务局、中国人民银行山西省分行还下发了《煤层气矿业权占用费征收暂行办法》。该暂行办法规定"煤层气矿业权占用费按年度征收，逐年缴纳"。对未按时足额缴纳煤层气矿业权占用费的矿业权人，实施每日加收 2‰ 滞纳金制度（加收的滞纳金不得超过欠缴金额本金）。

山西省更严格、更具体的勘查开发约束及退出机制，有利于督促矿业权人依法依规兑现承诺，按期完成资源勘查开采任务。既确保资源的有效利用，又能缓解气煤冲突。

5. 纠纷解决方面

在化解煤层气和煤炭矿业权重叠争议方面，《山西省人民政府办公厅关于煤层气矿业权审批和监管的实施意见》（晋政办发〔2016〕139 号）要求相关部门"指导有关矿业权人签署安全互保协议、深化务实合作，通过自主协商、行政调解、行政裁决以及法院判决等多种方式，有效化解煤层气和煤炭矿业权重叠区争议"。

2016 年 10 月 14 日，山西省人民政府办公厅发布《山西省煤层气和煤炭矿业权重叠区争议解决办法（试行）》（晋政办发〔2016〕141 号）。该试行解决办法鼓励当事人经自主协商，达成协议。"协商不成的，当事人可向省国土资源厅申请行政调解。如自主协商、行政调解未能达成协议，且当事人提出申请，省国土资源厅可以按照省政府规定提出裁决建议，或者按照国土资源部委托作出行政裁决"，并提出了解决重叠区争议的三种具体方式，包括当事人签署安全互保协议，建立日常协调保障机制；当事人实施合作勘查开采，促进资源综合勘查、综合利用；当事人分阶段调整重叠区范围，或者一次性调整全部重叠区范围，实现采煤采气一体化（第六条）。

在依法依规进行煤炭煤层气协调开发方面，《山西省矿产资源总体规划（2016—2020年）》（晋政办发〔2017〕89号）根据"煤炭煤层气矿业权人分置"和"煤炭煤层气矿业权属于同一煤炭矿业权人"两种情形做出不同要求。若煤炭煤层气矿业权分属不同主体，则"按照国家有关政策及《山西省煤层气和煤炭矿业权重叠区争议解决办法（试行）》，积极协商、妥善处理勘查开采煤层气资源的争议，认真执行已经达成的协议，建立日常沟通协调机制，推进煤层气和煤炭资源综合勘查、综合利用，有效防范安全生产事故"；若煤炭煤层气矿业权属于同一煤炭矿业权人，则要求"落实煤矿瓦斯抽采全覆盖工程要求，先抽后建、先抽后采、抽用并举、提高效率，充分利用好煤炭煤层气两种资源"。

2018年11月，山西省自然资源厅印发《关于加快签订煤层气和煤炭矿业权重叠区资源利用安全互保协议书的通知》，要求"各煤层气（油气）矿业权人、煤炭矿业权人在自主协商基础上，按照山西省国土资源厅发布的《山西省煤层气和煤炭矿业权重叠区资源利用安全互保协议书示范文本》（晋国土资函〔2017〕1211号），尽快完成重叠区资源利用安全互保协议书的签订工作。已签订重叠区资源利用安全互保协议书的，要认真执行协议内容，维护矿区正常秩序"。

相比国家层面的规定，山西省关于煤层气和煤炭矿业权纠纷的解决办法要更具体、更可操作。

四 可资借鉴的煤层气和煤炭资源协调开发模式

在经历了煤层气（煤矿瓦斯）开发利用"十一五"规划期间的激烈冲突之后，一些煤层气和煤炭企业开始思考气煤企业之间的合作问题。尽管最初对如何合作并没有清晰的思路，但经过多年的摩擦、谈判和协作方式的磨合，山西省已逐步形成三元主体联合创新煤层气和煤炭资源协调开发的"三交模式"、煤炭企业反哺煤层气开发的"华潞模式"、煤炭企业综合勘查开发煤炭煤层气的"晋煤模式"（也称"晋城模式"），并取得较好示范效应。

（一）三交模式

临县"三交模式"，笔者把它定义为一种三元主体联合创新煤层气和煤炭资源协调开发机制的合作模式。

临县，位于黄河中游晋西黄土高原吕梁山西侧，隶属山西省吕梁市。临县是山西省煤炭资源大县，作为煤伴生的煤层气资源极为丰富。根据临县发展和改革局提供的数据，初步预测临县埋深在2000米以浅的煤层气资源量超过10万亿立方米。而且临县境内属典型的煤层气高渗富集区，平均含气量为每吨8~25立方米，甲烷含量均大于95%，发热量在8000千卡以上，具备大规模开发的资源条件。①

临县境内具有重大战略价值、资源丰富且开发潜力巨大的煤层气区块共4个，包括三交项目区块、（临县、柳林）三交北项目区块、（临县）临兴项目区块（临县、兴县）、紫金山项目区块（临县、兴县）。4个项目区块面积、预测储量、矿业权人、合作勘探开发单位如表6-3所示。

表6-3 山西省临县煤层气区块情况

单位：平方千米，亿立方米

序号	区块名称	区块面积	预测储量	矿业权人	合作勘探开发单位
1	三交项目区块	383.202	402.15~1164.32	中石油煤层气有限责任公司	中石油煤层气有限责任公司 奥瑞安能源国际有限公司
2	（临县、柳林）三交北项目区块	1125.7	1179.15~3413.92		中石油煤层气有限责任公司 中澳煤层气能源有限公司
3	（临县）临兴项目区块（临县、兴县）	2530	2656.5~7691.2	中联煤层气有限责任公司	中联煤层气有限责任公司 中澳煤层气能源有限公司
4	紫金山项目区块（临县、兴县）	705.367	735~2128		中联煤层气有限责任公司 亚太石油有限公司

资料来源：临县人民政府网，http://www.linxian.gov.cn/lxzjlx/lxzyzk/201801/t20180119_374580.html，最后访问日期：2019年4月11日。表中数据为临县发展和改革局2018年11月8日公开的数据。

---

① 参见临县人民政府网，http://www.linxian.gov.cn/lxzjlx/lxzyzk/201801/t20180119_374580.html，最后访问日期：2019年4月11日。本部分所用数据，除非特别说明，均来自临县人民政府网公开数据。

三交地区是中国煤层气与煤炭矿权重叠最严重的地区之一，数量占山西省矿权重叠的1/10，情况最为复杂。根据中石油煤层气有限责任公司徐祖成和李延祥（2010）的研究，"中石油三交煤层气区块面积462km^2，与煤炭企业重叠357km^2，占77%；其中与煤炭采矿权重叠59个，面积237km^2；与煤炭探矿权重叠3个，面积120km^2，主要包括大土河集团光明煤矿、东辉集团西坡煤矿、美锦集团锦源煤矿、山西焦煤集团双柳煤矿、山西汇丰集团高家塔煤矿、吕家岭煤矿等"[1]。

为了解决在煤层气与煤炭勘探开发中企业权属利益之争的矛盾，临县人民政府、中石油煤层气有限责任公司与当地煤炭企业一起，联合创新煤层气和煤炭资源协调开发机制，三元主体共同创造了颇受政府和业界赞誉的"三交模式"。2009年2月28日，中石油煤层气有限责任公司与临县人民政府签署《煤层气勘探开发合作框架协议》。临县人民政府承诺支持企业进行煤层气勘探、开发利用及管网建设，支持企业在合作范围内管输和销售煤层气。同时，县政府成立协调工作组，为中石油煤层气有限责任公司的勘探开发和利用项目简化手续，为项目申报、用地等做好全程服务。中石油煤层气有限责任公司与区内主要的煤炭企业均签署了合作框架协议，彼此承认对方的矿业权并交换技术资料，在生产中紧密配合，最终互利双赢。

在煤层气和煤炭资源协调开发实践中，为保证煤炭企业安全生产和煤层气开发的经济效益，中石油煤层气有限责任公司与煤炭企业共同进行了规划部署，规划的依据是煤矿首采区年限与煤层气井服务年限，以煤层气水平井的8年服务年限为基数，实现"以采气保采煤，以采煤促采气，采气采煤协调发展"。气煤公司根据煤矿开采需要划分出煤矿8年首采区，在煤矿8年首采区以外生产互不影响，在煤矿8年首采区内配合煤矿排采，充分利用煤矿排放瓦斯生产混合商品气，在煤矿排采瓦斯的不同阶段采用不同的开采方式，实现煤层气地面抽采与煤矿瓦斯排采

---

[1] 根据国家能源局2011年9月6日发布的文章《煤炭煤层气携手合作 临县"三交合作模式"全国推广》，三交区块主体局部隶属柳林县，矿权面积383平方千米，矿权人为中国石油天然气股份有限公司，其中与煤炭重叠的面积为282.9平方千米。这个数据与临县发展和改革局2018年11月8日公开的数据一致。参阅《煤炭煤层气携手合作 临县"三交合作模式"全国推广》，国家能源局网，2011年9月6日，http://www.nea.gov.cn/2011-09/06/c_131115319.htm，最后访问日期：2025年5月8日。

的有机结合,由此形成采气采煤协调发展的开发模式(徐祖成、李延祥,2010;罗世兴、沙景华,2011)。

徐祖成和李延祥(2010)详细描述了中石油煤层气有限责任公司和煤炭企业的具体合作方式。其一,在矿权重叠区双方开展共同勘探。双方勘探地下同一目的层,通过一井多用节约投入(将小口径的、取完资料即废弃的煤炭勘探井改为大口径的、可供地面抽采的煤层气井),双方共同进行投资、共享成果资料、分别申报储量。其二,在煤矿8年首采区以外生产互不影响。在中石油三交区块可供煤层气勘探的范围有361平方千米,其中煤矿的8年首采区范围只有约20平方千米,8年首采区以外的煤炭规划区双方生产完全没有交叉,安全生产不受影响。其三,在煤矿8年首采区内配合煤矿排采。其四,充分利用煤矿排放瓦斯生产混合商品气。地面煤层气抽采的甲烷浓度是95%,巷道瓦斯排采的甲烷浓度受生产条件制约而不同,在三交地区只有12%~30%,国家规定甲烷浓度低于30%的瓦斯不得利用。两个企业生产的不同浓度气体相混合,只要浓度达到41%,即可供应当地利用。

通过生产混合商品气,将煤矿瓦斯化害为利,从而有效降低瓦斯对大气的污染。通过上述安排,中石油煤层气有限责任公司和煤炭企业做到了在时间上实现采气采煤全过程的协调一致、在空间上实现采气采煤全过程的协调一致以及在功能上实现采气采煤全过程的协调一致。

笔者把徐祖成和李延祥(2010)、赵云海等(2016)的主要研究成果归纳整理如表6-4所示。

表6-4 三交采煤采气协调开发发展模式

区域布局	煤矿采动区煤层气开发		煤矿未采动区煤层气开发	
	废弃采煤区	采空区;5年内采煤区	5~8年采煤区	8年后采煤区
时序安排	采煤结束后	采煤进行中	采煤开始前	将来采煤
开采方式	采后抽。负压抽放,间歇抽采	采中抽。一井多用	采前抽。加密布井	排水采气。正常布井
效果	瓦斯回采,减少资源浪费	共同开发,节约投入	降低瓦斯浓度,减少瓦斯事故	互不影响

资料来源:徐祖成和李延祥(2010);赵云海等(2016)。

三交项目是中国第一批投入商业性开发的煤层气对外合作项目之一,

这种将争端转换为合作的矿权重叠解决方案,得到了时任国务院副总理张德江的高度赞誉。该模式也"被认为有利于企业、政府及社会等多层面的协调发展,其先进经验可以面向全国推广"(刘生锋、李仲锋,2011)。

(二)华潞模式

笔者把"华潞模式"界定为一种自下而上的诱致性制度变迁。"华潞模式"是由中国石油天然气股份有限公司华北油田分公司(简称"华北油田")和山西潞安矿业(集团)有限责任公司(以下简称"潞安集团")为妥善解决煤层气与煤炭矿权重叠问题而创造出来的一种合作模式。

根据国土资源部颁发的探矿权证,"华北油田在沁水盆地拥有郑庄—樊庄、夏店—沁南等7个矿权区,面积5169平方千米,资源量10800亿立方米。其中长治煤层气分公司拥有夏店—沁南区块煤层气探矿权,矿权面积1614平方千米,资源量3372亿立方米。行政区划为山西省襄垣县、沁水县、屯留县、长治市、长治县、长子县,有600平方千米气权与潞安集团煤矿权相重叠"(王明华,2013)。

华北油田于2006年5月进驻山西,启动煤层气项目。华北油田是较早涉足煤层气的国内单位,拥有同业中首屈一指的煤层气开发技术和经验。而潞安集团矿区瓦斯含量高,抽采瓦斯任务重。因此,从2009年起,作为山西五大煤炭企业集团之一的潞安集团就开始和华北油田合作。2009年4月13日,双方在矿权重叠区就煤层气开采达成一致,签署了采气采煤一体化《合作协议书》,由潞安集团出资、华北油田在潞安集团高河煤矿首采区内进行钻井、煤矿瓦斯排采工作,合作区块面积为385.84平方千米。该协议书规定,采出的煤层气归华北油田所有,采气设备归潞安集团所有。2011年8月,为扩大合作规模和范围,华北油田与潞安集团进行了新一轮协商谈判,并于2011年9月签署《煤层气(瓦斯)合作抽采利用合同》,由此,"华潞模式"形成。

根据中国石油天然气股份有限公司长治煤层气勘探开发分公司综合办公室王明华(2013)的研究,笔者把"华潞模式"形成的历程及主要做法归纳整理如表6-5所示。

表 6-5 "华潞模式"的形成历程及主要做法

时间	形成历程及主要做法
2009 年 4 月	潞安集团与华北油田在矿权重叠区就煤层气开采达成一致，双方签署采气采煤一体化《合作协议书》
2010 年	潞安集团出资，将李村煤矿首采区 3 口井交由华北油田实施钻井及瓦斯排采
2011 年	潞安集团出资，将屯留煤矿 30 口直井、1 口 U 形水平井交由华北油田实施钻井及瓦斯排采
2011 年 5 月	华北油田成立了长治煤层气项目部（2012 年 6 月转为长治煤层气勘探开发分公司），主要负责夏店—沁南区块煤层气勘探评价和规模开发工作及实施与潞安集团的合作，开展矿权重叠区内地面瓦斯抽采井的瓦斯抽采工作
2011 年 8 月	为不断扩大合作规模和范围，双方进行新一轮协商谈判
2011 年 9 月	签署《煤层气（瓦斯）合作抽采利用合同》。双方明确：计划 5 年内采煤的矿权重叠区，由潞安集团投资部署地面瓦斯抽采井，华北油田进行工程总承包，后期地面工程由华北油田投资，所产煤层气归华北油田所有；华北油田煤层气排采工作要优先满足潞安集团煤矿的瓦斯治理需求；所取得的地质资料双方共享；计划 10 年内采煤的矿权重叠区，由华北油田投资实施的煤层气开发井，潞安集团给予每立方米 0.35 元的煤层气气量补贴，有效期 12 年。"互相尊重，统筹经营，有序开发，互利双赢"的"华潞模式"初步形成
2012 年	潞安集团出资将矿权重叠区内 5 个煤矿"消除煤与瓦斯突出井"的井位部署、465 口井钻井及 340 口井压裂和 140 口井地面瓦斯抽采工程交由华北油田长治煤层气勘探开发分公司实施

资料来源：王明华（2013）。

（三）晋煤模式

"晋煤模式"也被称作"晋城模式"，是由山西晋城无烟煤矿业集团有限责任公司（现为晋能控股装备制造集团有限公司，简称"晋煤集团"）与中国矿业大学、西安煤炭科学研究院等单位合作，经过多年探索与实践创造的一种煤层气和煤炭协调开发模式。该模式被晋煤集团煤炭事业部和中国矿业大学的李国富等（2014）称为"三区联动的区域递进式立体抽采模式"（晋城模式）。

晋煤集团是中国优质无烟煤重要的生产基地、全国最大的煤层气开发利用企业、最大的煤化工企业集团、最大的瓦斯发电企业和山西最具活力的煤机制造企业。煤炭是其第一大主业，煤层气则已成为其仅次于煤炭的第二大支柱产业（孙景来，2014）。晋煤集团所处的晋城矿区西部和北部均属于高瓦斯矿区。①矿区已探明的煤层气资源量有1040亿立方米，可采储量约728亿立方米，吨煤瓦斯含量在16.8立方米以上。对晋煤集团来说，高含量的煤层气（瓦斯）既是"杀手"，又是丰富的资源。从煤炭生产来看，瓦斯治理是煤矿安全生产的永恒主题，抽采煤层气（瓦斯）的最主要目的是保证煤矿生产安全，但随着人们观念的更新，煤层气成为清洁高效的非常规能源，因此煤层气的抽采还能帮助实现效益目标。因此，如果能探索出来一条"采煤采气一体化"的道路，无疑有助于"安全、能源、效益"目标的实现。

就理论层面而言，在中国石油大学（北京）煤层气研究中心主任张遂安（2006）看来，采煤采气一体化的内涵主要体现在"统筹规划，煤、气共采；先采气、后采煤，协调发展；井下抽采与地面开发并举，分区实施"等几个方面。张遂安从理论上对分区开发模式进行了设计，具体如图6-2所示。

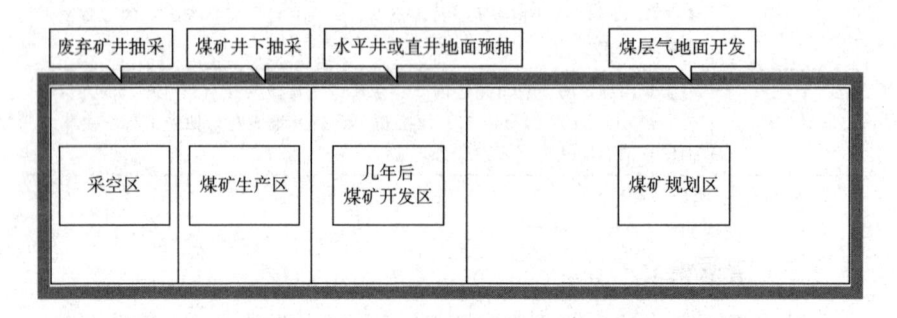

图6-2　采煤采气一体化阶段划分及煤层气分区开发模式
资料来源：张遂安（2006）。

从煤层气和煤炭协调开发实践来看，为了综合勘查开发煤炭和煤层气，20世纪90年代初，晋煤集团就在国内率先引进美国地面煤层气开发技术，从1995年在国内最早成功开发的潘庄井田7口煤层气试验井开

---

① 晋煤集团是一个拥有50多年开采历史的国有大型煤企。寺河、成庄、赵庄、长平作为晋煤集团目前煤炭生产的骨干矿井，均为高瓦斯矿井。近年来，随着煤炭资源整合工作的推进，晋煤集团拥有的高瓦斯矿井逐步增多，其中高瓦斯、煤与瓦斯突出矿井就有22个，超过矿井总数的1/3（康淑云，2013）。

始，到2003年成立专业煤层气公司，其对地面煤层气进行专业化的开发与研究工作从未停止。地面煤层气抽采井开采起初是从地面垂直井开始的，晋煤集团经过不断探索、实践、总结，掌握了"清水钻井、活性水压裂、定压排采、低压集输"的煤层气开发技术及工艺。后来其又掌握了地面垂直井、地面丛式井、地面水平羽状井的开发技术与工艺以及煤层气的高效转化利用，晋煤集团的煤层气利用率已在65%以上。

经过多年的摸索与实践，"晋煤集团根据煤炭开采时空接替规律，创新煤层气抽采工艺及关键技术，从煤气共采的角度，把煤矿开采可分为规划区、准备区、生产区三个区间，实现了三个不同区间煤层气和煤炭之间的协调开发"（孙景来，2014）。

在三区联动抽采模式下，晋煤集团根据煤炭开发时空接替规律，将煤矿区划分为规划区、准备区、生产区三个区间，分区采用地面钻井排采、地面与井下联合抽采以及本煤层钻孔抽采等不同的技术以保证煤炭安全高效生产，初步实现了煤矿区煤炭与煤层气两种资源安全、高效、协调开发，解决了煤层气与煤炭开采的时空矛盾，提高了煤炭资源回收率，实现了煤矿瓦斯抽采和地面原位抽采两个独立产业模式的有效衔接。

三区联动抽采率先在寺河煤矿得到应用并在其他矿区进行推广。晋城矿区协调开发模式的主要特点可以概括为"先采气、后采煤"，通过井上下联合抽采，实现煤炭与煤层气的协调开发，晋城矿区协调开发机制如图6-3所示。

可以看出，采煤采气一体化的关键在于井下瓦斯抽采和地面煤层气开发的结合，它要求"煤层气和煤炭协调开发在时序和空间上实现完美结合：在时间上，保持瓦斯预采与矿井的开发协调一致，形成地质勘探、地面预抽、矿井建设、煤炭开采、采中抽采、采后抽采的煤与煤层气开发的科学序列；在空间上，保证地面煤层气抽采井位的布置与矿井开拓与采掘布置衔接相适应；在功能上，努力实现煤层气井'地质勘探、采前抽、采动抽、采后抽'的一井多用，达到经济的目的"（何辉、苏丽萍，2008）。

晋煤集团实施的三区联动抽采，为中国能源工业创立了一种煤炭企业综合勘查开发煤炭和煤层气的高效开发模式。目前，晋煤集团已经成为全国最大的煤层气开发利用企业和最大的瓦斯发电企业，旗下拥有山

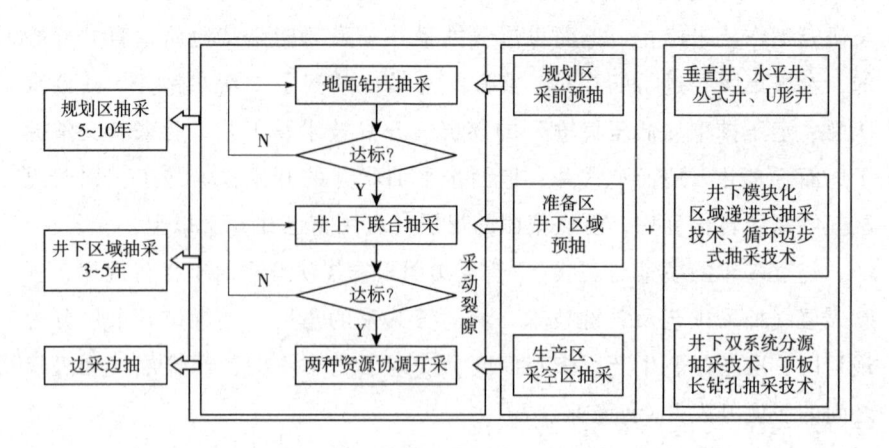

图 6-3 晋城矿区协调开发机制

资料来源：孙景来（2014）。

西蓝焰煤层气集团有限责任公司、山西能源煤层气有限公司、山西铭石煤层气利用股份有限公司、山西晨光物流有限公司和晋城天煜新能源有限公司。其中，成立于 2003 年 8 月 16 日的山西蓝焰煤层气集团有限责任公司是目前国内规模最大的煤层气开发企业。

第三节　山西省煤层气和煤炭资源协调开发的经验总结

煤层气和煤炭资源协调开发的山西经验大体可以概括为以下几个方面。

一　四元主体联合创新煤层气和煤炭资源协调开发机制

可以看出，是中央政府、山西地方政府、煤层气企业和煤炭企业四元主体共同塑造了山西省关于煤层气和煤炭资源的协调开发机制。中央一级管理机构从国家层面对煤层气和煤炭的协调开发做顶层设计，指明发展方向，地方政府根据中央管理机构确定的方向制定符合本地实际情况的气煤协调开发机制，煤层气企业和煤炭企业协商谈判（或自主，或受地方政府引导），摸索出切实可行的合作模式。从四元主体联合创新煤层气和煤炭资源协调开发机制可以看出，特定的制度创新常常需要不同创新主体联合行动才能完成，当不同主体的利益基于同一制度创新时，这种创新的成本或阻力将大大减少。同时，笔者也发现，四个不同主体在创新过程中所扮演的角色或所起的作用是不一样的，四个主体中的中央政府和地方政府既是主要的制度供给者，也是新机制和新体制的需求者和受益者。煤层气和煤炭企业在"华潞模式"中是新制度的直接缔造者，也是新制度的受益者。

二 气煤企业自愿合作是解决煤层气和煤炭矿业权重置的最佳选择

华北油田与潞安集团强强联合的"华潞模式"，通过"双方投资、合作开发、利益共享"避免了矿权之争带来的各自为政、无序开采和资源浪费严重等问题，提高了煤层气资源利用水平。从笔者收集到的公开新闻报道来看，除了与潞安集团的合作外，华北油田还把这种合作模式推广到其他煤炭企业如山西能源产业集团、国投晋城能源公司、兰花集团、晋能集团、国新能源集团等。2011年，华北油田还与晋城市和长治市签订煤层气合作开发利用框架协议。我们从公开文献关于华北油田和潞安集团合作历程的阐述中可以看出，华北油田与潞安集团之间的合作在前，晋城市和长治市政府与华北油田的签约在后。

由上述内容可知，华北油田和潞安集团的合作开发，完全是双方自愿协商合作的结果。这也是"华潞模式"跟"三交模式"的一个很大的不同。在"三交模式"中，临县人民政府发挥了主导者和协调者的作用。中石油煤层气有限责任公司先有与临县人民政府签署的《煤层气勘探开发合作框架协议》，然后在县政府的帮助下，与地方企业签订合作框架协议。而在"华潞模式"中，先有华北油田与潞安集团之间的《合作协议书》和《煤层气（瓦斯）合作抽采利用合同》，再有华北油田与两个市政府之间的合作。用新制度经济学的语言来说，"三交模式"属于自上而下的强制性制度变迁，而"华潞模式"属于自下而上的诱致性制度变迁。尽管两种模式中起主导作用的主体不同，但都促成了气煤企业之间的合作，促进了煤层气和煤炭的协调开发，形成了"1+1>2"的互补效应。

三 晋煤模式："两权合一"的有效样本

"晋煤模式"重点在于从技术上解决了煤炭企业自身煤矿瓦斯井下

抽采和煤层气地面开发的协调问题，而非解决煤层气和煤炭矿业权重置导致的气煤企业之间的利益冲突问题。事实上，正是晋煤集团从技术上掌握了煤层气地面开发方法进而通过该方法开采属于煤层气企业的煤层气才引发了气煤企业之间的冲突。但是该模式告诉了人们什么情况下可以实施"气随煤走，两权合一①，采煤采气一体化"的政策。只有在煤炭企业自身拥有强大的煤层气地面开发技术的前提下，"气随煤走，两权合一，采煤采气一体化"才是合适的，否则，"两权合一"将造成煤层气资源的巨大浪费和效率损失。

从前面关于晋煤模式的介绍来看，晋煤集团长期以来积累了强大的科研实力及井下抽采和地面开发煤层气经验。其子公司山西蓝焰煤层气集团有限责任公司的"煤与煤层气共采国家重点实验室"的研究方向围绕煤炭及煤层气产业发展的重大技术需求，充分发挥依托单位晋煤集团在煤炭开采与煤层气开发利用方面的集成优势，针对中国煤炭产业与煤层气产业面临的突出问题，开展相关研究。该实验室主要研究方向包括：煤与煤层气基础理论研究、煤层气地面开发工艺及设备研究、煤层气地面与井下联合抽采技术体系研究、煤层气井下高效抽采关键技术研究、厚煤层安全高效开采研究。

2015年，"煤与煤层气共采国家重点实验室"成功入选企业国家重点实验室。山西蓝焰煤层气集团有限责任公司以国家重点实验室和产学研基地为平台，扩大对外技术交流，开展煤与煤层气共采应用基础和前瞻性关键技术研究，建立煤与煤层气高效共采技术体系，研究制定煤与煤层气共采的相关国际、国家和行业标准，逐步形成了具有国际影响力的煤与煤层气共采开放式研究平台。对这种拥有先进的煤层气地面开发技术的煤炭企业来说，赋予它煤层气采矿权能够更好地实现采煤采气的一体化。

2010年5月20日，经国土资源部批准，晋煤集团获得成庄和寺河（东区）区块煤层气采矿许可证，成为首个从国土资源部获得采气权的煤炭企业。此前，根据国土资源部有关规定，煤炭企业只有进行井下煤

---

① 两权合一是指煤层气和煤炭矿业权划归为同一个主体所有。这里更多的是指把煤层气矿业权划归为煤炭企业所有。

层气回收利用时，才可以进行煤层气抽采，但不能进行煤层气的地面开采。

晋煤集团获得煤层气采矿许可证，表明国家在煤层气矿业权管理方面的灵活性。而《国土资源部关于委托山西省国土资源厅在山西省行政区域内实施部分煤层气勘查开采审批登记的决定》和《关于委托山西省等6个省级国土资源主管部门实施原由国土资源部实施的部分矿产资源勘查开采审批登记的决定》的实施，则使得煤炭企业拥有了获得更多煤层气采矿权的可能。

第七章　煤层气与煤炭资源协调开发的国外经验

据牛冲槐和张永胜（2016）的研究，世界上有 74 个国家和地区拥有煤层气资源，对煤层气进行勘探开发利用的有 29 个。其中，美国是开采煤层气最早的国家。中国、加拿大、澳大利亚、俄罗斯、英国、印度、德国、波兰、捷克等主要产煤国都是在美国煤层气商业性开发成功案例的启发之下开展的煤层气开发试验，同时制定相应的产业政策，鼓励或扶持本国的煤层气发展。目前，进入工业化开采并实现了煤层气商业化生产的有美国、加拿大、澳大利亚。其中，美国一度是煤层气产量最高、商业化开发最成功的国家。

本章以煤层气商业化开发最为成功的美国和加拿大为例，管窥国外气煤资源协调开发的成功经验。在对两国煤层气发展现状进行总体把握的基础上，重点阐述美国和加拿大如何通过立法、诉讼、自愿合作或政府引导合作等方式解决产权之争，进而促进煤层气和煤炭资源的协调开发，实现了煤层气的规模化产业化发展。

第一节　煤层气与煤炭资源协调开发的美国经验[①]

一　美国煤层气产业发展历程及现状

尽管 Northam（2015）认为，20 世纪 30 年代美国的阿巴拉契亚盆地就开始了煤层气的小规模商业开采，50 年代初，科罗拉多州和新墨西哥州的圣胡安盆地也开始了煤层气生产，但 20 世纪 70 年代以前，美国煤矿抽放煤层气主要是为了煤矿井下安全。70 年代的能源危机促使美国能源部投入较大力量进行煤层气开发利用研究和示范工程建设。1980 年美国第一个商业煤层气田——黑勇士盆地橡树林煤层气开发区建成投产，

---

① 本节内容笔者曾以论文形式公开发表。

第七章 煤层气与煤炭资源协调开发的国外经验

标志着煤层气产业进入起步阶段。但正如 McClanahan（1995）所言："1982 年，全国煤层气年产量事实上还是零。"得益于 1980 年之后美国天然气研究所和许多天然气公司开始进行大规模煤层气商业性开发，煤层气资源产量从 1983 年的 1.7 亿立方米迅猛提高到 1989 年的 26 亿立方米，到 1995 年已经达到 273 亿立方米，基本形成产业化规模。2008 年，美国煤层气产量达到历史最高值 562 亿立方米。2006~2011 年连续 6 年煤层气产量都在 500 亿立方米以上[①]（见图 7-1），顺利建成煤层气产业。

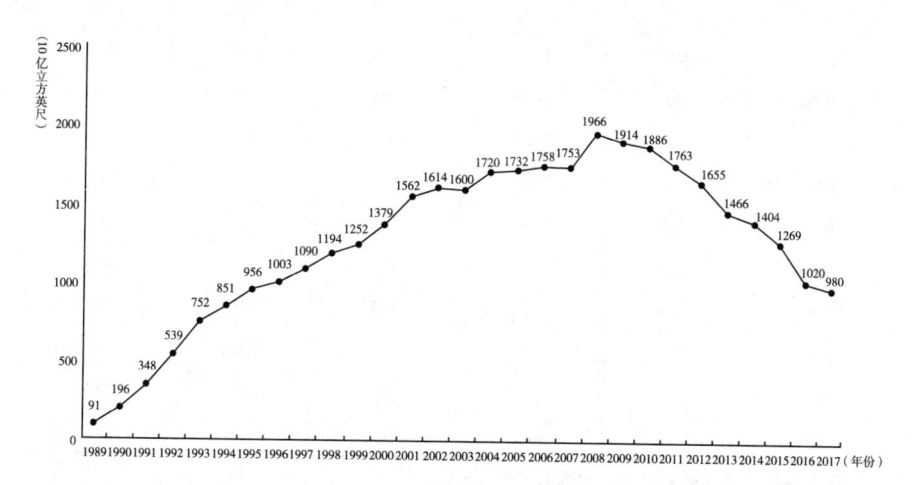

图 7-1 1989~2017 年美国煤层气产量

注：2018 年至今的数据，美国能源信息署（EIA）没有提供，官方网站给的说明是"为了避免透露公司信息"。

资料来源：美国能源信息署（EIA）官方网站，https://www.eia.gov/dnav/ng/hist/rngr52nus_1a.htm。

图 7-1 显示，自 2008 年之后，美国煤层气产量逐步下降，并进入萎缩衰退期。尽管如此，美国煤层气占天然气产量的比例仍接近 10%。根据曹霞等（2022）的研究，美国本土有 23 个州从事煤层气的勘探开发工作。因为美国煤层气可采储量的 65% 集中在落基山地区的圣胡安盆地和粉河盆地，所以大约 80% 的煤层气产自这两个盆地。截至 2015 年，美国

---

① 美国能源信息署（EIA）官方网站，https：//www.eia.gov/dnav/ng/hist/rngr52nus_1a.htm。

黑勇士、圣胡安、粉河、阿巴拉契亚、尤因塔、拉顿、阿科马和皮申斯等8个主要盆地均已进行煤层气商业化生产，其单井产气量较高，在圣胡安盆地超过了每天10000立方米，粉河盆地达每天5000立方米。

把图7-1中数据按1亿立方米约等于35亿立方英尺的标准进行换算，1989~2017年美国的煤层气产量如表7-1所示。

表7-1 1989~2017年美国的煤层气产量

单位：亿立方米

年份	产量	年份	产量	年份	产量
1989	26	1999	358	2009	547
1990	56	2000	394	2010	539
1991	99	2001	446	2011	504
1992	154	2002	461	2012	473
1993	215	2003	457	2013	419
1994	243	2004	491	2014	401
1995	273	2005	495	2015	363
1996	287	2006	502	2016	291
1997	311	2007	501	2017	280
1998	341	2008	562	—	—

资料来源：笔者根据图7-1中的数据换算而得。

经过换算之后表7-1的煤层气产量可以让我们更清楚地对美国煤层气开发情况进行了解以及对美国和中国煤层气产量规模进行比较。

根据Vance和Ganjegunte（2015）的研究，2004年美国能源信息署曾经根据区域和流域对美国的煤层气产量进行预估，预估的结果是：2002年、2005年、2010年和2015年美国煤层气产量分别为429亿立方米、453亿立方米、489亿立方米和576亿立方米。比较2004年美国能源信息署预估的数据和其官方网站2016年发布的最新数据，笔者发现2002年、2005年和2010年的实际产量分别为461亿立方米、495亿立方米和539亿立方米，比2004年预估的都要高，[1] 这说明美国煤层气产业的实际发展要比当时业界预期得快。

---

[1] 2016年发布的数据的计量单位为"亿立方英尺"。为了统一计量单位，笔者按1亿立方米约等于35亿立方英尺的标准进行了换算。其中2015年的数据空缺。

根据表7-1，我们也可以发现，美国的煤层气产量从1989年的26亿立方米逐年上升，至2008年达至峰值562亿立方米，之后逐年缓慢下降，2017年为280亿立方米，比1996年的287亿立方米少7亿立方米。煤层气产量自2008年以来的逐步下降既是不可再生资源开采规律的体现，也是美国"页岩气革命"的结果，同时也是受宏观经济发展状况影响的结果。但是这种产量上的下降并不能否定美国煤层气产业化发展曾经的辉煌。美国主要开发的盆地有圣胡安、黑勇士、粉河、尤因塔、拉顿、阿巴拉契亚、皮申斯、阿科马。截至2012年底，美国煤层气生产井达到3.8万口，探明可采储量为25000亿立方米，年产气量为538亿立方米，最高为560亿立方米。另外，美国煤矿抽放出来的煤层气大部分得到了利用，每年煤层气的回收、使用和销售量已达到550亿立方米。目前，美国煤层气占天然气产量的比例接近10%。由此可见，美国作为煤层气产量最高、商业化开发最成功的国家名副其实。

二　美国煤层气产业化快速发展原因探究

美国最早开发利用煤层气，是煤层气商业化开发最成功的国家。包括美国在内的北美地区非常规油气（煤层气等）蓬勃发展的原因被梁涛等（2014）归结为10个方面："丰富的非常规油气资源、有利的自然条件、先进的开发技术、完整的服务产业、强劲的消费需求、成熟的油气市场、充足的资本投资、完善的行业政策、谨慎的环境保护态度以及共赢的利益分享。"本书强调美国全方位激励性产业政策在煤层气规模化产业化发展中的重要作用。

黄立君和张宪纲（2019）认为，在探讨美国有关煤层气的激励政策时，几乎每个学者都会谈及1980年开始实施的《原油意外获利法》（Crude Oil Windfall Profit Tax Act of 1980）以及其他经济政策对煤层气发展的重要影响，而且这种探讨更多地从联邦政府层面展开。但联邦政府及各州政府究竟是如何把相关法律法规和政策转化为具体可操作的行动方案，让煤层气生产企业获得实实在在的好处，从而促进煤层气企业积极开展煤层气开发并减少气煤企业之间的冲突，学者们并未展开深入研究。事实上，美国联邦政府及各州政府在煤层气产权界定、研发、生产、消费等环节所采取的全方位的可操作性激励政策，是促进其煤层气产业化发展的重要原因。

在20世纪70年代世界能源危机的背景之下，作为一种稀缺资源，煤层气成为人们追逐的对象。美国国家环境保护局（U.S. Environmental Protection Agency, 2011）认为，"开发利用煤层气可以同时满足四个方面的好处：获得经济（economic）利益、增加能源（energy）供应、保护环境（environment）以及提高煤矿安全性（safety）"。那么，如何才能充分开发利用煤层气，实现煤层气产业化发展呢？

从世界各国能源产业发展的历史来看，新兴能源产业发展的初期，政府的资金投入和政策扶持非常重要。对于高投入、高风险、回收周期较长的煤层气产业而言，国家的扶持更是不可或缺。事实证明，在煤层气产业发展过程中，美国政府发挥了重大作用，它对该产业的帮助和扶持是全方位的。在煤层气产权界定、研发、生产和消费环节，都有相应的法律法规、政策或其他制度安排来扶持该产业，从而使得开发利用煤层气成为投资者的自觉行为，最终达到市场引导能源产业发展的目的。

在赋予煤层气独立矿业权和确认"谁拥有煤层气产权并且可以对其进行开发"后，美国政府制定了一系列的法律法规、政策，从研发、生产和消费环节来帮助及扶持煤层气产业的发展。

（一）对煤层气研发者的激励

美国政府对煤层气前期技术研发和勘探研究进行资助。根据美国国家环境保护局的公开资料，美国政府直接向地质调查局（USUG）及天然气研究所（GRI）等国家机构、专业咨询公司或煤层气项目开发者提供资金，支持他们进行煤层气基础理论研究、煤层气资源评价和技术创新，并通过煤层气开发实验进行技术推广，最终提高煤层气勘探的成功率。美国能源部（DOE）和美国国家环境保护局进行跨部门合作，通过国家能源技术实验室（NETL）对西弗吉尼亚州的煤层气开发利用示范项目进行资助。据估计，在最近的30年内，美国政府直接用于煤层气基础理论研究和技术开发的投资约为4亿美元。另外，统计数据显示，"从20世纪80年代至21世纪的头十年左右的时间里，美国政府在非常规气的勘探开发活动中先后投入60多亿美元，用于培训与研究的费用将近20亿美元"（金辉，2013）。

（二）对煤层气生产者的激励

在联邦政府层面，美国政府对煤层气生产者的激励最著名而且影响最大的就是《原油意外获利法》。美国参众两院先在 1979 年通过《原油意外获利法》，并于 1980 年颁布实施。该法案的第二十九条是税收补贴条款，旨在通过政府财政补贴的方式，使包括煤层气在内的非常规能源具有与常规油气能源相当的竞争力。

《原油意外获利法》第二十九条的税收补贴政策是一项基于生产的激励政策。该法案第二十九条将煤层气当作独立的矿种对待，它规定，从 1980 年到 1992 年底前钻成的煤层气井，在 2003 年 1 月 1 日以前均可以享受税收补贴，补贴率随通货膨胀指数进行调整。该政策使得煤层气成为当时获得补贴最高的一种非常规天然气能源。

根据孙茂远（2013）的研究，1980 年出台的《原油意外获利法》实施后的 10 年间，美国黑勇士盆地开采煤层气获得的税收补贴为 2.7 亿美元，圣胡安盆地获得的税收补贴为 8.6 亿美元。10 年之后，每生产和销售 1MBtu（百万英热单位）煤层气平均税收补贴为 1.4 美元。申宝宏和陈贵锋（2013）提供了 1995 年、1998 年、1999 年、2000 年和 2001 年美国煤层气的税收补贴及其占井口气价的比例。表 7-2 显示，美国对煤层气的税收补贴占比最高为 68.92%，最低为 21.23%。

表 7-2 美国煤层气的税收补贴及其占井口气价的比例

单位：美分/m^3,%

年份	井口气价	补贴	补贴占井口气价的比例
1995	5.47	3.77	68.92
1998	6.85	4.24	61.90
1999	7.66	4.41	57.57
2000	12.71	4.58	36.03
2001	22.42	4.76	21.23

资料来源：申宝宏、陈贵锋（2013）。

税收补贴之后，美国煤层气开采企业的内部收益率平均为 23%。持续一贯的激励，使得 1983~1995 年美国煤层气产量从 1.7 亿立方米猛增至 273 亿立方米，煤层气开发利用基本形成产业化规模。2003 年，美国煤层气产量为457亿立方米，2008年，美国煤层气产量达到最高值562亿立方米。2006~2011年煤层气产量都在500亿立方米以上，顺利建成煤层气产业。

除《原油意外获利法》外，美联邦的《国内税收法典》（Internal Revenue Code of 1986）在财政支持非常规能源（煤层气）和可再生能源发展方面也发挥了重要作用。《美国能源政策法案》（The U.S. Energy Policy Act in 2005）第四十五条的生产税收抵免政策以及《美国复苏与投资法》（American Recovery Reinvestment Act 2009）对那些利用可再生能源（包括煤层气）发电的公司提供课税免除和其他激励。1992年10月24日布什总统签署的《能源政策法案》（Energy Policy Act of 1992），建立起激励煤层气发展以及帮助解决煤层气产权冲突的制度安排。同年，美国联邦能源管理委员会还颁布了第636号法令，规定煤层气生产商可以自由通过天然气管网系统配送和销售煤层气。这种管网设施第三方准入的管理模式满足了煤层气开发商的输送需求，支持了煤层气市场的商业化发展。1996年3月，美国国家环境保护局（U.S. EPA）发布《联邦政府对煤层气项目资助指南》，对煤层气开发利用项目提供优惠贷款。另外，为鼓励和扶持煤层气生产，美国政府还出台了一系列政策，设立农业部援助项目、商业部援助项目，以及中小企业管理局资助项目。

在州政府层面，为了吸引能源公司，州政府（宾夕法尼亚州政府、俄亥俄州政府等）设立拨款、免税、贷款担保等项目促进煤层气开发。根据美国国家环境保护局2011年的研究报告，宾夕法尼亚能源发展局（PEDA）定期为包括煤层气在内的可替代能源项目提供拨款。2010年4月，宾夕法尼亚能源发展局总共提供了1600万美元支持州内包括煤层气在内的可替代能源进行基础理论研究、资源评价和技术创新，而且这些项目面向私人机构和公司、非营利组织、州内的大学及市政机构，最大的单笔拨款达100万美元。宾夕法尼亚州还为可替代能源生产进行课税免除。2008年7月，宾夕法尼亚州颁布的《可替代能源投资基金法》（The Alternative Energy Investment Fund Act），对可替代能源生产项目税收减免15%。在俄亥俄州，2007年开始实施"优势能源"项目，以促进就业和经济发展。该项目采取拨款和信贷担保方式对煤层气开发进行激励，在过去三年中一共提供了1.5亿美元促进优势能源产业的发展。

在监管激励方面，采取土地使用授权与矿区使用费减免措施。2008年，美国40%的煤炭生产来自美国西部联邦政府和州政府所有的土地，这些土地下的煤炭矿业权、油气矿业权都属于联邦政府或州政府。内政部的土地管理局负责管理联邦政府拥有的煤层气矿业权。

在州政府层面，在犹他州，油气矿业权由犹他土地信托管理局负责，怀俄明州则由土地和投资办公室负责。通过一系列法院判例，犹他州和怀俄明州确定了煤层气矿业权是一种独立于煤炭矿业权的矿产资源权利。私营公司支付给政府相应的租金和费用，通过竞标获得在公有土地的钻探权。另外，为了激励煤层气生产者，很多州对煤层气矿区使用费进行了减免，以从经济上进行支持。比如科罗拉多州就对煤层气生产者免征12.5%的矿区使用费，怀俄明州和犹他州也采用了类似的激励政策。

（三）对煤层气消费者的激励

美国政府还对煤层气使用者进行激励。比如宾夕法尼亚州于1998年7月开始煤层气消费试点项目，4个月内有近两百万名消费者进行登记注册。自1999年1月起，所有的消费者可以从电力供应商那里得到最低8%的消费税减免。中部地区的伊利诺伊州则颁布了《电力重建法》（1997年），其中规定："自1998年8月开始给予煤层气消费者15%的税收减免。"其他如落基山脉地区的科罗拉多州、东南地区的亚拉巴马州也都有类似的制度安排。

三　美国煤层气产业发展过程中的气煤冲突及解决办法

在几十年的煤层气产业发展过程中，美国也曾经历了激烈的煤层气产权冲突。当煤层气还被当作有害物时，人们在就煤炭进行签约、立法时，根本就不去考虑煤层气的所有权问题。20世纪70年代的能源危机让人们发现了煤层气的经济价值。不过由于煤层气特殊的物理属性，当人们试图对它进行利用时，就不得不思考诸如"煤炭所有权人是否自然拥有伴生于煤炭中的煤层气"和"谁拥有煤层气的产权"这些问题。

在煤层气产业发展之初，由于没有相应的法律对煤层气的产权进行清晰的界定，所以，在油气公司和煤炭企业之间也产生了诸多冲突。比如Olson（1978）很早就指出煤层气产权冲突会影响煤层气产业的发展。Farnell（1982）关于亚拉巴马州、Feriancek（1990）关于圣胡安盆地、

Lewin等（1992）关于西弗吉尼亚州、Feriancek（2000）以及Johnson（2004）关于怀俄明州煤层气开发方面产权纠纷的分析说明，煤层气和煤炭所有者之间的利益冲突一直受到学者们的重点关注。

Olson（1978）的研究表明，20世纪70年代末80年代初，美国联邦政府关于煤炭和天然气等的法律法规还没有被运用到解决煤层气相关问题上来。但因为此时人们已经认识到煤层气的经济价值，所以，政府、学术界已经开始关注煤层气的产权问题。对企业来说，因为煤层气产权的不确定可能导致冲突，所以煤炭企业并没有开发煤层气的积极性，而更多的煤层气被排放到大气当中白白浪费掉。

Farnell（1982）以亚拉巴马州为研究对象，对煤层气和煤炭利益冲突中的产权问题进行探讨。煤炭是亚拉巴马州最为丰富的化石燃料，其中蕴含了丰富的煤层气。但是，在煤层气商业化开采已经变得可行并展示了美好前景之际，煤层气相关法律却仍然视煤层气为一种有害物质而不是一种具有经济价值的资产。可见美国当时的法律并不能为煤层气的产权争议和冲突提供充分解决方案。在Farnell看来，"当时亚拉巴马州商业化开采煤层气的最大障碍不是技术上的，而是法律上的"。他用著名的美国钢铁公司（United States Steel Corporation）诉霍格（Hoge）案以及其他学者对一系列煤层气开发方面产权纠纷案件的研究证明，煤层气开采企业和煤炭开采企业之间一直在对煤层气的所有权进行着争夺。

Feriancek（1990）的研究表明，在位于科罗拉多州西南部和新墨西哥州北部的圣胡安盆地也存在激烈的煤层气和煤炭之间的冲突。圣胡安盆地的矿产资源所有权高度分散。土地所有权掌握在联邦政府、印第安保留地政府、州政府以及私人手中。在很多地方，油气的所有权跟煤炭的所有权分属不同主体。煤层气开发过程中不同所有权人都主张自己对煤层气拥有所有权，因而影响了煤层气的开发。Feriancek（2000）还对位于怀俄明州东北部的粉河盆地出现的煤炭和煤层气冲突进行了研究。粉河盆地富含低硫煤炭，同时又拥有丰富的煤层气。煤炭开采人和油气公司都是从怀俄明州的土地管理局（Bureau of Land Management）获得煤炭或煤层气的开采合同的，分别合法享有对煤炭或煤层气的开采权利。但因为煤层气是煤炭的伴生资源，煤炭所有权人和煤层气所有权人之间产生了纠纷。

Johnson（2004）则认为，关于煤层气产权的争论，自20世纪70年代人们掌握了煤层气开采技术以来就一直存在。法律上关于煤层气的主要争论就是煤层气究竟归谁所有的问题。地下油气所有权人认为自己理所当然地拥有煤层气的所有权，因为煤层气本身就是一种气体。煤炭所有权人则主张煤层气应该归自己所有，因为煤层气蕴藏在煤炭当中，是煤炭的重要组成部分。

气煤冲突因为阻碍煤层气产业发展而受到广泛关注。联邦政府、州政府以及冲突各方开始设法解决彼此之间的利益冲突问题。在Farnell（1982）看来，"立法、合作、诉讼是美国煤层气发展过程中用于解决气煤冲突和产权纠纷的三种常见方法。通过立法界定煤层气所有权既可以减少产权纠纷，也是促进不同经济主体进行有效合作的基础。在达不成合作的情况下，诉讼则成为另一种对权利进行救济的重要途径"。

（一）立法

对一项资源而言，要使它得到充分有效配置，首要的和最重要的一项工作就是界定其产权。具体到煤层气，Cohen（1984）认为，"对煤层气和煤炭所有权感到困惑的生产者不会开采这些资源"。Farnell（1982）认为，"从法律上界定煤层气的产权将解决不确定性问题并鼓励煤层气的开发和利用"。那么，美国政府又是如何对煤层气的产权进行界定的呢？

事实上，自1981年起，美国司法部就认定，煤层气是一种气体资源，气体承租人有权利进行煤层气开采，煤层气所有权不包含在煤炭矿权承租人的权利中。1990年，美国联邦法院也持同样的意见，认定煤层气是一种独立的气体资源，煤层气所有权不包含在煤炭矿权承租人的权利中。这样，煤层气从法律上已经成为一种独立于煤炭矿权的气体资源。

法律在赋予煤层气独立矿权后，还必须让它成为事实上可以执行的一项权利。事实上，因为美国土地所有制的多样性和各州法律法规的不同，所以究竟"谁拥有煤层气的产权并且可以对其进行开发"这个问题变得非常复杂。

美国的土地分为公有土地和私有土地两种。公有土地约占40%，主要为国家公园、未利用的土地、生态保护区、公共设施和公益事业用地，这些土地分别属于联邦、州、县或市政府所有；另外60%为私有土地。不同土地之下的煤层气资源也相应地有归属区别。

根据《能源政策法案》（1992年）第1339条，"在美国联邦政府拥有地表权和地下矿产资源所有权，或者地表权已经转让但仍保有地下矿产资源所有权的土地上，煤层气资源由美国内政部负责管理"。美国联邦政府的相关法律规定，对公有土地实行规划，规划每10年审核一次，公众可广泛参与，私营公司支付给政府相应的租金和费用后，即可获得在公有土地的煤层气钻探权。同时坚持"早登记者（早获得权利者）优先"的原则，煤炭开采企业和煤层气开采企业都可以获得煤层气资源的开发权，依据"先后登记，批准顺序"而定，该法案确定由美国内政部和能源部共同执行有关煤层气所有权的规定。为了促进各州煤层气的开发利用，1995年9月，美国国会通过一项法案，要求那些尚未制定煤层气所有权法律的州，在1995年10月24日之前必须出台煤层气所有权的法律，否则将把该州煤层气的立法问题转交给联邦政府的内政部土地管理局进行处理。

至于私有土地下的矿藏，总体而言，属于土地所有者。在私有土地上，煤层气开采企业可以直接与矿业权所有人签署租约，再与地表权所有人签署单独的设钻井和铺管道协议，并取得州政府管理机构的许可，就可以获得开采权。不过，即便同为私有土地，不同的州可能因为法律法规的不同，对煤层气资源的产权划分也不相同。如根据Lyons（1996）的研究，"在弗吉尼亚州，法律规定煤层气属于煤炭矿业权人，而不是气体资源租赁者或土地所有者"。在宾夕法尼亚州，美国钢铁公司诉霍格案显示，煤层气的开采权是被裁定给煤炭矿业权人的，但其所有权则仍然归土地所有者。

另据Farnell（1982）的研究，早在1977年，弗吉尼亚州的法律就规定，所有流动性气体资源属于地表所有权人（the surface owner）。俄克拉何马州的法律则规定，所有流动性气体资源属于地表所有权人或气体资源租赁者。而这里所说的"气体资源"就包含煤层气。

尽管法律上有相关规定，但从美国的煤层气发展实践来看，气煤冲突事实上一直存在。煤层气和煤炭的相伴相生，煤层气矿业权人和煤炭矿业权人在各自行使自己的权利时，不可避免地产生负的外部性，从而导致产权的不相容使用。当冲突发生时，州法院和联邦法院就开始发挥作用。

（二）诉讼

在法律没有明确规定"煤层气究竟归谁所有"时，"诉讼"（litigation）是煤层气和煤炭开发商采取的解决纠纷的最常见方式。我们无法统计有多少煤层气产权纠纷是通过诉讼的方式进行判决的，但是从学者们关于气煤冲突的众多研究中可以得出这一结论。

美国第一起也是最著名且经常被法学家援引的发生在宾夕法尼亚州的煤层气产权纠纷案是美国钢铁公司诉霍格案（United States Steel Corp. v. Hoge）。该案中，美国钢铁公司是煤炭所有权人，它从1920年6月23日起获得了宾夕法尼亚州霍格所拥有的某片土地下的煤炭开采权。被告方霍格既是地表所有权人，又是地下油气资源的承租人。美国钢铁公司自1977年开始煤炭开采。霍格则于1978年开始在同一片土地上钻井开发煤层气。美国钢铁公司认为，无论从科学意义还是一般意义来看，煤层气都是煤炭的组成部分，所以煤层气理所当然地归自己所有。因此，美国钢铁公司向法院提起诉讼，要求终止霍格对其煤炭和煤层气所有权的侵犯，并消除霍格对开采煤层气过程中所采用的水力压裂对煤层造成的不良影响（Cohen，1984）。霍格认为，煤层气属天然气，自己作为地下油气资源的承租人当然拥有对煤层气的所有权。而且，既然历史上开采煤炭时必先抽排煤层气，那么煤层气理应属于气体资源承租人。另外，霍格坚称煤层气开采中所使用的水力压裂过程不会对未来的煤炭开采造成不利影响（Farnell，1982）。

了解宾夕法尼亚州上诉法院和最高法院对该案件的审理过程有助于理解当时的煤层气产权究竟是如何裁定的。州上诉法院认为，该案件中所涉煤层气所有权应该属于让渡煤炭矿业权的主体。理由是，美国钢铁公司承租煤炭开采的那个年代，常识中煤层气被人们视为有害物，而不是煤炭的有益组成部分。而且，当时宾夕法尼亚州有一条特别规定，即天然气不属于"矿产"（mineral），所以，美国钢铁公司承租的"煤炭和其他矿产"中不应包含煤层气。州上诉法院还认为，美国钢铁公司拥有通过通风等方式排放煤炭瓦斯的权利不等于它拥有煤层气的所有权。

美国钢铁公司不服，上诉至宾夕法尼亚州最高法院。州上诉法院的裁决被推翻。最高法院认为，地下气体应由该气体所得以吸附之物的所有权人所拥有。煤层气吸附于煤炭和煤层之中，故煤炭所有权人就应该拥有它。而且，本案中，地下油气资源的承租人霍格所拥有的权利的确包含透过煤层钻井开采地下油气的权利，但这里所说的"气体"（gas）只能是那个年代人们常识中普遍认为的气体资源，而煤层气当时并没有被视为气体资源，而是煤炭开采中的有害物。最高法院还认为，如果把煤层气从煤炭所有权中分离出来将引发煤层气开采管理中的诸多问题，比如，如果煤层气所有权人不能先于煤炭所有权人及时将煤层气开采出来，煤炭的开采将被滞后甚至永远无法得到开采。而把煤层气所有权裁定给煤炭所有权人则可避免该问题出现。基于上述理由，最高法院裁定煤层气归美国钢铁公司所有。

另一个著名案件是 Bryant（2000）提及的阿莫克公司诉南乌特印第安部落案（Amoco Production Company v. Southern Ute Indian Tribe）。南乌特印第安部落（以下简称"南乌特部落"）位于美国科罗拉多州西南部。阿莫克公司在原先属于美国政府（根据《含煤土地法案》）的200000英亩土地中的大约150000英亩含煤土地上拥有开采油气的权益。不过1938年，这片土地已归南乌特部落所有。阿莫克公司就在该部落拥有的这片土地上钻井进行油气开采。1991年，南乌特部落将阿莫克公司、其他石油公司、私人油气承租人、一些主张地下煤层气所有权的租户以及负责管理土地的联邦机构和官员一起告上法庭，因为南乌特部落坚称自己才是地下煤层气的所有者，其他人无权开采。

其实，本案争议的源头是美国国会于1909~1910年通过的一系列包括《1909年煤矿租赁法》（Coal Lands Act of 1909）和《1910年煤矿租赁法修正案》在内的、与煤炭资源管理相关的含煤土地法（王昊，2017）。这些法案改变了过去政府授予私人土地所有权时一次性让渡土地上一切权利的做法，规定了政府授予土地所有权时，可以有所保留。也就是说，私人根据定居法可以从政府手里获得土地的所有权，但不包括煤炭所有权（已发现的和未发现的）。

依据1909年、1910年法案，当时政府授予了私人大约2000万英亩（8万平方千米）的土地，这些土地中有一部分是印第安人保留地。1938年美国把印第安人保留地的所有权归还给印第安人，因此这部分保留地的煤炭所有权，也就回到了印第安部落手里。当煤层气的经济价值被认识之后，当年授予私人的土地中的煤层气，到底是属于煤炭资源的一部分，归政府和部落所有，还是随着土地已经给了私人，归私人所有成了一个值得讨论的问题。

1981年，主管联邦土地的内政部坚称煤层气不包括在煤炭内。在属于南乌特部落的大约20万英亩（800平方千米）领地上，一批油气公司依据内政部的规定，撇开南乌特部落，与土地所有人签了租约，开发煤层气。因此，1991年南乌特部落把油气公司等告上了法庭。

南乌特部落向地区法庭提起"确认之诉"（declaratory judgement），要求法院判定煤层气所有权人为原告。地区法庭对被告采取了"即决判决"（summary judgement）的简易程序，认定煤层气的所有权归阿莫克公司所有，其理由是"煤炭"的定义指的是某种坚硬的岩石（hard rock），而不是气体（gas）。地区法庭支持了内政部的立场。南乌特部落不服，上诉至第十巡回法庭。上诉法庭推翻了地区法庭的判决，认为遵循已有判例确定的原则，在政府向私人授予土地纠纷中，当所依据的法条含义含糊不清时，应当做出有利于政府的解释。

法官认为法案中"煤炭"的这个表述含义模糊，应当理解为包括煤层气，所有权归部落。但阿莫克公司就此上诉至联邦最高法院。联邦最高法院推翻了第十巡回法庭的判决，裁定当年法案中规定政府可以保留的权利仅限于煤炭，不包括煤层气。至此，旷日持久的争议终于尘埃落定。

由此可见，并非所有涉及煤层气所有权的案例都"遵循先例"把煤层气所有权界定给煤炭所有权人，美国各州援引不同理由对煤层气产权纠纷案件做出不同的裁决。比如美国钢铁公司诉霍格案的裁决结果尽管受到美国东部煤炭生产大州的支持，但在位于科罗拉多州西南部和新墨西哥州北部的圣胡安盆地受到了批评（Feriancek，1990）。

Johnson（2004）在一项关于怀俄明州煤层气所有权的研究中指出，"煤炭开采过程中去除瓦斯的方法在美国东部和西部很不相同。在东部是边采煤边采气，而在西部往往是先采气后采煤。正因为如此，西部很多法庭在审理该类案件时，往往把煤层气所有权裁定给气权所有者，而在东部，煤层气则通常被裁定给煤炭所有权人"。根据Johnson的介绍，怀俄明州最高法院于2002年9月首次审理有关煤层气产权的纠纷案件——N.D.纽曼诉莱格怀俄明土地公司案（Newman N.D. v. Rag Wyoming

Land Company），之后于 2003 年 5 月和 6 月又分别审理了两起类似案件。在审理这些案件之前，怀俄明州最高法院的法官考察了其他州法院类似案件的裁决结果后，提出了对该类案件进行裁判的基本原则，那就是，"当当事人之间的契约中关于'矿业权'的定义模糊不清的时候，法官将根据'矿产'的最普遍、最基本含义，综合考虑该契约订立的背景、契约方之间的联系、契约的实质与目的来对煤层气产权归属进行裁决"。

学者们关于宾夕法尼亚州、亚拉巴马州、圣胡安盆地、西弗吉尼亚州、弗吉尼亚州、怀俄明州等的煤层气诉讼案件的研究表明，在美国，民事诉讼是煤层气企业和煤炭企业通常选择的主张自己权利的重要途径。

（三）自愿合作与政府引导合作

可以说，自愿合作是解决煤层气和煤炭之间产权纠纷的最佳途径。Bryner（2003）认为，"利益相关方从非合作走向合作，可以减少冲突，进而减少诉讼"。

矿业权重叠企业之间通过合作、合伙等形式联合勘探开发矿产资源，双方默契配合，互利双赢，安全有序开发资源。美国联邦政府和相关州政府通过立法，鼓励企业通过合作或者合伙经营等方式来解决同一区块的煤炭企业主与煤层气企业主之间产生的冲突。在煤炭和煤层气都是优质资源的一部分区域，允许同时设置煤炭和煤层气矿业权，鼓励两个矿业权人合作开采煤层气资源。煤层气企业开采煤层气时兼顾后续煤炭作业；煤炭企业提供已有资料，配合煤层气抽采作业，双方默契配合，各取所需（罗世兴、沙景华，2011）。

Farnell（1982）给读者介绍了西弗吉尼亚州煤层气企业和煤炭企业自愿采取的一种合作办法，那就是，煤层气企业和煤炭企业签订合同。具体做法是，"煤层气所有权人授权煤炭开采方从煤层抽取煤层气，并象征性地对煤炭开采方收取费用。煤层气开采出来后，由煤炭开采方出售给公用公司。之后，煤层气和煤炭企业根据合同约定分取出售煤层气所得利润，并由双方分担煤层气生产成本。在另一个类似的合作合同中，约定由煤炭开采方在开采煤层气时帮助煤层气企业开采、收集、贮存煤层气，煤层气企业因此支付给煤炭开采方以适当的报酬"。

自愿合作是交易成本最低的一种产权冲突解决方式。但是，现实生活中，有许多阻碍煤层气企业和煤炭企业自愿达成合作的因素。在煤层气产权短期内不能明确界定的情况下,又该如何促进利益冲突的相关方采取合作方式开发煤层气呢?McClanahan (1995) 以弗吉尼亚州为例,对通过建立第三方保证金账户和强制联合经营等促进煤层气开采的替代性制度安排进行了分析。比如《1991年弗吉尼亚油气法案》(The Virginia Gas and Oil Act of 1991) 规定:"如果煤炭矿业权人、煤层气矿业权人、土地所有者之间由于利益冲突导致煤层气无法顺利开采,州油气委员会(Gas and Oil Board)就会介入,要求各相关方联营合作,并且建立一个第三方账户,让利益相关方在冲突未解决之前向该账户缴纳保证金。待法律上的产权归属确定后的30日内,油气委员会决定该账户基金的分配(包括利息)。在阿巴拉契亚地区的西弗吉尼亚也有类似的法律,这种制度安排使得即使产权纠纷没有解决,也不影响煤层气的开发。"

类似制度安排在《能源政策法案》(Energy Policy Act of 1992, EPACT) 中也得到了体现。美国联邦政府和各州政府的法律制定者都不满足于煤层气问题仅仅依靠私人途径或法庭来加以解决,而是期待能够在能源监管框架下通过制定公共政策促进煤层气产权冲突问题的解决(McClanahan, 1992)。因此,EPACT 在第7~8条对"联合开发"专门进行规定:"机构联合提出要求煤层气所有权和煤层气井的钻井申请,内政部将举行一个听证会考虑这个联合申请。如果提出的准则能满足条款,内政部将颁布一项指令,允许在这进行煤层气生产。"

当批准联合生产时,每个物主和所有权的要求者,将可做以下方面的选择:内政部迅速确定后,宣布联合指令,单元经营者可选择销售或租借煤层气的所有权;一种选择是成为多方参加的经营权主,要承担一部分风险和钻进、完井、装备、资料收集、生产、封孔和钻井废弃处理的费用;另一种选择是放弃联合经营权主的经营权,而是选择一种无经营权的股份制,直到股份收益分配额相当于这些费用的三倍时,非经营权主可变成联合经营权主。

联合开发经营者将对第三者保管账户的费用支付和收益做准备,并对联合经营主资金的存入和所有的权利要求如下:除了单元经营主外,每位参加联合经营权主应在第三者保管账户中存放相应份额的费用;由于承租人经营权争议,单元经营者应在第三者保管账户中存放所有收益,加上存放超过生产费用的所有收益（合理的管理费用）。

内政部规定第三者保管账户向所有具有法定权利的企业，在确定这些企业的法定权利之后的第 30 天之内，支付本金和利息。内政部可给联合经营者的合法权利是：每位法定的联合经营权主将会得到一定比例的收益；每位合法的无经营权主将也会得到一定比例的收益。无经营权主将负担较少费用；单元经营者利用煤层气所有权可向租借单位收取矿区使用费的份额；每个法定的联合经营权主，应该为第三者保管账户出力。单元经营者可得到一些费用。[①]

第二节 煤层气和煤炭资源协调开发的加拿大经验

加拿大煤层气地质资源量约 $76×10^{12}$ 立方米，居世界第二位。据统计，加拿大 17 个赋煤盆地及含煤地区煤层气地质资源量达 $15.23×10^{12}$ 立方米，其中，阿尔伯塔占 76.54%，是加拿大最重要的煤层气资源基地（穆福元等，2017）。目前，阿尔伯塔东南部和西部、不列颠哥伦比亚的东北部和东南部以及温哥华岛均为煤层气勘探开发工作区。加拿大的煤层气勘探开发主要受美国的启发和影响，但是，在煤层气产权安排、政府对煤层气开发的目的和方向、监管政策、竞争政策等方面又有所不同，有着属于自己的特点。

一 加拿大煤层气产业发展历程、现状

加拿大煤层气开发始于 20 世纪 70 年代，奥盖斯资源公司（Algas Resource）在阿尔伯塔丘陵地带实施钻探计划，对煤储层渗透率进行测试。1981 年，加拿大汉特（Hunter）勘探公司在埃尔姆沃斯（Elmworth）地区进行勘探工作以评价该地区潜在煤层气储量。

20 世纪 80 年代末和 90 年代初，受美国黑勇士盆地煤层气成功开发的启示，加拿大开始在阿尔伯塔（Alberta）地区的平原和丘陵地带开展煤层气资源评价，但是煤层气产业发展缓慢。2000 年之后，天然气价格的上升给煤层气产业发展带来机遇，一些石油和能源公司加大了对煤层气

---

① 参见李鸿业（1996）。

勘探和开发试验的投入力度，钻井技术迅猛发展，煤层气产量迅速增加。

以煤层气大省阿尔伯塔为例，"2000年只有50口煤层气井，2003年则达到了1000口井，其中400口井已有煤层气生产，2004年则差不多已有2500口煤层气井"（Sansom，2005）。① 位于阿尔伯塔中南部地区的马蹄谷组是第一个实现煤层气规模化商业生产的地区，单井产量一般在每天2260~4000立方米，平均每天2830立方米，是加拿大煤层气开发最活跃的地区。阿尔伯塔省煤层气的发展大体可以代表加拿大的煤层气产业发展情况。以下是笔者从阿尔伯塔能源监管部（Albert Energy Regulator，AER）官方网站得到的2000~2017年阿尔伯塔省煤层气平均日产量及2000~2017年每年的煤层气井数（见表7-3）。

表7-3　2000~2017年阿尔伯塔省煤层气平均日产量及煤层气井数

单位：百万立方米，口

年份	煤层气平均日产量	煤层气井数	年份	煤层气平均日产量	煤层气井数
2000	3.6	1959	2009	27.9	19304
2001	3.7	2171	2010	26.4	20393
2002	3.7	9917	2011	25.3	21380
2003	4.2	3884	2012	23.2	21678
2004	7.1	5849	2013	21.6	21710
2005	11.9	8731	2014	19.8	22216
2006	19.3	12492	2015	19.0	22288
2007	24.4	15185	2016	17.8	22236
2008	26.8	17438	2017	17.0	22173

注：2018年至今的相关数据阿尔伯塔能源监管部官方网站没有提供。

资料来源："ST98：Albert's Energy Reserves and Supply/Demand Outlook"，Revised July 2018 by Albert Energy Regulator（www.aer.ca）。

把2000~2017年阿尔伯塔省煤层气平均日产量用曲线图描述如图7-2所示。

从图7-2可以清晰地看出2000~2017年阿尔伯塔省煤层气平均日产

---

① 需要注意的是，此处引用的Jeff Sansom于2005年提供的数据跟笔者在阿尔伯塔能源监管部官方网站查找到的最新统计数据差距较大。不过，这里只用于说明阿尔伯塔省在2000年之后的煤层气快速发展。

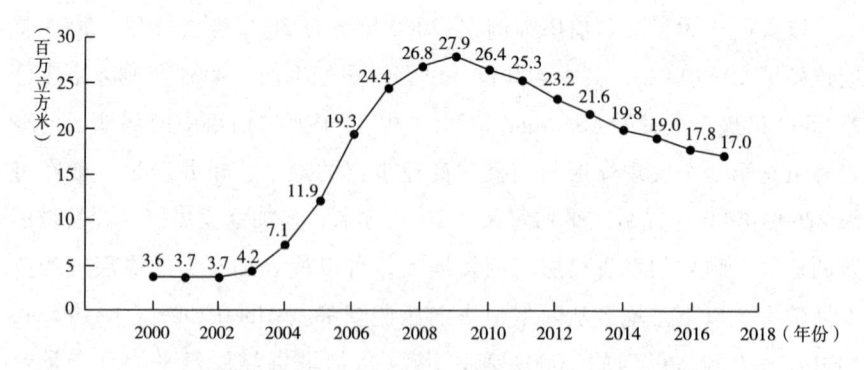

图 7-2 2000~2017 年阿尔伯塔省煤层气平均日产量

资料来源：根据"ST98：Albert's Energy Reserves and Supply/Demand Outlook", Revised July 2018 by Albert Energy Regulator（www.aer.ca）数据绘制。

量的变化情况。自 2000 年开始，煤层气平均日产量逐步增加。2004 年开始快速增长，至 2009 年达到峰值，平均日产量高达 2790 万立方米，之后，平均日产量开始下降，2017 年为 1700 万立方米。

北美的市场条件和先进技术一起影响了加拿大煤层气产业的演进和发展。申宝宏和陈贵锋（2013）把加拿大煤层气产业快速发展的原因归结为两个方面："一是天然气价格上涨，使能源形势更为紧张，为煤层气产业发展带来机遇；二是针对本国低变质煤特点，开发利用羽状水平井、连续油管钻井等技术，降低了煤层气开发成本。"

二 加拿大煤层气勘探开发制度安排

加拿大的煤层气勘探开发主要受美国的启发和影响，很多方面都借鉴美国经验。但在煤层气产权安排、监管政策、竞争政策等方面又有所不同，有着属于自己的特点。

在产权安排方面，加拿大的矿产资源按属地管理，除国家公园和一些特殊设施外，地下的矿产资源归所在省所有。在阿尔伯塔省，大约 90% 的矿产资源都归省所有（Alberta Energy and Utilities Board，1991）。所以，相比美国而言，加拿大的煤层气产权归属不那么复杂。加拿大宪法赋予各省自己控制和管理本省范围内天然气资源（天然气、煤层气等)的权利,联邦政府管理和协调省际和国际的能源事务。

在煤层气的管理方面,根据阿尔伯塔省能源与公用事业委员会发布的通知函(Information Letter IL91-11)①,能源资源保护委员会(Energy Resources Conservation Board, ERCB)和阿尔伯塔能源部(Alberta Department of Energy, ADE)都把煤层气视为一种天然气,因此,由 ERCB 和 ADE 制定实施的运用于天然气的法案和监管规则,如勘探开发项目的矿权取得、钻井发证、井距管理、钻井和完井的监督管理、生产管理、数据提交、钻井开采试验、商业开发、矿区使用费缴纳等,全部适用于煤层气。这些法案和规则包括:《能源保护法案》(Energy Resources Conservation Act)、《气体资源保护法案》(Gas Resources Preservation Act)、《油气保护法案》(Oil and Gas Conservation Act)、《矿产资源法案》(Mines and Minerals Act)和其他相关监管规则。

阿尔伯塔省对煤层气矿业权的管理采取了拍卖模式。该省每两周煤层气矿业权在政府的网站上进行公开拍卖一次,任何有资质的企业都可以投标,进行公开和公平的竞争而取得矿业权。五年内,如果企业的最低投入不满足政府规定,政府将自动拍卖其矿业权。可见,阿尔伯塔省采取的是一种市场化管理模式。同时,阿尔伯塔省的天然气(包括煤层气)勘探开发的钻井、生产及岩心实验室分析资料,在一年以后都必须上报给能源资源保护委员会,并在其网站上进行公开。任何企业交纳一定的复制费用后都可以使用这些资料。这种资料共享制度安排的目的在于为企业选择矿业权投标区创造便利条件,降低煤层气开发的前期成本。

跟阿尔伯塔省不同的是,加拿大的第二大煤层气省不列颠哥伦比亚省(British Columbia, B. C.)依据法律,形成了对煤层气开发和利用的多部门监管。这些部门包括水、土地和大气保护部(Ministry of Water, Land and Air Protection)、可持续资源发展部(Ministry of Sustainable Resource Development)、能源、矿产和石油资源部(Ministry of Energy, Mines and Petroleum Resources, MEMPR)以及油气委员会(Oil and Gas

---

① 在阿尔伯塔省,1991 年 8 月 6 日发布的 Information Letter IL91-11 是第一个对煤层气给予认可的文件。该文件发布的目的是,在一种新的资源出现后,相应的法律法规和政策尚未出台之前,对围绕这种新资源的某些不确定性予以澄清并构建一个基本的监管框架(Hansen & Ross, 2007)。

Commission，OGC)。在不列颠哥伦比亚省，绝大部分石油和天然气归省政府所有。而且，该省于 2003 年颁布了专门的《煤层气法案》(Coalbed Gas Act，CGA)，该法案规定，煤层气归拥有天然气产权的一方。相应地，在不列颠哥伦比亚省，由于法律已经界定好煤层气产权，因此，在该法案生效后，禁止法院做出与立法机关不同的裁定，这一点也跟阿尔伯塔省不同。

笔者通过文献阅读发现，加拿大在煤层气产业化发展方面坚持了一个基本原则，那就是必须在煤层气开发带来的经济利益和环境保护两方面保持平衡。在不列颠哥伦比亚省，煤层气的开发完全要服从于环境保护。这一方面是因为民众和政府强烈的环保意识，另一方面是因为加拿大是一个天然气资源丰富的国家。根据加拿大自然资源部（Natural Resource Canada，NRC）发布的《能源数据白皮书 2018-2019》(Energy Fact Book 2018-2019)，"加拿大是世界第四大天然气生产国（2017 年占全世界天然气总产量的 5%）和世界第五大天然气出口国（2017 年占全世界天然气出口总量的 7%）"。

加拿大天然气总产量的 51% 用于出口。出口目的地主要是美国西部和中部，美国 97% 的天然气进口来自加拿大。NRC 认为，按目前的生产量，加拿大的天然气储量可供开采 300 年。正是基于这样的资源禀赋背景，煤层气大省阿尔伯塔的能源管理部门把煤层气产业发展的宗旨设定为：在煤层气开发的经济利益和保护土地、空气和水资源之间保持平衡。

在这样一种理念下，阿尔伯塔政府没有专门出台针对煤层气的优惠政策，煤层气发展完全依靠市场调节，只要有需要，人们就去开发。虽然没有优惠政策，但政府部门在产业管理中的职责分工明确，并对产业发展趋势和投资方向进行及时的引导。这为加拿大煤层气产业形成灵活的市场机制发挥了重要作用。

三 加拿大的煤层气产权冲突及解决办法

前面说过，在产权安排方面，加拿大的矿产资源按属地管理，除国家公园和一些特殊设施外，地下的矿产资源归所在省所有。但需要人们特别注意的是，煤层气的产权归属问题有着自己的特殊性。因为，在相当长的时间里，人们并没有认识到煤层气是一种有价值的经济资源。当人们还在把煤层气视为有害物质的时候,煤炭开采过程中的煤层气被排放掉,没有人试图去拥有或被赋予煤层气产权,也没有哪一个经济主体(政府、土地所有者、煤炭和其他矿产资源的所有权人等)在土地使用权转让、矿产资源转让和租赁过程中考虑过地下的煤层气归谁所有的问题。正是这样一种认知上的滞后,导致了后来的煤层气产权纠纷。

(一) 煤层气产权冲突

Buckingham 和 Steele (2004) 曾以阿尔伯塔省为例,对加拿大的煤层气产权冲突进行过研究。两位学者的研究表明,"在阿尔伯塔省,土地分为两种:一种是私有土地 (freehold lands),由个人或公司拥有;一种是公有土地 (lands held by the crown),由联邦或省拥有。在私有土地上,土地主人拥有不受限制的保有所有权,该所有权包含附着于土地的所有矿产资源的永久所有权 (freehold ownership)。如果在私有土地上,煤炭矿业权和天然气矿业权分属不同主体所有,该种类型的土地就被称作'产权被分解的土地'(split title land)"。

在加拿大,典型的"产权被分解的土地"是铁路地产。加拿大太平洋铁路公司 (Canadian Pacific Railway Co., CPR) 于 1881 年从联邦政府手中得到了 2500 万英亩铁路地产及其矿产资源。[①] CPR 发现,自己的"财运"(financial fortunes) 跟铁路两边是否有定居点紧密相关,于是它便实施了一个雄心勃勃的殖民地开拓项目,即把属于自己的土地卖给那些来自欧洲、英国、美国、加拿大东部的潜在移民。最初,CPR 在出售土地时,把附着于土地的矿产资源(天然气)全部转让给了移民。大约到 1904 年的时候,CPR 认识到了矿产资源的价值,于是开始保留部分矿产资源的权利。最初保留的是煤炭,然后是煤炭和石油,最后是煤炭、石油以及有价值的矿石。到 1912 年,CPR 出售土地时,保留了所有附着于土地的矿产资源所有权。当 CPR 如此行事时,跟土地相关的产权就被分解了。CPR 如果自己不从事矿产资源的开采,它还可以把它租赁给其他个人或公司。

Buckingham 和 Steele (2004) 在其文章中介绍了两个案例用于说明矿产资源所有权被分解后,煤炭所有权人和天然气所有权人之间出现的

---

① 当时的铁路地产总量为 3160 万英亩。

产权冲突。其中一个是阿尔伯塔上诉法院受理的博瑞斯诉加拿大太平洋铁路公司和艾姆佩里尔油气公司案（Borys v. CPR and Imperial Oil Ltd.）。该案中，CPR 于 1906 年把土地转让给了西蒙·博瑞斯（Simon Borys），但转让土地时保留了这片土地上可能发现的所有煤炭、石油和有价值的矿石的所有权。1947 年，迈克尔·博瑞斯（Michael Borys）成为这片土地的登记所有权人（the registered owner）。博瑞斯于 1952 年[①]提起诉讼，要求法院裁定他是这片土地中的天然气的所有者。初审法院认为，从人们当时对矿产资源的理解来看，石油和天然气是两种不同的物质。CPR 出售土地时保留了对"石油"（petroleum）的所有权，那么 CPR 拥有的就只是"石油"，而不包括"天然气"（natural gas）。但阿尔伯塔上诉法院的法官推翻了初审法院的结论，认为在当时的环境下，"石油"的本来意义包括蕴藏于石油储层中的石油以及任何其他烃类气体和天然气，因而把天然气权裁定给了被告加拿大太平洋铁路公司和艾姆佩里尔油气公司。另一个是安德森诉爱默克加拿大油气公司案（Anderson v. Amoco Canada Oil and Gas）。该案例面临的问题是，所涉气体[②]所有权究竟属于石油所有权人还是天然气所有权人？该案中的石油所有权人和天然气所有权人从同一个公司（CPR）手中获得两种不同矿产的所有权。该案法官弗鲁曼（Fruman）参照博瑞斯一案，认为要根据当事人签订合同时"石油"（petroleum）和"天然气"的本来意义来判定谁是合法的该种气体的所有者。最后，弗鲁曼把该气权裁定给了石油所有权人。

  类似上述案件的产权纠纷，后来出现在了土地所有者、煤炭所有权人、天然气所有权人等不同主体关于煤层气权的争夺之中（无论是公有土地还是私有土地之上）。从 Buckingham 和 Steele 的研究中我们可以发现，在煤层气经济价值没被发现之前的土地出售中，没有出现过任何关于煤层气的产权纠纷。但当煤层气的经济价值被发现之后，问题就出现了：蕴藏于地下的煤层气究竟属于土地出售者，还是属于土地受让人，是属于煤炭所有权人还是天然气所有权人？煤层气从"煤矿杀手"和温室效应的"罪魁祸首"向"优质高效新能源"的华丽转身，无疑给监管

[①] 前面说过，20 世纪 30 年代美国的阿巴拉契亚盆地就开始了煤层气的小规模商业开采；50 年代初，科罗拉多州和新墨西哥州的圣胡安盆地也开始了煤层气生产。

[②] 文中没有说明究竟是什么气体。

者、法院以及立法机构带来巨大挑战。确定煤层气的产权成为加拿大煤层气产业发展中必须解决的问题。

（二）冲突解决办法

1. 诉讼

从 Buckingham 和 Steele（2004）的研究中我们可以发现，与美国一样，在阿尔伯塔省解决煤层气产权纠纷的常见方法便是诉讼。根据 Mestinsek（2013）的研究，恩卡纳公司诉 ARC 能源公司等案（Encana Corp. v. ARC Resources Ltd., et al.）是加拿大高级法院审理的第一起煤层气产权纠纷案件。

该案中，在同一片土地上，恩卡纳公司保有煤炭所有权，ARC 能源公司和其他天然气所有权人拥有天然气所有权。2004 年，ARC 能源公司和其他天然气所有权人向阿尔伯塔能源资源保护委员会（Energy Resources Conservation Board，ERCB）提出申请，要求允许它们在自己拥有天然气所有权但煤炭所有权被出让人保留的土地上开采煤层气。恩卡纳公司反对，并于 2006 年提起诉讼，声称煤层气是煤炭的一部分，因此自己才是煤层气的合法拥有者。被告方 ARC 能源公司和其他天然气所有权人则认为，根据与恩卡纳公司签订的合同，它们拥有开采煤层气的权利。

在恩卡纳公司与 ARC 能源公司的诉讼案审理期间，阿尔伯塔议会通过了第 26 号法案，该法案对原来的《矿产资源法案》(Mines and Minerals Act) 进行了修正，并于 2010 年 12 月 2 日起生效。在该修正案中，煤层气被规定为一种天然气。目前，阿尔伯塔关于煤层气的法律规定是：无论土地是公有还是私有，除非在合同中明确把煤层气所有权从天然气所有权中分离开来，否则开发和生产煤层气的所有权都归天然气所有权人拥有。

关于恩卡纳公司诉 ARC 能源公司等案，初审法院的 Kent 法官后来正是根据《矿产资源法案》修正案做出了裁决，本案中的煤层气产权属于天然气所有权人。恩卡纳公司不服，提起上诉。2012 年 9 月，上诉法院维持了原判。根据 Hansen 和 Ross（2007）的研究，截至其论文撰写之时，由恩卡纳公司提起的煤层气产权诉讼案就有 10 起。

2. 协作或协商开发

加拿大的阿尔伯塔省借鉴了美国整合（pooling）开发和一体化（unitization）开发的煤层气开采经验，在其《油气保护法案》中规定了这两种开发模式。整合开发要求已获得矿业权的主体通过签订协议，将各自在地理位置上相连的区块整合在一起，形成一个钻井间隔单元，申请一个许可证进行联合开发。一体化开发则要求根据一项开发计划或方案，将享有同一油气源的不同利益主体的油气权益合并，形成一个地块或一个油气藏，由一个经营主体进行经营，经营中产生的成本和相关费用由各利益方或地块比例进行分摊。《油气保护法案》"还赋权能源和公用事业委员会（EUB）责成煤层气矿业权申请人将拟开展的钻探活动知会煤炭所有权人，并获得各相关利益人的书面不反对意见。如无法获得书面意见，煤层气开发商可通过正式程序，如提请该委员会举行听证会以寻求解决方案"（曹霞等，2022），譬如，在2006年一个涉及贝尔思博石油公司（Bearspaw Petroleum Ltd.）、迪沃恩加拿大公司（Devon Canada Corporation）、费尔伯恩能源公司（Fairborne Energy Ltd.）等13个利益相关者的煤层气产权纠纷中，公用事业委员会把利益相关方、环境保护团体、政府及监管机构等召集到一起举行听证会。听证会持续了两个星期。在这两个星期里，EUB听取了来自各方关于煤层气产权的意见和建议。这些意见和建议涉及政策、法律、与煤层气相关的科学技术、环境保护等各个方面。听证会上，利益相关方也各自给出应该自己拥有煤层气产权的更为充分的理由和证据。EUB在听证会的基础上做出一个综合的、合理的判断，在自己的管理权限范围内决定究竟是谁拥有煤层气产权（Hansen & Ross，2007）。不列颠哥伦比亚省的《煤层气法案》也要求，在政府拥有的煤层气和煤炭区块，煤层气和煤炭承租人必须就煤层气开采条件达成协议之后方能开采。

3. 多元仲裁调解

当协商或协作不能达成，矿业权人可以向相关利益或纠纷调解委员会寻求帮助。加拿大的阿尔伯塔省设有煤层气多元利益主体咨询委员会（MAC），不列颠哥伦比亚省能源、矿山和石油资源局也设有相应的调解与仲裁委员会（MAB）。

在不列颠哥伦比亚省，由于法律已经界定好煤层气产权，因此禁止法院做出与立法机关不同的裁定。针对共存于同一片土地的煤炭、石油与天然气（包括煤层气）矿业权人之间的产权纠纷，能源、矿产和石油资源局（MEMPR）通过一系列通告函件确立了一套调解程序。MEMPR颁发的通告函件《共存煤炭、石油、天然气产权处理办法》（Managing Co-existing Coal and Petroleum and Natural Gas Rights）把该处理程序描述如下。如果煤炭和油气所有权人不能就合作项目达成一致意见，那么，将由来自 MEMPR 和油气委员会（OGC）的三人小组对该纠纷及其事实进行审查。审查后，三人小组向相关的决策者提出解决问题的意见和建议。三人小组提出的意见和建议包括：同意、有条件同意或不同意（Hansen & Ross，2007）。

当 MEMPR 和 OGC 处理此类纠纷时，它们将综合考虑所涉资源开采项目经济上的可行性、资源开采的成本收益、社会与环境影响、资源开采潜力、资源间的相融性以及各项目所规划的起始日期。OGC 项目评估部的主管有权对是否进行油气开采做出决定；MEMPR 的矿产部门主管有权对是否进行煤炭开采做出决定。部门主管甚至还可以要求被允许进行的资源开采活动交纳保证金。尽管该政策没有给双方提供上诉的权利，但 MEMPR 和 OGC 所做的决定是确保公正的。由此可见，不列颠哥伦比亚省提供了一个与其他地方不一样的煤层气纠纷解决办法。

第三节　两国煤层气和煤炭资源协调开发经验总结

美国和加拿大在煤层气产业化发展过程中都出现过煤层气和煤炭（包括其他矿产资源）之间的产权纠纷。两国都以立法、诉讼、仲裁、自愿合作或政府引导合作等方式解决了煤层气与煤炭产权冲突。它们在协调煤层气和煤炭资源协调开发方面的做法和经验可以概括如下。

一　强调立法在煤层气产权界定中的作用

美国和加拿大都通过法律法规对煤层气产权进行了界定。两国在联邦政府层面都没有以"煤层气"命名的法律法规，但州（省）政府层面都有，如美国亚拉巴马州的《煤层气产业法规》（1983 年），加拿大不列颠哥伦比亚省的《煤层气法案》（2003 年）。在加拿大，其宪法赋予各省自己控制和管理本省范围内天然气资源（天然气、煤层气等）的权利，所以，在煤层气大省阿尔伯塔拥有一系列法律法规，如《能源保护法案》《气体资源保护法案》《油气保护法案》《矿产资源法案》，这些法律法规都有对煤层气的相关规定。美国联邦政府层面则通过《能源政策法案》（1992年）来界定公有土地和私有土地上的煤层气所有权，《原油意外获利法》（1980年）对与煤层气相关企业拥有的税收优惠等权利进行了规定。

二　诉讼是解决气煤冲突的重要途径

诉讼是美国和加拿大阿尔伯塔省解决气煤冲突和产权纠纷的重要途径。尤其在两国煤层气产业化发展之初还没有相应的法律对煤层气产权进行清晰界定的时候，诉讼成为不同经济主体解决气煤产权纠纷的最重要途径。在美国，我们可以从著名的美国钢铁公司诉霍格案、阿莫克公司诉南乌特印第安部落案，以及学者们关于宾夕法尼亚州、亚拉巴马州、圣胡安盆地、西弗吉尼亚州、弗吉尼亚州、怀俄明州等的煤层气系列诉讼案的研究中，得出民事诉讼是煤层气企业和煤炭企业通常选择的主张自己权利的重要途径。在加拿大，博瑞斯诉加拿大太平洋铁路公司和艾姆佩里尔油气公司案、安德森诉爱默克加拿大油气公司案以及恩卡纳公司诉 ARC 能源公司等案以及一系列相关案件，证明了加拿大与煤层气相关的经济主体也是通过民事诉讼的方法确定了煤层气产权究竟该花落谁家。

三　鼓励以低成本的自愿合作或政府引导合作解决气煤产权冲突

自愿合作或通过政府机构协调促成合作是成本较低的解决气煤冲突和产权纠纷的办法。在美国西弗吉尼亚州，煤层气企业和煤炭企业之间通过自愿签订合作合同解决气煤冲突问题。在弗吉尼亚州，则由州油气委员会在煤炭矿业权人、煤层气矿业权人、土地所有者之间由于利益冲突导致煤层气无法顺利开采时，出面介入促成各方进行合作。在加拿大阿尔伯塔省和不列颠哥伦比亚省都以举行听证会的方式来解决不同利益主体之间的煤层气产权冲突问题。政府监管部门（无论是阿尔伯塔省的单一监管部门还是不列颠哥伦比亚省的多部门协同监管）都在气煤冲突问题解决中发挥了很好的作用。

四 以全方位产业政策扶持促进煤层气产业发展进而化解气煤冲突

这方面的经验主要来自美国。我们知道，煤炭开采过程中去除瓦斯的方法在美国东部和西部很不相同。在东部是一边采煤一边采气，而在西部往往是先采气、后采煤。正因为如此，西部地区煤层气所有权往往被裁定给气权所有者，而在东部，煤层气则通常被裁定给煤炭所有权人。这样，东部地区因为实现了"双权合一"而较少产生气煤冲突，但对位于美国西部的那些需要先采气再采煤、煤层气和煤炭矿业权又分属不同主体的地区来说，全方位对煤层气勘探开发进行激励，加快了煤层气企业的勘探开采速度，减少了对煤炭企业后续开采煤炭的影响。

第八章　煤层气和煤炭资源协调开发机制新思考：主要结论与政策建议

自 1994 年煤炭工业部发布《煤层气勘探开发管理暂行规定》（煤规字〔1994〕第 115 号）至今，我国煤层气产业发展已有 30 余年。30 余年间，国家层面出台 100 余项法律法规、部门规章以及各类规范性文件，对煤层气和煤炭资源的开发利用进行顶层设计。煤层气试点省份也出台地方性法规条例及规范性文件对煤层气和煤炭资源的协调开发进行规制，并通过实践探索获得了有益经验。这种自上而下顶层设计和自下而上实践探索的结合，促进了我国煤层气产业从无到有、从起步到快速发展。回顾过去 30 余年的发展历程，煤层气地面开采经历了"高期待、低兑现的冰火两重天"，这个当初带给人们无限想象力的行业，今天仍"驻足平台期，长卧不起"（杨陆武等，2021），始终处在商业化、产业化发展的初级阶段。

前面章节的分析表明，自 20 世纪 90 年代末至今始终不同程度存在的矿业权重叠问题，是制约我国煤层气和煤炭资源综合勘探开发利用及煤层气规模化产业化发展的重要障碍，需要从机制上进行优化，以化解矿业权重叠导致的气煤冲突，促进气煤资源协调开发。有关我国煤层气和煤炭资源协调开发机制现状、主要内容、问题及原因以及构成要素、影响因素和运行机理等，已在前面章节得到分析和阐释，煤层气和煤炭资源协调开发的"山西样本"和国外经验也得到阐述。在此基础上，本章首先对前面几章的研究进行总结，然后对煤层气和煤炭资源协调开发机制提出新的思考和政策建议，以期为煤层气产业发展找寻新的方向。

第一节　主要结论

回顾前面章节的研究，关于煤层气产业发展以及煤层气和煤炭资源协调开发，我们可以得出如下几个方面的结论和基本认知。

一 煤层气开发利用对中国具有重要战略意义

在能源和环境约束下,作为一种优质清洁新能源,煤层气的开发利用对中国的能源革命和能源转型以及"双碳"目标实现具有重要战略意义。中国目前是全球范围内能源消费量最大的国家,同时又是碳排放量最多的国家。优化能源结构和减少温室气体排放是中国经济增长必须解决的两个重要问题。煤层气的开发利用,既可以促进煤矿生产安全,增加能源供给,还可以减少环境污染,促进生态文明建设。

二 现行煤层气开发利用体制机制不足以帮助中国建成煤层气产业

30多年煤层气产业发展历程中,国家层面出台的100余项法律法规、部门规章及各类规范性文件,共同构建了我国煤层气矿业权管理体制和包括市场准入、价格形成、激励、对外合作、环境监管以及煤层气和煤炭资源协调开发在内的煤层气总体开发利用机制。但现行管理体制和机制都还存在缺陷,尚不能帮助中国同时实现煤层气开发的各项具体目标,也不能帮助中国在现阶段建成煤层气产业。在煤层气相关制度安排多元初始目标中,只有安全目标得到了较好实现,环境目标次之,经济目标和能源目标则远未达成。从煤层气勘探开发利用的具体情况来看,2006~2020年的煤层气三个五年规划的目标全部未能如期完成,煤层气的生产和利用也未能达到初步形成煤层气产业的规模,故建成煤层气产业的总体目标尚未实现。

三 矿业权重叠是导致气煤冲突和煤层气产业不能充分发展的主要因素

根据国家相关法律法规,我国矿业权由国务院地质矿产主管部门和省级人民政府地质矿产部门分别审批发证,采矿权由国务院地质矿产主管部门以及省级、市级人民政府地质矿产主管部门和县级以上地方人民政府地质矿产管理部门分别审批发证。由此,我国形成了一种煤层气资源国家一级管理、煤炭资源二元管理的矿业权体制。这种管理体制在信息不对称的情况下容易导致煤层气和煤炭资源的矿业权重叠。而矿业权重叠导致气煤企业相互牵制,致使煤层气和煤炭矿业权出现不相容使用,由此成为事实上的不完备产权。这不仅妨碍两种矿业权的正常行使,而且企业的合法权益也难以得到保障,更重要的是,煤层气和煤炭资源的有序开发受到严重影响,使煤层气产业不能充分和可持续发展。因此,有必要构建良好的煤层气和煤炭资源协调开发机制,妥善解决矿业权重叠引发的气煤纠纷,进而促进煤层气的规模化和产业化发展。

四 现有煤层气和煤炭资源协调开发机制存在不足亟须改进

煤层气和煤炭资源协调开发机制是指由国家煤层气相关体制和制度确立的,用以协调煤层气和煤炭矿业权人合理安排两种资源勘查开发时空配置关系,促进煤层气和煤炭矿业权相容使用,从而实现两种资源安全、和谐、高效开发的作用机制。

我国现行煤层气和煤炭资源协调开发机制包含一个由相关法律法规、政策规章及各类规范性文件确立的制度组合,该制度组合主要包括矿权管理、综合勘查、资料共享、合作开发、勘查开发约束及区块退出、纠纷解决等六个方面的制度安排,并为特定约束条件下的相关主体设定目标和应该遵循的原则,然后通过利益诱导、政府推动、资源约束、市场驱动来推动煤层气和煤炭资源的协调开发,进而促进煤层气的规模化产业化发展。

但是,目前我国在两种资源协调开发方面仍然存在矿业权管理体制不健全、综合勘查开采难度大、资料共享制度不健全、气煤企业合作开发不顺畅、勘查开发与退出约束不强、纠纷解决机制不能很好保护矿业权等诸多问题。同时,受能源需求和环境约束、煤层气勘探开发技术、煤层气企业赢利状况及煤层气开发利用的其他机制影响,我国煤层气和煤炭资源协调开发机制运行效果不够好,需要采取可靠措施加以改进,以实现各相关主体之间的激励相容。

五 "山西样本"和"国外经验"可以为解决气煤冲突提供重要参考和借鉴

山西省是中国煤层气的资源大省,也是中国矿业权重叠现象最为严重的地区。为了妥善解决矿业权重叠导致的气煤冲突问题,中央政府、山西省地方政府、煤层气企业和煤炭企业四元主体共同塑造了山西省关于煤层气和煤炭资源的协调开发机制。中央一级管理机构从国家层面对煤层气和煤炭资源的协调开发做顶层设计，指明发展方向；地方政府根据中央一级管理机构确定的方向制定符合本地实际情况的气煤资源协调开发制度；煤层气企业和煤炭企业协商谈判（自主或受地方政府引导），摸索出切实可行的合作模式。目前，山西省已在煤层气和煤炭资源协调开发机制方面形成了比较成熟的、可复制推广的有益经验，如三元主体联合创新煤层气和煤炭资源协调开发机制的"三交模式"、煤炭企业反哺煤层气开发的"华潞模式"以及煤炭企业综合勘查开发煤炭煤层气的"晋煤模式"，它们可为其他地区煤层气和煤炭资源的协调开发提供"山西样本"。

美国和加拿大是煤层气规模化产业化发展最为成功的两个国家。它们从矿业权管理入手，强调煤层气专门法律法规的重要作用，多手段、多举措、全方位化解煤层气和煤炭矿业权矛盾，充分发挥合作（自愿协作、协商或政府引导下协作、协商）、仲裁、司法等多种途径的作用，解决煤层气和煤炭所有权人之间的产权冲突。在美国，在全国统一的煤层气法缺乏情形下，充分发挥各州在煤层气立法方面的作用，设计出了符合各州煤层气产业发展实际的法律法规，通过监管、仲裁和司法机制，化解了煤层气和煤炭矿业权人之间的矛盾。在加拿大，政府部门为煤层气和煤炭矿业权人营造了一个在法律框架下自主协商、合作共赢的煤层气开发氛围，通过协作与协商、仲裁、司法等方法，切实解决气煤纠纷问题。

六 突出"经济目标"可以促进煤层气开发利用目标更好实现

我们可以从两个层面把握中国煤层气开发利用的初始目标：第一个层面是煤层气开发的总体目标，大体可以表述为"建成煤层气产业，实现煤层气的规模化产业化发展"；第二个层面是具体目标，包括安全目标、环境目标、能源目标和经济目标。

本书认为，煤层气开发具体目标不仅多，而且排序不尽合理。尽管我国从一开始就把煤层气作为一个新兴产业来发展，但实际上把"安全目标"放在了第一位，其次是"环境目标"和"能源目标"，最后才是"经济目标"。"安全目标"置于首位是为了确保煤矿安全生产；强调"环境目标"是因为要解决经济的粗放式高速发展引发的环境问题，而且要履行国际承诺实现"双碳"目标；强调"能源目标"是因为我国能源对外依存度大，要解决能源安全问题。尽管把"安全目标"放在首位的确符合煤矿生产实际需要，强调"环境目标"和"能源目标"也符合功利主义需求，但忽略"经济目标"，却无益于"安全目标"、"能源目标"和"环境目标"的更好实现。

我国有必要遵循 20 世纪 90 年代初期煤层气开发顶层设计的初心，把煤层气产业真正作为一个战略性新兴能源产业来进行发展，同时调整煤层气开发目标顺序，把"经济目标"放在首位，围绕"经济目标"进行煤层气和煤炭资源协调开发机制设计，通过充分发挥市场在能源资源配置中的基础性作用（有效市场，解决机制设计中的信息问题），辅之以政府对煤层气的全产业链激励（有为政府，解决机制设计中的激励问题），来促进煤层气产业的规模化发展。只有煤层气开发的经济目标得到实现，才能让安全、环境、能源目标得到更好实现。

第二节 政策建议

现有煤层气和煤炭资源协调开发机制存在问题以及机制仍不健全这一事实，无疑会引发人们思考：要如何改进，才能促进煤层气和煤炭企业在实现自身利益最大化的同时达成国家设定的目标？微观经济学有一个最基本的假设：每一个人（消费者）、每一个企业都会在某些约束条件下争取自己的最大利益，消费者尽可能地实现自身效用的最大化，企业尽可能地实现自身利润的最大化。这里所说的"约束条件"包括法律法规、政策条例、预算、生产技术条件、价格、偏好等。为了更好地实现煤层气开发利用的目标，有必要引入机制设计理论，探讨在各种约束条件下，如何对煤层气和煤炭资源协调开发机制进行更好的设计，以便妥善解决气煤冲突问题，促进煤层气和煤炭行业有序发展，进而实现煤层气的规模化产业化发展。

一 合理定位煤层气开发目标，实现私人目标和社会目标的激励相容

在机制设计理论中，个人包括厂商都是理性的"经济人"，它们追求的目标是个人效用的最大化或厂商利润的最大化。如果在某个资源配

置规则下，每个人都按自利的规则行动，但最后正好实现了某个社会目标，那就实现了个人目标与社会目标之间的"激励相容"（incentive compatibility）。

在中国，目前投入地面煤层气勘探开发的企业主要有三类：第一类是以中石油、中石化、中海油为代表的油气公司；第二类是以晋煤集团、蓝焰控股为代表的煤炭企业；第三类是以亚美大陆煤层气有限公司为代表的外资企业。除极少数中小型外资煤层气企业外，目前从事煤层气开发的企业几乎都是国有企业。尽管国有企业很多时候需要承担社会公共目标，但与此同时，这些煤层气企业也都是新古典意义上的追求利润最大化的"经济人"。"逐利"是所有新古典意义上企业的原始动力，因此，赢利必然成为煤层气企业的主要目标。在美国国家环境保护局（U.S.EPA）官网上，读者可以看到，"获得经济（economic）利益"排在第一位，跟"增加能源（energy）供应、保护环境（environment）以及提高煤矿安全性（safety）"一起，作为煤层气开发利用可以同时满足的四大目标（U.S. Environmental Protection Agency, 2011）。

我国的机制设计者为发展煤层气产业设定的社会目标是什么？是提高煤矿生产的安全（安全目标）、减少温室气体排放（环境目标），还是期待增加能源供应（能源目标），抑或获得经济利益（经济目标）？哪个目标是第一位的？或者四个目标同等重要？

根据第三章的研究，我国开发利用煤层气的具体目标包含安全、环境、能源和经济四个方面。尽管我国从一开始就把煤层气作为常规能源的接替性能源来发展，但实际上我国把煤层气产业发展的安全目标放在了第一位，同时，煤层气产业发展还肩负着减少温室气体排放的重任。也就是说，现行煤层气相关制度实际上是把经济目标和能源目标放置在安全目标和环境目标之后。事实上，煤层气开发利用30多年，安全目标和环境目标也的确得到了相对较好的实现，但能源目标和经济目标的达成度则不如人意。除了极少数煤层气企业实现赢利外，绝大多数煤层气企业是亏损的，甚至有的煤层气企业已达破产重整的境地。要想让四个目标都得到实现，本书认为，有必要调整目标顺序，把经济目标放在首位。经济目标实现了，说明煤层气企业赢利了；企业赢利了，煤层气规模化产业化发展便成为可能。煤层气开发利用实现了规模化产业化，那么,安全目标、环境目标和能源目标也会得到更好实现。如此看来,经济目标是"牛鼻子"。它跟其他三个目标之间不仅不存在矛盾,相反,经济目标的实现可以促进煤层气开发利用私人目标和社会目标的激励相容,进而促进安全目标、环境目标和能源目标的更好实现。如果把经济目标设定为首要目标,围绕所有煤层气企业和煤炭企业都是"追求利润最大化"的"经济人"这一假设,政府在煤层气和煤炭资源协调开发机制设计中最需要解决的便是相关主体之间的信息不对称问题,以及政府对煤层气产业链相关主体的激励问题。

二 以竞争性市场机制解决气煤资源协调开发中的信息不对称问题

机制设计中的信息问题,就是要看政府制定的机制是不是信息最有效的,即实现这个社会目标所需要的信息量能否减少到最小。一个机制所用的信息量越少,人们便认为这个机制越好。

田国强(1999)对经济机制如何解决信息问题做了描述:"在一个经济体中,存在 n 个经济单位,假定每个经济单位($i=1, 2, \cdots, n$)的经济特征是 $e^i = (R^i, W^i, Y^i)$,其中 R^i 指代经济单位的效用偏好,W^i 指代生产单位的初始资源或物质条件,Y^i 指代经济单位的生产可能性集合;每个经济单位只知道自己的特征,不知道其他经济单位的特征。那么,从分散化的角度讲,所谓经济机制就是把信息从一个经济单位传递到另一个经济单位。经济体中每个经济单位对某种商品的需求或供给、对商品的偏好或效用函数、对产品成本的描述等等,共同构成了经济社会的信息空间。在这里,涉及经济机制方面的一个重要问题是要简化信息传递过程中的复杂性,或使一个机制能运行但花费较少的信息。"

在人类经济社会发展进程中,出现过或存在各种经济机制,如竞争性的市场机制、集中型的计划机制、市场和计划混合型的经济机制等。Hurwicz(1973)的研究表明,"没有什么经济机制,它有比竞争市场机制低的信息空间的维数,并且产生了帕累托有效配置"。Jordan(1982)也证明,"竞争性市场机制是唯一利用了最少信息并且产生了帕累托有效配置的机制"。

在煤层气和煤炭资源协调开发和煤层气和煤炭矿业权管理、出让、转让、市场准入和退出等过程中,同样存在不同主体之间的信息传递问题，因此也需要充分发挥市场在资源配置中的基础性作用。

从我国开发利用煤层气相关制度演进过程可以发现，国家非常重视市场机制在煤层气资源配置过程中的作用。《煤层气（煤矿瓦斯）开发利用"十一五"规划》提出要"依靠市场引导、政策驱动"来吸引各类投资者参与煤层气开发利用；《煤层气（煤矿瓦斯）开发利用"十二五"规划》（发改能源〔2011〕3041号）也提出要"坚持市场引导，强化政策扶持"；《煤层气产业政策》（国家能源局公告2013年第2号）强调要"采用市场竞争方式配置煤层气资源，择优确定开发主体"；《国务院办公厅关于印发能源发展战略行动计划（2014—2020年）的通知》（国办发〔2014〕31号）则首提"完善能源科学发展体制机制，充分发挥市场在能源资源配置中的决定性作用"，并提出要"完善现代能源市场体系。建立统一开放、竞争有序的现代能源市场体系"；《煤层气勘探开发行动计划》（国能煤炭〔2015〕34号）要求"严格落实煤层气市场定价机制"；中共中央、国务院印发的《关于深化石油天然气体制改革的若干意见》提出要"发挥市场在资源配置中的决定性作用和更好发挥政府作用"；中共中央办公厅、国务院办公厅关于印发的《矿业权出让制度改革方案》（厅字〔2017〕12号）要求以招标拍卖挂牌方式为主，全面推进矿业权竞争性出让"严格限制矿业权协议出让"，从而实现市场在矿产资源配置中从基础性作用到决定性作用的转变；《国务院关于促进天然气协调稳定发展的若干意见》（国发〔2018〕31号）也强调要"全面实行区块竞争性出让，鼓励以市场化方式转让矿业权"；《国家发展改革委国家能源局关于印发〈"十四五"现代能源体系规划〉的通知》（发改能源〔2022〕210号）重述充分发挥市场在资源配置中的决定性作用，优化能源资源市场化配置，深化价格形成机制市场化改革，稳步推进天然气价格市场化改革。不过，重视并不意味着市场机制已经发挥了在煤层气资源配置过程中的基础性、决定性作用。

笔者认为，要发挥市场的基础性、决定性作用，首先需要有一个好的市场。好的市场要求：第一市场主体是充足的，第二市场竞争是充分的。因此，首先要解决的问题包括以下几点。

1. 市场准入问题

需要让更多经济主体进入煤层气行业，以解决市场主体偏少，活力不足问题。

尽管我国从1994年的《煤层气勘探开发管理暂行规定》（煤规字〔1994〕第115号）就提出"煤层气的开发应充分发挥各级地方政府、企业和外商的积极性"，2006年的《煤层气（煤矿瓦斯）开发利用"十一五"规划》也提出要"吸引各类投资者参与煤层气开发利用，最大限度地调动各方面的人力、财力和物力，推动煤层气产业发展"，但事实上，我国对参与煤层气勘探开发的企业有严格的技术、资金、管理和人才准入标准，[①] 煤层气产业勘探开采风险大、投入高、回收期长，煤层气和煤炭矿业权重置导致的气煤冲突等因素，导致新的投资者难以进入或在位煤层气投资者退出，[②] 因此，30多年来，煤层气市场主体偏少成为不争的事实，正如《煤层气（煤矿瓦斯）开发利用"十三五"规划》所说的，"由于历史原因，煤层气勘探开发集中于少数中央企业，其他社会资本进入渠道不畅"。

回顾煤层气产业政策发展历程，2013年国家能源局发布的《煤层气产业政策》即"鼓励具备条件的各类所有制企业参与煤层气勘探开发利用，鼓励大型煤炭企业和石油天然气企业成立专业化煤层气公司"，期待以此"培育一批具有市场竞争力的煤层气开发利用骨干企业和工程技术服务企业，形成以专业化煤层气公司为主体、中小企业和外资企业共同参与的产业组织结构"（第六条）；2014年，《国务院办公厅关于印发能源发展战略行动计划（2014—2020年）的通知》（国办发〔2014〕31号）又提出，要"实行统一的市场准入制度，在制定负面清单基础上，鼓励和引导各类市场主体依法平等进入负面清单以外的领域，推动能源投资主体多元化"；2016年，《煤层气（煤矿瓦斯）开发利用"十三五"规划》也提出，要坚持开放发展，吸引具有经济技术实力的境外投资者

---

① 参阅《煤层气（煤矿瓦斯）开发利用"十一五"规划》（2006年）第六章"保障措施"第一条。

② 根据新浪网2007年5月13日援引《经济观察报》记者张沉有关《矿权归属不清 外资集体退出煤层气开发》的报道，2006年国务院出台《关于加快煤层气（煤矿瓦斯）抽采利用的若干意见》后，包括亚美、必和必拓、BP等在内的众多外资能源企业开始采取和中方有对外合作经营权的公司合作的方式开采煤层气。截至2007年5月，当时拥有煤层气对外合作开采煤层气专营权的中联公司和17家外资公司签订了28个合同，签约面积达到3万平方千米。但矿业权重置导致的气煤企业之间不可调和的冲突，出现了必和必拓、菲利普斯等能源巨头退出中国煤层气市场或停止煤层气开发的现象。

参与煤层气勘探开发，鼓励民间资本投资煤层气产业，鼓励主要煤层气矿业权持有者实行混合所有制改革，吸收民营企业合作开采；2022年，《国家发展改革委 国家能源局关于印发〈"十四五"现代能源体系规划〉的通知》（发改能源〔2022〕210号）再次强调，要"激发能源市场主体活力放宽能源市场准入。落实外商投资法律法规和市场准入负面清单制度，修订能源领域相关法规文件。支持各类市场主体依法平等进入负面清单以外的能源领域。……积极稳妥深化能源领域国有企业混合所有制改革，进一步吸引社会投资进入能源领域"。可以看出，国家层面是非常重视煤层气产业市场主体营造的。

  国家正式文件对煤层气市场主体的强调，恰好反证了市场主体不足、活力不够的事实。因此，有必要打破中央企业（部分地方大型国有企业等）的矿业权垄断，吸引更多经济主体进入煤层气市场。本书第六章对煤层气和煤炭协调开发的中国探索的分析表明，晋煤集团创建的三区联动抽采模式可以较好地解决煤层气与煤炭开采的时空矛盾，提高煤炭资源回收率，实现煤矿瓦斯抽采和地面原位抽采两个独立的产业模式的有效衔接，进而实现煤矿区煤炭与煤层气两种资源高效协调开发。因此，让那些有资质并拥有合格开采技术的煤炭企业也拥有煤层气开采权，的确能够促进煤层气和煤炭的协调开发。也正因为如此，2013年2月，国家能源局发布的《煤层气产业政策》规定，在已设置煤炭矿业权但尚未设置煤层气矿业权的区域，经勘查具备煤层气地面规模化开发条件的，应依法办理煤层气勘查或开采许可证手续，由煤炭矿业权人自行或采取合作等方式进行煤层气开发。在《山西省矿产资源总体规划（2016—2020）》中，对"具备煤层气地面规模化开发条件的"持有煤炭资源采矿权的企业，鼓励其申请煤层气矿业权，允许其变更增加煤层气矿种，支持鼓励煤炭矿业权人自行或采取合作等方式进行煤层气开发。2019年12月31日，自然资源部下发的《关于推进矿产资源管理改革若干事项的意见（试行）》（自然资规〔2019〕7号），在油气勘查开采管理改革方面，提出了放开油气勘查开采的措施，规定"在中华人民共和国境内注册，净资产不低于3亿元人民币的内外资公司，均有资格按规定取得油气矿业权"。毫无疑问，该意见为更多市场主体进入煤层气勘查开采行业开辟了通道。

2. 完善矿业权市场，解决竞争的不充分问题

根据《国土资源部关于印发〈矿业权交易规则（试行）〉的通知》（国土资发〔2011〕242号），目前，我国存在两类煤层气矿业权市场：一类是矿业权出让市场，另一类是矿业权转让市场。该通知对矿业权出让和矿业权转让进行了界定，"矿业权出让是指国土资源主管部门根据矿业权审批权限和矿产资源规划及矿业权设置方案，以招标、拍卖、挂牌、申请在先、协议等方式依法向探矿权申请人授予探矿权和以招标、拍卖、挂牌、探矿权转采矿权、协议等方式依法向采矿权申请人授予采矿权的行为。矿业权转让是指矿业权人将矿业权依法转移给他人的行为"（第二条）。第四条则对矿业权交易主体（指依法参加矿业权交易的出让人、转让人、受让人、投标人、竞买人、中标人和竞得人）资格进行了规定，要求"矿业权交易主体资质应符合法律、法规的有关规定"。第八条对矿业权出让和转让场所进行了规定，要求"矿业权出让交易必须在矿业权交易机构提供的固定交易场所或矿业权交易机构提供的互联网络交易平台上进行，矿业权转让必须在矿业权交易机构提供的固定交易场所或矿业权交易机构提供的互联网络交易平台上鉴证和公示"。第十条要求矿业权交易机构应"依据出让人、转让人提供的相关材料发布出让、转让公告，编制招标拍卖挂牌相关文件"。同时，该通知还对矿业权交易形式及流程，确认及中止、终止，公示公开，交易监管，法律责任及争议处理等进行了规定。2017年9月，为进一步规范矿业权交易行为，确保矿业权交易公开、公平、公正，维护国家权益和矿业权人合法权益，国土资源部对《矿业权交易规则（试行）》（国土资发〔2011〕242号）进行了修改，并发布了《国土资源部关于印发〈矿业权交易规则〉的通知》（国土资规〔2017〕7号）；2018年12月，为进一步深化矿业权管理领域"放管服"改革，按照涉企保证金目录清单制度相关要求，自然资源部下发了《关于调整〈矿业权交易规则〉有关规定的通知》（自然资发〔2018〕175号），对出让公告所应包括的内容、投标人和竞买人的交易资格、中标通知书或者成交确认书应当包括的基本内容等进行调整。

上述规则的出台，促进了我国煤层气矿业权市场的完善，并构建了煤层气矿业权市场主体的共有信息，因此大大降低了煤层气矿业权出让或转让过程的交易成本，提高了矿业权市场的效率。但是由于我国煤层

气勘探开发公司主要集中于少数中央企业或少数大型国有企业，因此，我国矿业权市场的竞争很不充分。

目前，我国的煤层气产业竞争格局主要由大型国有企业主导。中国煤层气生产商可大致分为大型中央直属企业、地方国有煤炭企业及外国煤层气生产商。大型中央直属企业在筹措资金、管道进入及区块登记方面具有先天优势，在中国煤层气行业内发挥着主导作用，主要包括中石油、中石化和中海油的中联公司等；地方国有煤炭企业（晋城无烟煤矿业集团旗下的蓝焰控股等）可在其拥有的煤矿矿区范围内进行煤层气开发和生产；外国煤层气生产商只能选择通过与经中国政府授权的国有企业开展合作的方式，在中国境内开展业务，如亚美能源控股有限公司、龙门（北京）煤层气技术开发有限公司、中澳煤层气能源有限公司、奥瑞安能源国际有限公司、富地石油公司、格瑞克贵胄勘探开发有限公司、美国亚太石油公司、瑞弗莱克油气有限责任公司、中海沃邦能源投资有限公司等。因此，在某种意义上，煤层气市场主体之间的竞争主要存在于大型中央直属企业和地方国有煤炭企业之间。作为央企和国企，它们都具有矿产资源勘探开发上的行政垄断权。这种垄断权遏制了我国煤层气矿业权市场的充分竞争。

值得欣慰的是，煤层气大省山西已经走在正确的道路上。2017 年发布的《中共山西省委办公厅山西省人民政府办公厅关于印发〈山西省矿业权出让制度改革试点工作方案〉的通知》，规定了煤层气矿业权出让条件[①]和出让方式[②]，试图从煤层气管理体制上打破垄断造成的活力不足问题，且这种尝试也取得了期待的效果。仅 2017 年，山西省就成功将 10 个煤层气区块探矿权面向全国公开出让，在中国首开煤层气矿业权公开竞争出让、煤层气资源市场化配置先河。另据山西省自然资源厅网公布的消息，2019 年 2 月 1 日，经过多轮网上限时竞价，山西省自然资源厅以挂牌出让的方式成功把总面积 393.85 平方千米的榆社-武乡（面积 246.77 平方千米）和武乡东（面积 147.08 平方千米）两个煤层气区块

---

① 符合《山西省煤层气资源勘查开发规划（2016—2020 年）》、国家产业政策和相关规定，单个矿区面积原则上不超过 300 平方千米。

② 除法律法规规定的可以协议出让的情形外，其他矿业权一律通过招标拍卖挂牌方式公开出让。

的煤层气探矿权以9.2亿元人民币的成交总价出让给了两家民营企业。①此番竞得两个探矿权的企业,均为民营企业:山西昔阳丰汇煤业有限责任公司是一家大型民营企业,于2009年煤炭资源整合后成立;山西省平遥煤化(集团)有限责任公司是山西省的百强企业之一,业务覆盖煤炭采选、炼焦化工、天然气营运等。民营企业的加入,不仅激发了煤层气矿业权市场的活力,也使矿业权市场的竞争更为充分。

三 以对煤层气的全产业链支持,解决气煤资源协调开发中的激励不足问题

机制设计中的激励问题也就是积极性问题。就煤层气开发利用而言,好的机制意味着在政府所制定的这一机制下,每个煤层气和煤炭企业即使是追求其私人目标(获得经济利益),其客观效果也能正好达到社会所要实现的目标。正如丹尼尔·W.布罗姆利(1996)所说:"任何一个经济体制的基本任务就是对个人行为形成一个激励集……通过这些激励,每个人都将受到鼓舞而去从事那些对他们有益处的经济活动。"

在中国,自2007年开始,国家从科学研究、对外合作、价格、税收及财政补贴等方面对煤层气产业进行激励和支持。其中最为人所知的就是2007年国家出台了《财政部关于煤层气(瓦斯)开发利用补贴的实施意见》,规定企业开采的煤层气出售或自用作民用燃气、化工原料等,中央财政按每立方米0.2元的标准对煤层气开采企业进行补贴,地方财政还可根据当地煤层气开发利用情况对其给予适当补贴;2016年,补贴标准提高为每立方米0.3元。从2019年开始,煤层气开发利用定额补贴改为"多增多补"和"冬增冬补"的梯级奖补方式,政策的实施时间为2019~2023年。政策扶持固然促进了我国煤层气产业的发展,但从30多年的煤层气产业发展实际来看,目前中国的各种激励政策还不足以充分调动煤层气市场相关主体开发利用煤层气的积极性。

众所周知,在市场经济条件下,价格给市场参与者传递信号,从而

---

① 《省自然资源厅成功挂牌出让两个区块煤层气探矿权 成交总价达9.2亿》,山西省自然资源厅网,2019年2月2日,https://zrzyt.shanxi.gov.cn/xw/chnl88/201902/t20190202_1820971.shtml,最后访问日期:2025年4月30日。

促进资源的有效配置。对煤层气产业发展而言，政府制定的各种产业扶持政策也像价格一样，给市场参与主体传递信号。信号越强，政府给予的扶持力度越大，市场主体参与的积极性就越高。本书第六章论及的山西煤炭企业和中石油华北油田分公司通过谈判组建公司进行煤炭和煤层气合作开发，正是当时业界普遍预期国家将提高煤层气开采财政补贴而产生的积极影响。而美国政府对煤层气研发、生产、运输、消费所有环节给予的强有力支持，则使得开发利用煤层气成为投资者有利可图的自觉行为，并最终促成了整个产业的持续繁荣。

杨陆武等（2021）认为，"一个健康的煤层气产业，应该由开发商、服务商、设备与物资供应商、下游用户4个主体业务板块构建一条共同繁荣的产业链，所有的政策激励要在这个链条上完成有效的传递和分配"。但目前中国的激励政策不仅没有有效传递，反而造成中间"全面坍塌""两头虚不受补"的结果。考虑到一个健全且健康的产业链要以"开发商、服务商、设备与物资供应商、下游用户4个主体业务板块"的共同繁荣为前提，所以，如果能够借鉴美国经验，调整煤层气激励政策的受惠方式，从煤层气研发、生产、运输和消费等各个环节进行全产业链激励，把财政补贴、税费减免从原来的抓两头带中间，调整为沿产业链普惠，让"全面坍塌"的中间板块从过去接受间接激励改为直接激励，实现政策支持在整个煤层气产业链的穿透和所有激励在煤层气开发商、服务商、设备与物资供应商、下游用户之间的有效传递和分配，煤层气产业才真的未来可期。

四 鼓励自愿合作或政府引导合作，促进气煤资源协调开发

（一）自愿合作是解决气煤冲突和产权纠纷的最佳途径

法经济学有几个基本定理：斯密定理、科斯定理和霍布斯定理。斯密定理说的是，自由交易对交易双方是互利的。科斯定理表明，如果市场交易成本为零，不管权利初始安排如何，当事人之间的谈判都会产生资源配置效率最大化的安排；在交易成本大于零的世界中，不同的权利界定，会带来不同效率的资源配置结果。霍布斯定理指的是国家通过制定法律，使私人合作协议难以达成所造成的损失最小。换句话说，当阻碍交易的障碍足够大（交易费用太高），以至于交易不能达成时，就应

该制定法律以跨越这些障碍，强制进行交易，使障碍导致的不合作转变为合作，从而最大化地降低不合作导致的社会损失。从这几个定理的描述中可以看出，斯密、科斯和霍布斯都关注"自由交易"。

斯密强调自由交易在富国裕民中的重要作用，科斯强调自由交易的前提条件，霍布斯强调国家在自由交易过程中的影响。这几个定理之间的逻辑关系被黄立君（2010）概括为："自由交易是影响个人福利并促进经济增长、影响一国富国裕民的重要因素（斯密定理）；要保证自由交易，人们必须事先界定好产权（因为现实生活中交易成本大于零）（科斯定理）；只是人们在产权明晰的情况下进行交易也不一定顺畅，当交易不能自由进行而导致社会损失时，国家应该制定法律以跨越这些障碍，促进交易（霍布斯定理）。"

上述定理可以用来说明"合作"（自愿合作或通过政府机构的协调促成合作）在煤层气和煤炭协调发展中的重要作用。关于煤层气和煤炭资源协调开发的中国探索和国外经验表明，气煤企业相互合作是解决煤层气和煤炭矿业权重置的最佳选择。在"中国探索"部分，笔者发现，华北油田与潞安集团强强联合的"华潞模式"，通过"双方投资、合作开发、利益共享"，避免了矿权之争带来的各自为政、无序开采和资源浪费严重等问题，提高了煤层气资源利用水平。而且，华北油田和潞安集团的合作开发，完全是双方自愿协商的结果。

（二）政府促进企业合作以弥补自愿合作不能达成所造成的影响

在"三交模式"中，临县人民政府发挥了主导者和协调者的作用，"三交模式"涉及自上而下的强制性制度变迁。这种方法也是美国旧制度学派主要代表康芒斯尤为看重的一种方法。康芒斯（1997）在《制度经济学》中通过威斯康星州组织劳资双方集体谈判从而订立《失业保险法案》的事例说明，无论什么样的社会集团之间发生什么样的利益冲突，只要把有关的双方组织起来，形成一种合作精神，通过集体的谈判，冲突就会得到调解，理想的社会秩序就会建立起来。煤层气和煤炭矿业权人之间的冲突，也可以通过政府主动出面协调，促成当事人积极合作。

在煤层气和煤炭资源协调开发的国外经验部分，我们发现，在美国和加拿大的煤层气产业发展过程中，既存在大量的自愿合作，也存在很多利益相关方不能达成合作的情况。当气煤双方不能自愿达成合作时，美国弗吉尼亚州是通过建立第三方保证金账户和强制联合经营等替代性制度安排促进煤层气开采的。美国联邦政府和加拿大的阿尔伯塔省、不列颠哥伦比亚省通过组织召开听证会的方式来促成气煤企业之间的合作。国家或政府在促进合作方面，都充分发挥了组织者、冲突的协调者作用，进而有效地促进了煤层气和煤炭资源的协调开发。

五　提供并充分利用法律手段，保护煤层气与煤炭产权

新制度经济学家认为，保护产权跟界定产权同样重要。前面章节关于美国、加拿大的煤层气产权纠纷案件和中国的气煤冲突的研究都表明，气煤企业之间的利益冲突，在煤层气开采过程中不可避免。那么，当产权受到侵犯时，采取恰当的途径对产权进行保护就变得非常重要。笔者发现，在美国和加拿大，可以有多种途径来对煤层气产权进行保护，比如通过法院提起诉讼就是最为常见也是非常重要的一种方式。煤层气企业和煤炭企业可以通过民事诉讼的方式来主张自己认定的权利。此外，还可以通过政府促成合作（建立第三方保证金账户和强制联合经营、组织召开听证会等）的方式来解决煤层气产权纠纷问题。

在中国，由于煤层气矿业权具有公权性质，因此，无论是政府、学术界还是实务部门，都倾向于将煤层气和煤炭矿业权争议看作行政争议。譬如政府层面，在《国土资源部关于加强煤炭和煤层气资源综合勘查开采管理的通知》（国土资发〔2007〕96号）中，矿业权重置导致的冲突解决路径被设计为"自主协商—行政调解—行政裁决"。[①] 1986年3月19日第六届全国人民代表大会常务委员会第十五次会议通过、1996年和2009年修正的《中华人民共和国矿产资源法》，也没有规定矿业权纠纷的司法解决途径，只是规定了政府的协调裁决这一手段。在《山西省煤

---

① 该通知第十五条规定：在本通知下发前，煤炭和煤层气探矿权、采矿权发生重叠且未签订协议的，由双方协商开展合作或签订安全生产协议，按照"先采气，后采煤"的原则，对煤炭、煤层气进行综合勘查、开采。本通知下发后6个月内，双方无法签订合作协议的，国土资源管理部门按照有关规定和勘查开采实物工作量已投入等情况进行调解。同意调解的，扣除重叠部分的区块，并由当事人一方对被扣除区块一方已投入部分进行补偿。调解不成的，由国土资源管理部门依据《国务院办公厅转发国土资源部等部门对矿产资源开发进行整合意见的通知》（国办发〔2006〕108号）精神，按照采煤采气一体化、采气采煤相互兼顾的原则，支持煤炭国家规划矿区内的煤炭生产企业综合勘查开采煤层气资源。

层气和煤炭矿业权重叠区争议解决办法（试行）》（晋政办发〔2016〕141号）中，也"鼓励当事人经自主协商，达成协议。协商不成的，当事人可向省国土资源厅申请行政调解。如自主协商、行政调解未能达成协议，且当事人提出申请，省国土资源厅可以按照省政府规定提出裁决建议，或者按照国土资源部委托作出行政裁决"。2018年11月，山西省自然资源厅还下发了《关于加快签订煤层气和煤炭矿业权重叠区资源利用安全互保协议书的通知》（晋自然资函〔2018〕91号），希望以此促进煤层气和煤炭两种资源的合理开发利用。2020年发布，2021年修正的《山西省煤层气勘查开采管理办法》规定"煤层气矿业权人与煤炭矿业权人应当坚持先采气、后采煤，协调重叠区资源开发时序，做好采气采煤施工衔接。双方协调不成的，可以提请省自然资源主管部门行政调解、行政裁决"。可见，争议解决路径依然主要是"自主协商—行政调解—行政裁决"。从实务部门层面看，煤层气矿业权纠纷一旦发生，普遍的做法是向地方政府或国土资源部门进行投诉，请求用公权力加以制止等行政方式进行解决，很少采用司法解决方式维护权利。比如中联公司、中石油与晋煤集团之间的煤层气与煤炭矿业权纠纷，基本是向国土资源部、山西省人民政府、山西省国土资源厅等进行反映和投诉。

　　黄立君（2014）认为，我国煤层气相关法规把煤层气和煤炭矿业权争议视为行政争议的做法不利于权利被侵害一方通过诉讼方式对自己的权利进行保护，同时，也大大降低了侵权行为的违法成本，降低了法律应有的威慑作用。中国煤层气产业发展过程中出现的大量气煤利益之争，正是煤层气产权得不到有效保护而产生的乱象。早期进入中国煤层气勘探开发的外资煤层气企业（亚美、必和必拓、英国BP公司等），在2006年国务院出台《关于加快煤层气（煤矿瓦斯）抽采利用的若干意见》给予外资开发煤层气很大优惠政策的背景下，采取和中方有对外合作经营权的公司合作的方式开采煤层气。但在先后投入了大量资金之后，有些外资公司遭遇了事先未曾料到的阻力——它们的开发受到了地方煤炭公司的阻挠。之后当它们发现没有什么部门能够保护它们的投资权益，只能退出煤层气开采。外资企业如此，拥有煤层气采矿权的中央企业也同样遭受地方煤炭企业的违规采气问题。

　　众所周知的是，产权之所以被称为产权，是因为它具有排他性这个特征。没有排他性的产权，不能被称为真正意义上的产权。产权如果不能得到国家的保护，那就只能回到"霍布斯丛林"之中。因此，保护产权，无论是过去还是将来，对煤层气产业发展来说，都是需要重点关注的问题。遗憾的是，我国能源基础性法律（专门的煤层气法律法规或条例等）长期处于缺位状态。

不过，在法律建设方面也有让人值得期待的地方。2020年4月10日，国家能源局印发了《中华人民共和国能源法（征求意见稿）》，面向广大民众公开征求意见。该征求意见稿鼓励煤层气、致密油气、页岩油、页岩气等非常规、低品位油气资源的经济有效开发（第四十条），并对能源企业从事能源开发生产活动却未依法开发共生、伴生能源矿产资源应承担的法律责任进行规定（第一百一十二条）。但让人失望的是，该征求意见稿未见有关矿业权纠纷司法解决途径的相关条款。由此，从国家层面出台专门的《煤层气法》或《煤层气开发利用条例》则变得更让人期待。或者，至少应在未来的《中华人民共和国矿产资源法》修订中，对矿业权纠纷的司法解决途径进行进一步规定，完善法治过程，让包括煤层气在内的矿业权在受到侵害而又协商无果时，可以通过法律手段获得救济。

六 刺激和鼓励技术进步，以技术突破夯实气煤资源协调开发之基

先进的工程技术直接影响资源的开发利用成本，所以，技术层面的突破是实现煤层气和煤炭资源高效开发和改善气煤资源协调开发关系的关键，先进技术的合理应用是统筹煤层气和煤炭资源协调开发的基础保证。

业界普遍认为，我国煤层气"复杂的贮存条件、'三低一高'（低压力、低渗透率、低饱和度、煤储层含气非均质性高）的气藏特征"，极大地限制了大量被北美和澳大利亚验证可行的技术在中国的选择和应用。而技术上的瓶颈也被认为是导致我国煤层气产业工程成功率低、产能转化率低、资源动用率低以及地面煤层气开发规模停滞不前的障碍（杨陆武等，2021），因此，先进的煤层气勘探开发理论基础和工程技术是扭转我国煤层气产业发展颓势的关键。

如何才能获得符合我国煤层气贮存条件和气藏特征的先进煤层气勘

探开发理论基础和工程技术？可以借鉴煤层气产业发展最为成功的美国的经验。在20世纪70~80年代的产业起步阶段，以美国能源部、美国天然气研究所等为代表的政府机构和各界，先后投入60多亿美元进行煤层气的勘探开发，其中约4亿美元用于支持有关研究机构和技术咨询公司开展包括全美煤层气资源评价与预测、煤层气开发技术、煤层气开发试验、主要煤层气盆地的储层模拟等在内的研究和试验工作（孙茂远，2003），由此"在煤层气成藏机理、钻完井技术、储层模拟等领域形成了一套适合其储层特点的煤层气勘探开发理论和技术系列"（穆福元等，2017）。

事实上，我国自20世纪90年代末开展煤层气勘探开发以来，政府在煤层气产业的形成与发展方面就非常强调科学技术的作用，并在"十一五"至"十三五"期间，在国家科技重大专项"大型油气田及煤层气开发"中设立了"煤矿区煤层气开发与利用"专项，开展了煤矿区煤层气与煤炭协调开发、煤层气地质条件精细探测技术、煤层气抽采产能预测技术、未采动区地面煤层气钻井技术、采动区煤层气地面抽采技术、煤层气井下抽采钻孔施工技术、低透气性煤层增渗技术、煤层气安全集输技术、低浓度煤层气利用技术等基础研究和技术研发，同时根据我国煤层贮存条件、开采方式和煤矿区煤层气贮存特点，选择在全国具有代表性的矿区进行应用，并取得了较好效果（矿区煤层气开发项目组，2021）。可见，中国的煤层气资源并没有特殊到技术上无解（杨陆武等，2021）。

基于技术突破在煤层气和煤炭资源协调开发中的关键作用，本书强烈建议根据我国生态文明建设总体规划、"双碳"战略目标及能源革命和能源转型要求，从国家层面加大基础地质研究和经济实用技术攻关的力度，强化科技创新引领，充分发挥企业和各类创新平台作用，开展煤层气关键技术攻关，以此促进煤层气和煤炭资源协调开发，最终实现煤层气的规模化产业化发展。

参考文献

〔冰〕思拉恩·埃格特森，1996，《新制度经济学》，吴经邦等译，商务印书馆。

〔德〕柯武刚、史漫飞，2000，《制度经济学：社会秩序与公共政策》，韩朝华译，商务印书馆。

〔法〕阿格尼丝·贝纳西－奎里等，2015，《经济政策：理论与实践》，徐建炜等译，中国人民大学出版社。

〔美〕Douglass C. North，1998，《交易成本、制度和经济史》，载〔德〕埃瑞克·G. 菲吕博顿、鲁道夫·瑞切特编《新制度经济学》，孙经纬译，上海财经大学出版社。

〔美〕G. F. Vance、G. K. Ganjegunte，2015，《煤层气的利用：问题、牵连和管理》，载〔美〕K. J. Reddy编著《煤层气——能源与环境》，李文魁等译，石油工业出版社。

〔美〕K. J. Reddy编著，2015，《煤层气——能源与环境》，李文魁等译，石油工业出版社。

〔美〕Mark Northam，2015，《不断变化环境中的煤层气（变化着的环境与煤层气开发）》，载K. J. Reddy编著《煤层气——能源与环境》，李文魁等译，石油工业出版社。

〔美〕T. W. 舒尔茨，1994，《制度与人的经济价值的不断提高》，载〔美〕R. 科斯、A. 阿尔钦、D. 诺斯等《财产权利与制度变迁——产权学派与新制度经济学派译文集》，上海三联书店、上海人民出版社。

〔美〕Y. 巴泽尔，1997，《产权的经济分析》，费方域、段毅才译，上海三联书店、上海人民出版社。

〔美〕阿维纳什·迪克西特，2007，《法律缺失与经济学：可供选择的经济治理方式》，郑江淮等译，中国人民大学出版社。

〔美〕爱德华·L. 格莱泽、安德烈·施莱弗，2002，《监管型政府的崛起》，载吴敬琏主编《比较》，中信出版社。

〔美〕奥利弗·E. 威廉姆森，2002，《资本主义经济制度》，段毅才、王伟译，商务印书馆。

〔美〕丹尼尔·W. 布罗姆利，1996，《经济利益与经济制度——公共政策的理论基础》，陈郁等译，上海三联书店、上海人民出版社。

〔美〕丹尼斯·米都斯等，1997，《增长的极限——罗马俱乐部关于人类困境的报告》，李宝恒译，吉林人民出版社。

〔美〕道格拉斯·C. 诺思，1994，《经济史中的结构与变迁》，陈郁等译，上海三联书店、上海人民出版社。

〔美〕道格拉斯·C. 诺思，2003，《经济学的一场革命》，载〔美〕科斯、诺思、威廉姆森等《制度、契约与组织——从新制度经济学角度的透视》，刘刚等译，经济科学出版社。

〔美〕道格拉斯·C. 诺思，2008，《制度、制度变迁与经济绩效》，杭行译，格致出版社、上海三联书店、上海人民出版社。

〔美〕道格拉斯·诺思、罗伯斯·托马斯，1999，《西方世界的兴起》，厉以平、蔡磊译，华夏出版社。

〔美〕加里·S. 贝克尔，1995，《人类行为的经济分析》，王业宇、陈琪译，上海三联书店、上海人民出版社。

〔美〕康芒斯，1997，《制度经济学》，于树生译，商务印书馆。

〔美〕理查德·A. 波斯纳，1997，《法律的经济分析（上）》，蒋兆康译，中国大百科全书出版社。

〔美〕罗伯特·考特、托马斯·尤伦，1994，《法和经济学》，张军等译，上海三联书店、上海人民出版社。

〔美〕乌戈·马太，2005，《比较法律经济学》，沈宗灵译，北京大学出版社。

〔英〕亚当·斯密，1997，《国民财富的性质和原因的研究》，郭大力、王亚南译，商务印书馆。

白振瑞、张抗，2015，《中国煤层气现状分析及对策探讨》，《中国石油勘探》第5期。

卜小平，2011，《中国煤层气产业发展途径与前景分析》，博士学位论文，中国地质大学（北京）。

蔡开东，2006，《解决煤炭矿权与煤层气矿权分置的有效途径》，

《煤炭经济研究》第 10 期。

操秀英，2022，《如何走好复杂且极具挑战的能源转型之路？——"绿色低碳·能源变革"国际高端论坛建言献策》，《科技日报》7 月 4 日。

曹霞等，2022，《煤层气矿业权重叠问题与法律对策研究》，法律出版社。

常宇豪，2017a，《两权重叠背景下煤层气矿业权的瑕疵与救济》，《中国煤炭》第 10 期。

常宇豪，2017b，《论相邻关系视角下煤层气与煤炭矿业权纠纷的解决》，《中国煤炭》第 4 期。

常宇豪，2017c，《煤层气开发利用的外部性及法律规制研究》，《中国煤层气》第 5 期。

常宇豪、张遂安，2017，《中国煤层气法律规制的回顾与反思》，《西南石油大学学报》（社会科学版）第 5 期。

陈茜茹，2018，《煤层气开发对水资源的影响及其防护措施》，《能源与环保》第 6 期。

陈伟超，2009，《中国煤层气产业单独立法可行性研究》，《中国煤炭》第 3 期。

戴金星，1979，《我国古代发现天然气的地理分布》，《石油勘探与开发》第 2 期。

丁国生、魏欢，2020，《中国地下储气库建设 20 年回顾与展望》，《油气储运》第 1 期。

董树功、艾颐，2000，《产教融合型企业：价值定位、运行机理与培育路径》，《中国职业技术教育》第 1 期。

杜祥琬，2021，《试论碳达峰与碳中和》，《人民论坛·学术前沿》第 14 期。

杜祥琬，2022，《保持碳达峰碳中和战略定力——在"中国碳中和 50 人论坛 2022 年大会"上的致辞》，《中国能源报》7 月 4 日。

冯云飞、李哲远，2018，《中国煤层气开采现状分析》，《能源与节能》第 5 期。

付慧，2010，《解决煤层气与煤炭矿权分置的对策研究——基于新制度经济学视角》,《市场经济与价格》第 10 期。

庚勐等,2018,《第 4 轮全国煤层气资源评价方法及结果》,《煤炭科学技术》第 6 期。

郭芳,2011,《瓦斯战争》,《中国经济周刊》第 19 期。

国际能源署,2005,《开发中国的天然气市场：能源政策的挑战》,朱起煌等译,地质出版社。

何辉、苏丽萍,2008,《煤矿区"采煤采气一体化"的理论与实践探讨》,2008 年煤层气学术研讨会论文集论文。

贺娇,2009,《矿权重叠制约煤层气开采说不全面》,《中国能源报》12 月 14 日。

侯淞译,2018,《近年国内煤层气产业发展现状》,《中国煤层气》第 1 期。

胡海容,2008,《煤炭与煤层气矿业权争议的成因及对策研究》,《华东经济管理》第 7 期。

胡居宝、汤道路,2007,《我国煤层气开发利用效益分析及发展建议》,《科技咨询导报》第 8 期。

黄立君,2006,《康芒斯的法经济学思想及其贡献》,《中南财经政法大学学报》第 5 期。

黄立君,2010,《从法经济学基本定理看中国的经济增长》,《广东商学院学报》第 6 期。

黄立君,2014,《气煤冲突与产权保护：法经济学视角》,《广东财经大学学报》第 4 期。

黄立君,2016,《美国煤层气产业发展中的产权界定与政策扶持》,《财经问题研究》第 12 期。

黄立君,2020,《煤层气与煤炭资源协调开发的山西经验》,《煤炭经济研究》第 9 期。

黄立君、陈焕远,2012,《博弈视角下的煤与气矿业权重置、利益冲突与解决办法——最佳侵权赔偿和补贴额的确定》,《制度经济学研究》第 3 期。

黄立君、张宪纲,2019,《煤层气与煤炭协调开发的美国经验：产权冲突的解决之道》,《制度经济学研究》第 4 期。

黄少安，1995，《产权经济学导论》，山东人民出版社。

季文博，2015，《煤炭与煤层气协调开发问题研究》，《煤炭经济研究》第8期。

江涛等，2018，《我国煤层气产业链集输环节存在的问题与建议》，《中国煤炭地质》第6期。

姜长波、何宝庆，2019，《"宏地勘"煤层气生产再创佳绩》，《阜新日报》1月30日。

金辉，2013，《美国：为页岩气勘探开发创造有利环境》，《经济参考报》12月31日。

晋香兰，2012，《煤矿区煤与煤层气协调开发模式的探讨——以晋城矿区为例》，《中国煤炭地质》第9期。

康淑云，2013，《以煤为基多元发展 建设现代化新型能源集团——记科学发展的典范企业：晋城无烟煤矿业集团》，《煤炭经济研究》第8期。

孙德强等，2021，《制约中国煤层气发展瓶颈问题及政策建议》，《中国能源》第1期。

矿区煤层气开发项目组编著，2021，《煤层气与煤炭协调开发理论与技术》，科学出版社。

雷怀玉等，2015，《对中国煤层气产业发展的几点思考》，《国际石油经济》第4期。

李北陵，2013，《高成本煤层气商业开发遭遇"切肤之痛"》，《中国煤炭报》10月11日。

李长清、夏凡、李斌，2016，《煤层气发展现状及"十三五"发展对策》，《中国能源》第11期。

李登华、高煖、刘卓亚等，2018，《中美煤层气资源分布特征和开发现状对比及启示》，《煤炭科学技术》第1期。

李国富等，2014，《晋城矿区煤层气三区联动立体抽采模式》，《中国煤层气》第1期。

李鸿业，1996，《美国〈1992年能源政策法〉有关煤层气的规定》，《中国煤层气》第1期。

李良，2013，《煤层气全产业链受惠政策利好——解读〈关于进一步加快煤层气（煤矿瓦斯）抽采利用的意见〉》,《中国能源报》10 月 7 日。

李良,2014a,《地方保护危及煤层气产业发展》,《中国能源报》4 月 14 日。

李良,2014b,《十八届三中全会〈决定〉促进油气改革解读——油气产业违法乱象呼唤法制》,《中国能源报》2 月 10 日。

李世臻、曲英杰,2010,《美国煤层气和页岩气勘探开发现状及对我国的启示》,《中国矿业》第 12 期。

李帅,2018,《煤炭：24 家煤企上榜中国企业 500 强 煤层气发展任重道远》,《能源》第 10 期。

李松林,2019,《体制与机制：概念、比较及其对改革的意义——兼论与制度的关系》,《领导科学》第 6 期。

李文俊,2017,《机制设计理论的产生发展与理论现实意义》,《学术界》第 7 期。

李五忠等,2008,《低煤阶煤层气成藏特点与勘探开发技术》,《天然气工业》第 3 期。

李五忠等,2016,《以煤系天然气开发促进中国煤层气发展的对策分析》,《煤炭学报》第 1 期。

梁沛然,2022,《多年来"叫好不叫座"的煤层气,终于迎来风口？》,《中国能源报》7 月 11 日。

梁涛等,2014,《北美非常规油气蓬勃发展十大动因及对区域供需的影响》,《石油学报》第 5 期。

梁煊,2015,《对山西煤层气产业发展的几点思考》,《生产力研究》第 2 期。

刘成林等,2009,《新一轮全国煤层气资源评价方法与结果》,《天然气工业》第 11 期。

刘键烨等,2018,《低油价下煤层气开发区块优选方法》,《煤炭工程》第 11 期。

刘客、郑凯、洪强,2015,《中国煤层气产业政策回顾与评价》,《经济研究参考》第 19 期。

刘娜娜、姜在炳、张培河,2012,《煤层气开发利用的环境效益评估方法》,《中国煤炭地质》第 11 期。

刘生锋、李仲锋,2011,《煤炭煤层气携手合作 资源利益链科学对接——临县"三交合作模式"全国推广》,《吕梁日报》9 月 4 日。

刘欣,2008,《物权法背景下的矿业权法律制度探析》,中国人民大学出版社。

刘馨,2009,《中国煤层气最新产业政策》,《中国煤层气》第 4 期。

刘彦青等,2020,《晋城矿区煤与煤层气协调开发模式优化决策方法》,《煤炭学报》第 7 期。

刘毅、寇江泽,2022,《全国碳市场启动一年来累计成交额近 85 亿元》,《人民日报》7 月 28 日。

刘章发、高建刚、何丽娜,2023,《中国经济增长、能源消费与二氧化碳排放互动关系研究——基于面板 VAR 的实证分析》,《重庆社会科学》第 9 期。

刘志逊等,2018,《我国煤层气与煤炭矿业权重叠研究》,地质出版社。

路玉林、王联军、王英超,2017,《中国煤层气产业发展现状及趋势分析》,《中国矿业》第 S1 期。

罗世兴、沙景华,2011,《国内外矿权重叠勘查开发模式研究》,《中国煤炭》第 10 期。

罗世兴、沙景华、吕古贤,2012,《鄂尔多斯盆地矿权重叠问题探析》,《中国矿业》第 S1 期。

罗佐县,2008,《我国煤层气产业化问题思考》,《中国石油和化工经济分析》第 7 期。

罗佐县,2009a,《油气管网建设 60 年发展历程及趋势展望》,《中国石油和化工经济分析》第 10 期。

罗佐县,2009b,《非常规能源开发,需要"三套车"并驾齐驱——关于非常规油气资源开发财税引导、技术创新、多元投入的思考》,《地质勘查导报》3 月 5 日。

罗佐县,2015,《美国天然气消费规模何以如此之大》,《中国石油报》8 月 11 日。

罗佐县,2020,《油气勘探开发正面临什么难题?》,《能源》第

12 期。

马骥、姬雪萍，2021，《"双碳"目标背景下煤层气价格及其影响因素研究》，《价格理论与实践》第 8 期。

马有才、牟俊玲、李金枝，2018，《煤层气产业发展研究的现状与展望》，《中国矿业》第 10 期。

马争艳、杨昌明，2007，《美国煤层气产业化的成功经验与启示》，《中国国土资源经济》第 4 期。

毛成栋、方敏、黄贤营，2014，《国外发达国家煤层气资源管理制度比较及其对我国的启示》，《中国矿业》第 3 期。

门相勇等，2017，《我国煤层气勘查开发现状与发展建议》，《中国矿业》第 S2 期。

门相勇等，2018，《新形势下中国煤层气勘探开发面临的挑战与机遇》，《天然气工业》第 9 期。

孟伟、王力兵，2018，《从"夺命杀手"到战略资源——煤层气产业大解密》，《石油知识》第 4 期。

穆福元等编著，2017，《中国煤层气产业进展与思考》，石油工业出版社。

牛冲槐、张永胜，2016，《中国煤层气产业发展研究》，知识产权出版社。

牛彤、晁坤，2011，《我国煤层气产业发展中存在的问题与对策》，《太原理工大学学报》（社会科学版）第 4 期。

潘伟尔，2006，《我国煤层气开发战略与经济政策选择》，《中国能源》第 11 期。

乔中鹏，2017，《论煤炭矿业权与非煤矿业权重叠问题》，《神华科技》第 6 期。

秦宣，2023，《正确处理顶层设计与实践探索的关系》，《中国党政干部论坛》第 4 期。

渠沛然，2013，《煤层气：经得起质疑 沉得住气》，《中国能源报》11 月 18 日。

阮德茂，2023，《国际原油价格波动对油气勘探行业的影响研究——兼析我国油气勘探行业高质量发展路径》，《价格理论与实践》第 4 期。

参考文献

山西省煤层气价格政策研究课题组，2017，《关于煤层气价格政策研究》，《价格理论与实践》第 5 期。

申宝宏、陈贵锋编著，2013，《煤矿区煤层气产业化开发战略研究》，中国石化出版社。

申宝宏、刘见中、雷毅，2015，《我国煤矿区煤层气开发利用技术现状及展望》，《煤炭科学技术》第 2 期。

史丹，2018，《新一轮能源革命的特征与能源转型的体制机制建设》，《财经智库》第 4 期。

史建儒、孙思磊，2016，《山西省煤层气与煤炭矿业权重叠区问题探讨》，《华北国土资源》第 6 期。

帅官印等，2018，《煤层气开采对地下水环境影响研究》，《环境工程》，全国学术年会论文集（中册）。

宋亮，2011，《煤层气争夺如何休战》，《中国经济和信息化》第 Z1 期。

宋岩、张新民、柳少波，2005，《中国煤层气基础研究和勘探开发技术新进展》，《天然气工业》第 1 期。

孙凤娇、高博，2011，《中国煤层气产业发展面临的问题和前景展望》，《煤炭技术》第 4 期。

孙海涛等，2022，《煤矿区煤层气与煤炭协调开发机制模式及发展趋势》，《煤炭科学技术》第 12 期。

孙景来，2014，《煤与煤层气协调开发机制研究》，《煤炭科学技术》第 10 期。

孙茂远主编，2003，《中国煤层气产业政策研究》，煤炭工业出版社。

孙茂远，2005，《中国煤层气产业现状与远景》，《中国煤层气》第 3 期。

孙茂远，2007，《煤层气、煤炭矿权之争及建议》，《中国矿业报》4 月 24 日。

孙茂远，2013，《经济杠杆引导煤层气产业崛起——论我国煤层气产业发展之二》，《中国能源报》12 月 30 日。

孙茂远，2014，《对外合作开采煤层气的昨天、今天和明天——论我国煤层气产业发展之三》，《中国能源报》1 月 6 日。

孙茂远，2016，《开发煤层气是保障我国能源安全高效发展的刚性需求》，《中国能源报》7月18日。

孙茂远，2017，《煤层气产业能否从困顿中崛起》，《中国能源报》8月14日。

孙茂远，2018，《我国煤层气产业的走势与抉择》，《中国能源报》4月2日。

孙茂远，2019，《煤层气产业发展进入关键"窗口期"》，《中国能源报》4月8日。

孙婷婷等，2012，《我国煤炭与煤层气和谐开采设想与建议》，《中国矿业》第S1期。

孙宪忠，2014，《中国物权法总论》（第三版），法律出版社。

覃家君、张治河、成金华，1997，《资源性资产产权管理问题探讨》，《中南财经大学学报》第4期。

汤道路、杨光远，2007，《煤层气开采权的法律属性及其相关问题初探》，《内蒙古煤炭经济》第5期。

陶小马、杜增华，2008，《欧盟可交易节能证书制度的运行机理及其经验借鉴》，《欧洲研究》第5期。

田国强，1999，《激励、信息及经济机制设计理论》，载汤敏、茅于轼主编《现代经济学前沿专题》，商务印书馆。

仝晓波，2010a，《中国煤层气发展任重道远——访国土资源部油气资源战略研究中心副主任车长波》，《资源导刊》第5期。

仝晓波，2010b，《从山西看中国煤层气开发难在哪？》，《中国能源报》5月3日。

汪险生、郭忠兴，2014，《土地承包经营权抵押贷款：两权分离及运行机理——基于对江苏新沂市与宁夏同心县的考察》，《经济学家》第4期。

王保民，2010，《"两权重叠"的法律问题——关于煤炭、煤层气矿业权分置现象的思考》，《西南政法大学学报》第3期。

王昊，2017，《美国煤层气的所有权之争》，《中国国土资源报》3月25日。

王嘉荫编著，1963，《中国地质史料》，科学出版社。

王克稳，2021，《论避免矿业权不当重叠及重叠矿业权的处理规则》，《上海政法学院学报（法治论丛）》第3期。

王坤等，2020，《山西省煤层气勘探开发现状与发展趋势》，《中国煤层气》第6期。

王凌文、李怀寿，2014，《创新矿业权地方立法，破解煤层气与煤炭开发利用相互掣肘的实践困局——以山西为例》，《中国政法大学学报》第1期。

王明华，2013，《煤层气领域"合纵连横""华潞模式"破解矿权之争——华北油田与潞安集团合作开发促进煤层气产业发展》，《河北企业》第9期。

王潇、吴亚红，2009，《制约我国煤层气产业发展因素的分析》，《江汉石油职工大学学报》第4期。

王志林，2007，《煤、气矿权之争：法律困局的解析与反思》，《经济问题》第12期。

王忠、田家华、揭俐，2018，《矿业权重叠引致了煤炭产业技术效率损失吗？》，《中国人口·资源与环境》第3期。

王子明，2009，《阜新，煤层气开发大有可为》，《国土资源》第12期。

魏建，2001，《博弈、合作与法律》，《山东社会科学》第2期。

吴巧生、赵天宇、周娜，2017，《中国煤层气规模化开发的政策情景仿真》，《中国人口·资源与环境》第12期。

吴文盛，2011，《中国矿业管制体制研究》，经济科学出版社。

武强、涂坤，2019，《我国发展面临能源与环境的双重约束分析及对策思考》，《科学通报》第15期。

武勇、李兴文、陈忠华，2007，《"开采权重叠"已成困局，煤层气开发进退两难》，《经济参考报》2月5日。

郗伟明，2012，《当代社会化语境下矿业权法律属性考辨》，《法学家》第4期。

肖钢、白玉湖、柳迎红编，2013，《煤层气——浪子变宠儿》，武汉大学出版社。

肖华，2006，《山西：煤与瓦斯之争》，《南方周末》10月26日。

谢守祥、高洁，2009，《煤层气采气权与煤炭开采权分置下的博弈分析》，《中国科技信息》第 18 期。

徐枫、张特曼、赵明明，2018，《2006-2015 年我国煤矿瓦斯事故统计分析》，《内蒙古煤炭经济》第 5 期。

徐祖成、李延祥，2010，《中国采气采煤协调发展的"三交模式"》，《天然气工业》第 6 期。

许书平等，2016，《矿业权分级审批管理制度比较研究》，《中国国土资源经济》第 5 期。

严冰，2011，《产权不完备性研究——兼论国有企业改革思路》，知识产权出版社。

杨德栋，2015，《深化煤层气与煤炭矿业权管理改革思路探析：以山西省为例》，《中国国土资源经济》第 2 期。

杨福忠、祝厚勤等，2013，《澳大利亚煤层气地质特征及勘探技术——以博文和苏拉特盆地为例》，石油工业出版社。

杨鲲鹏、李翔，2021，《"十三五"煤层气（煤矿瓦斯）开发利用综述》，《中国电力报》4 月 2 日。

杨陆武，2016，《难动用煤层气资源的高产开采技术研究——论煤层气资源的特殊性及其开发工程中的"窗-尾效应"》，《煤炭学报》第 1 期。

杨陆武、崔玉环、王国玲，2021，《影响中国煤层气产业发展的技术和非技术要素分析》，《煤炭学报》第 8 期。

杨思留、秦勇，2010，《煤层气产业化开发利用问题研究》，《中国煤炭》第 8 期。

姚国欣、王建明，2010，《国外煤层气生产概况及对加速我国煤层气产业发展的思考》，《中外能源》第 4 期。

阴秀琦、范小强，2018，《关于油气资源勘查区块退出机制的思考与建议》，《中国矿业》第 7 期。

殷勤财、潘鑫原，2013，《煤层气综合利用现状及其存在的主要问题》，《煤炭经济研究》第 8 期。

张传平等，2015，《中国煤层气产业发展影响因素分析》，《中外能源》第 8 期。

张道勇等，2018，《全国煤层气资源动态评价与可利用性分析》，《煤炭学报》第 6 期。

张德江，2009，《大力推进煤矿瓦斯抽采利用》，《求是》第 24 期。

张抗，2015，《煤层气，难解的矿权问题》，《中国石油石化》第 15 期。

张抗，2016，《认真应对煤层气发展中的问题》，《中国能源报》1 月 25 日。

张娜，2013，《煤层气产业进入商业化开发阶段——访国家能源委专家咨询委员会委员孙茂远》，《节能与环保》第 12 期。

张胜有、冯立杰、王金凤，2011，《煤层气开发利用政策现状、存在问题及对策建议》，《煤炭经济研究》第 7 期。

张遂安，2006，《采煤采气一体化理论与实践》，《中国煤层气》第 4 期。

张遂安，2015，《煤层气产业"十三五"规划战略思考》，《中国电力报》6 月 13 日。

张遂安，2016，《煤层气"遇冷"三大原因》，《中国能源报》7 月 18 日。

张五常，2000，《经济解释》，商务印书馆。

张夏等，2015，《加快我国煤层气产业发展的财政金融政策研究》，《中国物价》第 5 期。

张新民、郑玉柱，2009，《煤层气与煤炭资源协调开发浅析》，《煤田地质与勘探》第 3 期。

张新民等，1992，《中国的煤层甲烷及资源开发前景》，《陕西煤炭技术》第 3 期。

张彦钰，2013，《国外煤层气开发利用经验对我国煤层气产业发展的启示》，《科技情报开发与经济》第 17 期。

张永红、程丽媛、李仪，2018，《煤层气企业环境绩效评价指标体系构建——基于 BSC 和 GEVA》，《会计之友》第 2 期。

张永红、牛彤、牛冲槐，2014，《煤层气价格形成机制研究》，《价格理论与实践》第 2 期。

张永红、牛冲槐、秦雪霞，2012，《煤层气与石油价格联动机制研究》，《价格理论与实践》第 9 期。

张用德、唐书恒、张淑霞，2013，《国外煤层气开发对我国的启示》，《中国矿业》第 S1 期。

赵晓飞，2017，《中国煤层气，能否复制美国页岩神话?》，《中国石油和化工》第 6 期。

赵云海，2017，《国外煤层气产业发展法治环境考察及其对我国的启示》，《中国矿业》第 4 期。

赵云海、路未雷、曹霞，2016，《煤层气与煤炭协调开发机制的法制保障》，《中国煤炭》第 5 期。

中华人民共和国国土资源部编，2012，《中国矿产资源报告（2012）》，地质出版社。

中华人民共和国国务院新闻办公室，2021，《中国政府白皮书汇编（2020 年）》，人民出版社、外文出版社。

中华人民共和国自然资源部编，2018，《中国矿产资源报告（2018）》，地质出版社。

中华人民共和国自然资源部编，2021，《中国矿产资源报告（2021）》，地质出版社。

仲伟志等，2014，《瞻前顾后的煤层气对外合作》，《中国矿业》第 6 期。

周娉，2014，《中国煤层气产业发展的统计评价》，《统计与决策》第 22 期。

周其仁，2000，《公有制企业的性质》，《经济研究》第 11 期。

朱云飞等，2018，《1950—2016 年我国煤矿特大事故统计分析》，《煤矿安全》第 10 期。

Alberta Energy and Utilities Board, 1991, "Coalbed Methane Regulation", Information Letter IL91-11, 26 August.

A. Chakhmakhchev. & B. Fryklund, 2008, "Critical Success Factors of CBM Development Implications of Two Strategies to Global Development", 19th World Petroleum Congress, Spain.

A. Ingelson, 2005, "Sustainable Development and the Regulation of the Coal Bed Methane Industry in the United States", *Journal of Natural Resources &*

Environmental Law, Vol. 20, No. 1, pp. 51-102.

A. K. Singh & P. N. Hajra, 2018, *Coalbed Methane in India Opportunities, Issues and Challenges for Recovery and Utilization*, Springer International Publishing AG.

A. Looney, 2014, "ADR and the Extraction of Coal Bed Methane from Split-Ownership Estates", *Arbitration Law Review*, Vol. 6, pp. 371-386.

A. S. Bryant, 2000, "Amoco Production Co. v. Southern Ute Indian Tribe", *Ecology Law Quarterly*, Vol. 27, No. 3, pp. 799-818.

B. Towlerb et al., 2016, "An Overview of the Coal Seam Gas Development in Queensland", *Journal of Natural Gas Science and Engineering*, Vol. 31, pp. 249-271.

B. Johnson, 2004, "Coalbed Methane Ownership Rights in Wyoming", *Great Plains Natural Resources Journal*, Vol. 8, No. 2, pp. 46-54.

D. Acemoglu, S. Johnson, J. Robinson, 2005, "Institutions as the fundamental Cause of Long-Run Growth", in P. Aghion and S. Durlauf, eds., *Handbook of Economic Growth*, North-Holland, Amsterdam: Elsevier, pp. 385-472.

D. L. Katz, et al., 1959, *Handbook of Natural Gas Engineering*, New York: McGraw-Hill.

E. A. McClanahan, 1992, "Competing Ownership Claims and Environmental Concerns in Coalbed Methane Gas Development in The Appalachian Basin", *Journal Of Mineral Law & Policy*, No. 7, pp. 189-209.

E. A. McClanahan, 1995, "Coalbed Methane: Myths, Facts, and Legends of Its History and The Legislative and Regulatory Climate into the 21st Century", *Oklahoma Law Review*, No. 48(Fall), pp. 471-562.

G. Calabresi & D. Melamed, 1972, "Property Rules, Liability Rules, and Inalienability: One View of the Cathedral", *Harvard Law Review*, No. 85, pp. 1089-1128.

G. C. Bryner, 2003, "Coalbed Methane Development: The Costs and Benefits of an Emerging Energy Resource", *Natural Resources Journal*, No. 43 (Spring), pp. 519-560.

H. Cohen, 1984, "Developing and Producing Coalbed Gas: Ownership, Regulation, and Environmental Concerns", *Pace Environmental Law Review*,

No. 2, pp. 1-24.

H. Demsetz, 1967, "Toward a Theory of Property Rights", *American Economic Review*, Vol. 57, No. 2, pp. 347-359.

I. Cronshaw & R. Q. Grafton, 2016, "A Tale of Two States: Development and Regulation of Coal Bed Methane Extraction in Queensland and New South Wales, Australia", *Resource Policy*, Vol. 50, pp. 253-263.

J. Feriancek, 2000, "Coal and Coalbed Methane Development Conflicts: No Easy Solution", *Natural Resources & Environment*, Vol. 14, No. 4, pp. 260-262.

J. L. Lewin, 1994, "Coalbed Methane: Recent Court Decision Leave Ownership Up in the Air, But New Federal and State Legislation Should Facilitate Production", *West Virginia Law Review*, Vol. 96, Iss. 3, pp. 631-684.

J. L. Lewin, H. J. Sirwardane, S. J. Ameri & S. S. Peng, 1992, "Unlocking the Fire: A Proposal for Judicial or Legislative Determination of the Ownership of Coalbed Methane", *West Virginia Law Review*, Vol. 94, No. 3, pp. 563-691.

J. Sansom, 2005, "A Regulatory Perspective on Coalbed Methane Development in Alberta", February 1, https://www.ualberta.ca/business/-/media/business/centres/cabree/documents/riskandregulation/regulatingrisk/jeffsansomcoalbedmethane.pdf.

J. Buckingham & P. Steele, 2004, "Coalbed Methane: Conventional Rules for An Unconventional Resource?", *Alberta Law Review*, No. 42, pp. 1-40.

J. Feriancek, 1990, "Coalbed Gas Development in the San Juan Basin: The Ownership Question", *Natural Resources & Environment*, Vol. 4, No. 3, pp. 59-60.

J. S. Jordan, 1982, "The Competitive Allocation Process in Informationally Efficient Uniquely", *Journal of Economic Theory*, No. 28, pp. 1-18.

K. Pistor & C. Xu, 2003, "Incomplete Law - A Conceptual and Analytical Framework and its Application to the Evolution of Financial Market Regulation", *Journal of International Law and Politics*, No. 35, pp. 931-1013.

L. Hurwicz, 1960, "Optimality and Informational Efficiency in Resource

Allocation", in K. Arrow, S. Karlin & P. Suppes, ed., *Mathematical Methods in Social Sciences*, Stanford University Press.

L. Hurwicz, 1973, "The Design of Mechanisms for Resource Allocation", *American Economic Review*, Vol. 63, No. 2, pp. 1-30.

M. E. Mestinsek, 2013, "The Ownership of Coalbed Methane in Alberta Update", February, http://caplacanada.org/wp-content/uploads/2015/02/SECAL1-553963-v3-Coalbed_Methane_-_PowerPoint_Presentation.pdf.

M. H. Stiegler, 2003, "Groundwater from Methane Gas Production Deemed a CWA Pollutant", *Journal(American Water Works Association)*, Vol. 95, No. 12, p. 34.

M. Weir & T. Hunter, 2012, "Property Rights and Coal Seam Gas Extraction: the Morden Property Law Conundrum", *Property Law Review*, Vol. 2, No. 2, pp. 71-83.

O. D. Hart, & J. Moore, 1988, "Incomplete Contracts and Renegotiation", *Econometrica*, Vol. 56, No. 4, pp. 755-785.

P. C. Lyons, 1996, "Coalbed Methane Potential in the Appalachian State of Pennsylvania, West Virginia, Maryland, Ohio, Virginia, Kentucky, and Tennessee—An Overview", Open-File Report 96-735, Department of the Interior, U. S. Geological Survey1996, Reston, Virginia, 20192: 1-66.

P. C. Lyons, 2019, "Coalbed Methane Potential in the Appalachian State of Pennsylvania, West Virginia, Maryland, Ohio, Virginia, Kentucky, and Tennessee——An Overview", Open-File Report 96-735, Department of the Interior, U. S. Geological Survey, Reston, Virginia, No. 2, pp. 1-66.

P. M. Franklin et al., 2005, "Methane to Markets Partnership: Opportunities for Coal Mine Methane Project Development", *China Coalbed Methane*.

R. Cooter, 1982, "The Cost of Coase", *Journal of Legal Studies*, No. 11, pp. 1-29.

R. H. Coase, 1937, "The Nature of the Firm", *Economica*, New Series, Vol. 4, No. 16, pp. 386-405.

R. H. Coase, 1960, "The Problem of Social Cost", *Journal of Law and*

Economics, No. 3, pp. 1-44.

R. K. Olson, 1978, "Coal Bed Methane: Legal Considerations Affecting Its Development as Energy Resources", *Tulsa Law Journal*, Vol. 13, No. 3, pp. 377-405.

S. D. Hansen & M. Ross, 2007, "Regulatory and Legal Issues Respecting CBM Development in Alberta and British Columbia", Canadian Petroleum Law Foundation Seminar Conference.

S. J. Alexander, 2014, "Resource Development and Land Holders'Rights: A Quick Guide", Research Paper Series, 2013 - 14, 5 March. https://parlinfo.aph.gov.au/parlInfo/download/library/prspub/3034331/upload_binary/3034331.pdf;fileType=application/pdf.

S. K. Farnell, 1982, "Methane Gas Ownership: A Proposed Solution for Alabama", *Alabama Law Review*, Vol. 33, No. 3, pp. 521-543.

S. Hepturn, 2013, "Does Unconventional Gas Require Unconventional Ownership: An Analysis of the Functionality of Ownership Frameworks for Unconventional Gas Development", *Pittsburgh Journal of Environmental and Public Health Law*, Vol. 8, No. 1, pp. 44-46.

S. Johnston, 2001, "Whose Right? The Adequacy of the Law Governing Coal Seam Gas Development in Queensland", *Australian Mining and Petroleum Law Journal*, Vol. 3, No. 20, pp. 258-285.

U. S. Environmental Protection Agency, 2011, "Financial and Regulatory Incentives for U. S. Coal Mine Methane Recovery Project", U. S. EPA Coalbed Methane Outreach Program, August, EP-W-10-019: 18.

附 录

附录 A 中国煤层气开发利用相关主要法律法规

类别	序号	文件名称
法律	1	《中华人民共和国矿产资源法》（1986年）（1996年和2009年两次修正）
	2	《中华人民共和国土地管理法》（1986年）（1988年修正、1998年修订、2004年修正、2019年修正）
	3	《中华人民共和国大气污染防治法》（1987年）（1995年修正；2000年和2015年两次修订；2018年修正）
	4	《中华人民共和国环境保护法》（1989年）（2014年修订）
	5	《中华人民共和国外商投资企业和外国企业所得税法》（1991年）（已失效）
	6	《中华人民共和国煤炭法》（1996年）（2009年、2011年、2013年、2016年四次修正）
	7	《中华人民共和国安全生产法》（2002年）（2009年、2014年、2021年三次修正）
	8	《中华人民共和国环境影响评价法》（2002年）（2016年和2018年两次修正）
	9	《中华人民共和国循环经济促进法》（2008年）（2018年修正）
	10	《中华人民共和国石油天然气管道保护法》（2010年）
	11	《中华人民共和国资源税法》（2019年）
司法解释	1	《最高人民法院 最高人民检察院关于办理非法采矿、破坏性采矿刑事案件适用法律若干问题的解释》（法释〔2016〕25号）
	2	《最高人民法院关于审理矿业权纠纷案件适用法律若干问题的解释》（法释〔2017〕12号）（2020年修正）
行政法规	1	《矿产资源监督管理暂行办法》（1987年）
	2	《开采海洋石油资源缴纳矿区使用费的规定》（1989年）（2011年失效）
	3	《中外合作开采陆上石油资源缴纳矿区使用费暂行规定》（1990年）（2011年失效）
	4	《中华人民共和国外商投资企业和外国企业所得税法实施细则》（1991年）（2007年失效）
	5	《中华人民共和国对外合作开采陆上石油资源条例》（1993年）（2001年、2007年、2011年、2013年四次修订）
	6	《中华人民共和国资源税暂行条例》（1993年）（2020年废止）

续表

类别	序号	文件名称
行政法规	7	《矿产资源补偿费征收管理规定》（1994年）（1997年修订）
	8	《中华人民共和国矿产资源法实施细则》（1994年）
	9	《矿产资源勘查区块登记管理办法》（1998年）（2014年修订）
	10	《矿产资源开采登记管理办法》（1998年）（2014年修订）
	11	《探矿权采矿权转让管理办法》（1998年）（2014年修订）
	12	《城镇燃气管理条例》（2010年）（2016年修订）
部门规章	1	《财政部关于印发〈中华人民共和国资源税暂行条例实施细则〉的通知》（1993年）（已失效）
	2	《关于修订〈中外合作开采陆上石油资源缴纳矿区使用费暂行规定〉的通知》（1995年）（2011年失效）
	3	《外商投资产业指导目录》（1995年）（1997年、2002年、2004年、2007年、2011年、2015年、2017年七次修订）
	4	《国土资源部关于贯彻实施〈矿产资源勘查区块登记管理办法〉、〈矿产资源开采登记管理办法〉和〈探矿权采矿权转让管理办法〉的通知》（1998年）（已失效）
	5	《地质矿产部关于授权颁发勘查许可证采矿许可证的规定》（1998年）
	6	《中西部地区外商投资优势产业目录》（2000年）（2004年、2008年、2013年、2017年修订）
	7	《划拨用地目录》（2001年）
	8	《煤层气地面开采安全规程（试行）》（2012年）（2013年修正）
	9	《天然气基础设施建设与运营管理办法》（2014年）
	10	《政府核准投资项目管理办法》（2014年）（已失效）
	11	《国土资源部关于委托山西省国土资源厅在山西省行政区域内实施部分煤层气勘查开采审批登记的决定》（2016年）
	12	《国土资源部关于委托山西省等6个省级国土资源主管部门实施原由国土资源部实施的部分矿产资源勘查开采审批登记的决定》（2017年）（有效期5年。已失效）

资料来源：根据我国相关政府部门官方网站及"北大法宝"法律法规数据库收集整理而得。

附录 B 中国煤层气开发利用规范性文件

类别	序号	文件名称	文号
国务院规范性文件	1	《国务院关于同意成立中联煤层气有限责任公司的批复》	国函〔1996〕23号
	2	《国务院关于调整进口设备税收政策的通知》	国发〔1997〕37号

续表

类别	序号	文件名称	文号
国务院规范性文件	3	《国务院关于全面整顿和规范矿产资源开发秩序的通知》（已失效）	国发〔2005〕28号
	4	《国务院关于促进煤炭工业健康发展的若干意见》	国发〔2005〕18号
	5	《国务院办公厅关于加快煤层气（煤矿瓦斯）抽采利用的若干意见》	国办发〔2006〕47号
	6	《国务院办公厅转发发展改革委安全监管总局关于进一步加强煤矿瓦斯防治工作若干意见的通知》	国办发〔2011〕26号
	7	《国务院办公厅关于进一步加快煤层气（煤矿瓦斯）抽采利用的意见》	国办发〔2013〕93号
	8	《国务院办公厅关于印发能源发展战略行动计划（2014—2020年）的通知》	国办发〔2014〕31号
	9	《国务院关于印发矿产资源权益金制度改革方案的通知》	国发〔2017〕29号
	10	《国务院关于支持山西省进一步深化改革促进资源型经济转型发展的意见》	国发〔2017〕42号
	11	《国务院关于促进天然气协调稳定发展的若干意见》	国发〔2018〕31号
	12	《国务院关于印发2030年前碳达峰行动方案的通知》	国发〔2021〕23号
部门规范性文件	1	《煤层气勘探开发管理暂行规定》（已失效）	煤规字〔1994〕第115号
	2	《国家税务总局关于中外合作开采石油资源交纳增值税有关问题的通知》	国税发〔1994〕114号
	3	《关于外国石油公司参与煤层气开采所适用税收政策问题的通知》	财税字〔1996〕62号
	4	《地质矿产部关于下发〈矿山建设规模分类一览表〉的通知》（已失效）	地发〔1998〕47号
	5	《国土资源部关于印发矿产资源储量规模划分标准》	国土资发〔2000〕133号
	6	《国土资源部关于印发〈矿业权出让转让管理暂行规定〉的通知》（部分失效，第五十五条停止执行）	国土资发〔2000〕309号
	7	《探矿权采矿权使用费减免办法》（2010年修改）	国土资发〔2000〕174号
	8	《国土资源部办公厅关于国家紧缺矿产资源探矿权采矿权使用费减免办法的通知》	国土资厅发〔2000〕76号
	9	《关于煤层气勘探开发作业项目进口物资免征进口税收的暂行规定》	财税〔2002〕78号

续表

类别	序号	文件名称	文号
部门规范性文件	10	《国土资源部关于印发〈探矿权采矿权招标拍卖挂牌管理办法（试行）〉的通知》	国土资发〔2003〕197号
	11	《国土资源部关于调整部分矿种矿山生产建设规模标准的通知》	国土资发〔2004〕208号
	12	《非法采矿、破坏性采矿造成矿产资源破坏价值鉴定程序的规定》	国土资发〔2005〕175号
	13	《关于全面启动整顿和规范矿产资源开发秩序工作的通知》（已废止）	国土资发〔2005〕198号
	14	《国土资源部关于进一步规范矿业权出让管理的通知》	国土资发〔2006〕12号
	15	《国土资源部办公厅关于民事案件中有关矿业权问题的复函》	国土资厅函〔2006〕606号
	16	《国土资源部关于加强煤炭和煤层气资源综合勘查开采管理的通知》	国土资发〔2007〕96号
	17	《财政部关于煤层气（瓦斯）开发利用补贴的实施意见》	财建〔2007〕114号
	18	《财政部 国家税务总局关于加快煤层气抽采有关税收政策问题的通知》	财税〔2007〕16号
	19	《商务部、国家发展和改革委员会、国土资源部关于进一步扩大煤层气开采对外合作有关事项的通知》	商资函〔2007〕第94号
	20	《国家发展改革委关于煤层气价格管理的通知》	发改价格〔2007〕826号
	21	《关于利用煤层气（煤矿瓦斯）发电工作实施意见的通知》	发改能源〔2007〕721号
	22	《国土资源部关于进一步规范探矿权管理有关问题的通知》（2017年失效）	国土资发〔2009〕200号
	23	《国土资源部关于建立健全矿业权有形市场的通知》	国土资发〔2010〕145号
	24	《关于"十二五"期间煤层气勘探开发项目进口物资免征进口税收的通知》（2016年失效）	财关税〔2011〕30号
	25	《国土资源部关于印发〈矿业权交易规则（试行）〉的通知》（有效期5年）	国土资发〔2011〕242号
	26	《煤层气产业政策》	国家能源局公告2013年第2号
	27	《国家发展改革委关于调整天然气价格的通知》	发改价格〔2013〕1246号

续表

类别	序号	文件名称	文号
部门规范性文件	28	《国务院办公厅关于印发能源发展战略行动计划（2014—2020年）的通知》	国办发〔2014〕31号
	29	《国家发展改革委关于降低非居民用天然气门站价格并进一步推进价格市场化改革的通知》	发改价格〔2015〕2688号
	30	《国土资源部关于煤炭矿业权审批管理改革试点有关问题的通知》（2020年失效）	国土资规〔2015〕4号
	31	《关于"十三五"期间煤层气（瓦斯）开发利用补贴标准的通知》	财建〔2016〕31号
	32	《国家能源局综合司关于做好油气管网设施开放相关信息公开工作的通知》	国能综监管〔2016〕540号
	33	《国土资源部关于进一步规范矿产资源勘查审批登记管理的通知》	国土资规〔2017〕14号
	34	《国土资源部关于完善矿产资源开采审批登记管理有关事项的通知》	国土资规〔2017〕16号
	35	《国土资源部关于印发〈矿业权交易规则〉的通知》（已被修改）	国土资规〔2017〕7号
	36	《自然资源部关于调整〈矿业权交易规则〉有关规定的通知》（已失效）	自然资发〔2018〕175号
	37	《自然资源部关于推进矿产资源管理改革若干事项的意见（试行）》	自然资规〔2019〕7号
	38	《能源局关于印发〈能源行业深入推进依法治理工作的实施意见〉的通知》	国能发法改〔2019〕5号
	39	《自然资源部关于申请办理矿业权登记有关事项的公告》	自然资源部公告2020年第21号
	40	《自然资源部办公厅关于印发〈矿业权登记信息管理办法〉的通知》	自然资办发〔2020〕32号
	41	《国家能源局关于印发〈2020年能源工作指导意见〉的通知》	
	42	《国家能源局关于印发〈2021年能源工作指导意见〉的通知》	
	43	《国家能源局关于印发〈2022年能源工作指导意见〉的通知》	国能发规划〔2022〕31号

续表

类别	序号	文件名称	文号
部门规范性文件	44	《财政部、海关总署、税务总局关于"十四五"期间能源资源勘探开发利用进口税收政策的通知》	财关税〔2021〕17号
	45	《国家发展改革委、商务部关于印发〈市场准入负面清单（2022年版）〉的通知》	发改体改规〔2022〕397号
	46	《国家能源局综合司关于组织开展煤矿瓦斯高效抽采利用和煤层气勘探开发示范工作的通知》〔附：《煤矿瓦斯高效抽采利用和煤层气勘探开发示范工作规则（试行）》〕	国能综通煤炭〔2023〕85号
	47	《自然资源部关于印发矿业权出让交易规则的通知》	自然资规〔2023〕1号
	48	《自然资源部关于进一步完善矿产资源勘查开采登记管理的通知》	自然资规〔2023〕4号
	49	《自然资源部关于深化矿产资源管理改革若干事项的意见》	自然资规〔2023〕6号
部门工作文件	1	《煤矿瓦斯治理与利用总体方案》	发改能源〔2005〕1137号
	2	《煤层气（煤矿瓦斯）开发利用"十一五"规划》	
	3	《国家发展改革委关于印发煤层气（煤矿瓦斯）开发利用"十二五"规划的通知》	发改能源〔2011〕3041号
	4	《国家发展改革委关于在广东省、广西自治区开展天然气价格形成机制改革试点的通知》	发改价格〔2011〕3033号
	5	《国家能源局关于印发煤层气勘探开发行动计划的通知》	国能煤炭〔2015〕34号
	6	《国家能源局关于印发煤层气（煤矿瓦斯）开发利用"十三五"规划的通知》	国能煤炭〔2016〕334号
	7	《国家发展改革委 国家能源局关于印发〈"十四五"现代能源体系规划〉的通知》	发改能源〔2022〕210号
	8	《国家能源局关于印发加快油气勘探开发与新能源融合发展行动方案（2023—2025年）的通知》	国能发油气〔2023〕21号
	9	《自然资源部关于印发〈自然资源数字化治理能力提升总体方案〉的通知》	自然资发〔2024〕33号

续表

类别	序号	文件名称	文号
党内法规制度	1	《中共中央 国务院印发〈黄河流域生态保护和高质量发展规划纲要〉》	
	2	《中共中央 国务院关于新时代推动中部地区高质量发展的意见》	
	3	《中共中央 国务院关于完整准确全面贯彻新发展理念做好碳达峰碳中和工作的意见》	
其他	1	《中共中央办公厅、国务院办公厅关于印发〈矿业权出让制度改革方案〉的通知》	厅字〔2017〕12号
	2	《自然资源部办公厅关于委托实施煤层气勘查开采审批登记有关事项的函》	自然资办函〔2018〕666号
	3	《关于在山西开展能源革命综合改革试点的意见》	
	4	《煤层气（煤矿瓦斯）排放标准（暂行）》（GB 21522—2008）	
	5	《关于批准发布GB 26569—2011〈民用煤层气（煤矿瓦斯）〉国家标准第1号修改单的公告》	
	6	《关于政协十三届全国委员会第四次会议第1348号（资源环境类150号）提案答复的函》	自然资协提复字〔2021〕021

资料来源：根据我国相关政府部门官方网站及"北大法宝"法律法规数据库收集整理而得。

附录C　中国煤层气开发利用主要优惠政策

优惠种类	序号	文件名称
价格政策	1	国务院批复通知（国办通〔1997〕8号）
	2	《国家发展改革委关于煤层气价格管理的通知》（发改价格〔2007〕826号）（2023年失效）
	3	《国家发展改革委关于调整天然气价格的通知》（发改价格〔2013〕1246号）
	4	《国务院办公厅关于进一步加快煤层气（煤矿瓦斯）抽采利用的意见》（国办发〔2013〕93号）
	5	《国家发展改革委关于降低非居民用天然气门站价格并进一步推进价格市场化改革的通知》（发改价格〔2015〕2688号）
税收优惠	1	增值税优惠政策（国办通〔1997〕8号）
	2	《关于外国石油公司参与煤层气开采所适用税收政策问题的通知》（财税字〔1996〕62号）
	3	《财政部 国家税务总局关于加快煤层气抽采有关税收政策问题的通知》（财税〔2007〕16号）

续表

优惠种类	序号	文件名称
税收优惠	4	《关于"十二五"期间煤层气勘探开发项目进口物资免征进口税收的通知》（财关税〔2011〕30号）（2016年失效）
	5	《国务院办公厅关于进一步加快煤层气（煤矿瓦斯）抽采利用的意见》（国办发〔2013〕93号）
	6	《中华人民共和国外商投资企业和外国企业所得税法》（1991年）（中华人民共和国主席令第45号）（2008年失效）
	7	《关于修订〈中外合作开采陆上石油资源缴纳矿区使用费暂行规定〉的通知》（财税字〔1995〕63号）（2011年失效）
	8	《国务院关于调整进口设备税收政策的通知》（国发〔1997〕37号）
	9	《关于煤层气勘探开发作业项目进口物资免征进口税收的暂行规定》（财税〔2002〕78号）
	10	《财政部、海关总署、国家税务总局关于印发〈关于煤层气勘探开发项目进口物资免征进口税收的规定〉的通知》（财关税〔2006〕13号）
使用费减免	1	《矿产资源勘查区块登记管理办法》（中华人民共和国国务院令第240号）
	2	《矿产资源开采登记管理办法》（中华人民共和国国务院令第241号）
	3	《矿产资源勘查区块登记管理办法》（2014年修订）（中华人民共和国国务院令第653号）
	4	《探矿权采矿权使用费减免办法》（国土资发〔2000〕174号）
	5	《煤炭生产安全费用提取和使用管理办法》（财建〔2004〕119号）
开发补贴	1	《财政部关于煤层气（瓦斯）开发利用补贴的实施意见》（财建〔2007〕114号）
	2	《国务院办公厅关于进一步加快煤层气（煤矿瓦斯）抽采利用的意见》（国办发〔2013〕93号）
	3	《关于"十三五"期间煤层气（瓦斯）开发利用补贴标准的通知》（财建〔2016〕31号）（2024年1月20日失效）
	4	《财政部关于〈可再生能源发展专项资金管理暂行办法〉的补充通知》（财建〔2019〕298号）（2020年6月12日失效）
	5	《财政部关于印发〈清洁能源发展专项资金管理暂行办法〉的通知》（财建〔2020〕190号）
发电补贴	1	《关于利用煤层气（煤矿瓦斯）发电工作实施意见的通知》（发改能源〔2007〕721号）
	2	《国务院办公厅关于进一步加快煤层气（煤矿瓦斯）抽采利用的意见》（国办发〔2013〕93号）

资料来源：根据公开资料整理。

后　记

　　关于中国煤层气和煤炭资源协调开发机制的研究，缘于2011年5月7日中央电视台《经济半小时》播出的《争执中的煤与气》。在这之前，关于煤层气，我只知道它叫"瓦斯"，是一种易燃的有害气体。《争执中的煤与气》的播出，让我对煤层气和煤炭资源之间的产权纠纷如何产生、如何解决产生了兴趣，并坚持研究至今。

　　其间，本书先后获中国政法大学人文社会科学研究规划项目（2015年）、国家社科基金后期资助项目（19FJLB006）的支持和资助，在此表示感谢。

　　同时，我要感谢我的同事巫云仙教授以及法大人文学院的李春颖教授。在申报国家社科基金后期资助项目过程中，巫老师对我的课题申报书和书稿进行了多次认真修改，并提出了许多富有启发意义的意见和建议。李老师则从申报的技术层面对我进行热心指导。两位老师的无私帮助，是我成功获得立项的关键。

　　感谢中国经济出版社的贺静女士。本来《中国煤层气和煤炭资源协调开发机制研究》的书稿已经发送给她，但得知我打算用它申报国家社科基金后期资助项目，且结项成果要求在指定出版机构出版时，她二话没说，爽快答应了我的撤稿要求。贺静女士的大度至今让我感动。

　　感谢社会科学文献出版社，尤其是经管分社总编辑陈凤玲女士和李真巧编辑。在巫云仙教授引荐之前，我跟陈凤玲总编素不相识，但她在我的课题申报、研究、结项，以及著作出版的整个过程中，都给予了我莫大的支持和热情的帮助。李真巧编辑的认真、细致以及专业精神，给我留下了深刻的印象。她们的辛勤工作，保证了本书的顺利出版。

　　感谢我亲爱的学生们。他们在"新制度经济学"和"法经济学"课堂上，跟我一起分享和探讨过本书的绝大部分内容。

　　感谢我的亲人。他们永远让我感受到来自大家庭的温暖。作为六兄妹中的老幺，我一直享受着来自五个哥哥以及嫂子们的关爱和支持。尤其是二哥黄少安，他引领我走向经济学研究之路。如今，斯人已逝，思念长存！

最后，也是最重要的！感谢我的先生。过去十余年，家里的早餐都是"钢铁直男"王星双同志做的。他丝毫不浪漫，但很有爱。感谢我的孩子，过去的十九年，弘毅经历了幼儿园、小学、跟我一起去波士顿学院访学、小升初、中考、高考等人生重要阶段。学习和生活中的自立和自强，不仅让阳光而有爱的他实现了进入北大的梦想，而且让我这个非典型"海淀妈妈"可以更好地做自己。

黄立君
2025 年 5 月 26 日